现代选矿技术丛书

金属矿山尾矿资源化

张锦瑞　王伟之　李富平　编著
郑卫民　赵树果

北京

冶金工业出版社

2014

内 容 提 要

本书总结了国内外金属矿山尾矿综合利用方面的研究成果及经验，系统地介绍了金属矿山尾矿的基本定义和性质、尾矿处理方法、尾矿水的净化与回水利用等内容；重点介绍了各种尾矿再选技术，尾矿在建材、公路工程、农业领域、污水处理及充填采矿法中的应用，还介绍了尾矿土地复垦。

本书适合矿山企业、建材企业的工程技术人员及管理人员阅读，也可供矿山科研、设计人员及高等院校师生参考。

图书在版编目（CIP）数据

金属矿山尾矿资源化/张锦瑞等编著 . —北京：冶金
工业出版社，2014.8
（现代选矿技术丛书）
ISBN 978-7-5024-6727-2

Ⅰ . ①金… Ⅱ . ①张… Ⅲ . ①金属矿—尾矿资源—综合利用 Ⅳ . ①TD926.4

中国版本图书馆 CIP 数据核字（2014）第 202527 号

出 版 人 谭学余
地 址 北京市东城区嵩祝院北巷 39 号 邮编 100009 电话 （010）64027926
网 址 www.cnmip.com.cn 电子信箱 yjcbs@cnmip.com.cn
责任编辑 杨秋奎 美术编辑 彭子赫 版式设计 孙跃红
责任校对 石 静 责任印制 李玉山
ISBN 978-7-5024-6727-2
冶金工业出版社出版发行；各地新华书店经销；北京百善印刷厂印刷
2014 年 8 月第 1 版，2014 年 8 月第 1 次印刷
787mm×1092mm 1/16；13.75 印张；333 千字；211 页
42.00 元

冶金工业出版社 投稿电话 （010）64027932 投稿信箱 tougao@cnmip.com.cn
冶金工业出版社营销中心 电话 （010）64044283 传真 （010）64027893
冶金书店 地址 北京市东四西大街 46 号（100010） 电话 （010）65289081（兼传真）
冶金工业出版社天猫旗舰店 yjgy.tmall.com
（本书如有印装质量问题，本社营销中心负责退换）

前

尾矿，就是选矿厂在特定经济技术条件下，[...]后所排放的废弃物，也就是矿石经选别出精矿后[...]固体废物的主要组成部分，其中含有一定数量的有[...]为一种复合的硅酸盐、碳酸盐等矿物材料，并具有[...]污染和危害环境的特点。我国是个矿业大国，由于大多数矿山[...]比较低，在选矿流程中排出大量的尾矿，随着矿产资源利用程度的提高，矿石的可开采品位相应降低，尾矿产生量在急剧增加。我国尾矿多以自然堆积法储存于尾矿坝中，不仅要侵占大量的土地，污染矿区与周边地区的环境，形成安全隐患，同时也造成大量有价金属与非金属资源流失，成为矿山发展的严重制约因素。因此，大力开展尾矿资源综合利用和减排的工作，使之变废为宝，化害为利，对于改善生态环境、提高资源利用率，促进矿业可持续发展，有着十分重要的意义。

为了更有效地开发利用尾矿这一二次资源，作者在搜集、整理、分析和研究有关资料的基础上，阐述了金属矿山尾矿的成分、分类、现状及特点等，介绍了尾矿资源化的新成果、新工艺和新方法，是一本较系统、较全面地介绍金属矿山尾矿综合利用的著作。

参加本书编写工作的有河北联合大学张锦瑞（第1、5章）、河北联合大学王伟之（第2、4、6、8章）、河北联合大学李富平（第7章）、河北联合大学赵树果（第9章）、河北钢铁集团滦县司家营铁矿有限公司郑卫民（第3章）及河北联合大学许永利（第10章）。全书由张锦瑞教授负责统稿。

本书的编写和出版，得到了河北联合大学各级领导的关怀和支持，也得到了河北钢铁集团滦县司家营铁矿有限公司各级领导的大力协助，在此一并表示衷心的感谢。

由于作者水平所限，书中不妥之处敬请广大读者和专家批评指正。

编著者

2014.6

目　　录

1 绪　论

矿产资源是人类生存和发展的主要物质基础之一。我国95%的能源和85%的原材料来自矿产资源。随着生产力的发展，科学技术水平的提高，人类利用矿产资源的种类、数量愈来愈多，利用范围愈来愈广。到目前为止，全世界已发现的矿物有3300多种，其中有工业意义的1000多种，每年开采各种矿产150亿吨以上，包括废石在内则达1000亿吨以上。以矿产品为原料的基础工业和相关加工工业产值约占全部工业产值的70%。矿产资源开发过程中丢弃的大量废石和尾矿所带来的环境污染，已成为当今世界持续发展面临的最主要的问题之一。不论从全球还是从中国看，矿产资源开发对社会经济和生态环境的意义都是十分重要的。矿产资源包括金属矿、非金属矿和能源矿三大类。本书重点讨论金属矿山尾矿的综合利用问题，探讨尾矿综合利用的途径。

在工业上用量最大，对国民经济发展有重要意义的金属矿产主要有铁、锰、铜、铅、锌、铝、镍、钨、铬、锑、金、银等。以上矿石储量和开采量都很大，但因矿石的品位普遍较低，多数为贫矿，需要经过选矿加工后才能作为冶炼原料，所以就产生出大量的尾矿。如铁尾矿产出量约占原矿石量的60%以上，有色金属矿尾矿量占入选矿石的70%~95%。随着经济发展对矿产品需求的大幅度增加，矿产资源开发规模随之加大，尾矿的产出量还会不断增加。目前我国尾矿多以自然堆积法储存于尾矿坝中，不仅要侵占大量的土地，污染矿区与周边地区的环境，形成安全隐患，同时也造成大量有价金属与非金属资源流失，成为矿山发展的严重制约因素。因此，大力发展尾矿资源综合利用和减排的工作，使之变废为宝，化害为利，对于改善生态环境、提高资源利用率，促进矿业可持续发展，有着十分重要的意义。

近年来，国外非常重视尾矿的综合利用研究。如英国、俄罗斯、加拿大、美国等均投入大量的资金，研究尾矿的综合利用，并取得了明显的经济效益和社会效益。我国在金属矿山尾矿综合利用研究方面也取得了一定的进展和成绩，尾矿资源开发利用和环境综合治理越来越受到政府部门的高度重视。《中国21世纪议程》已将尾矿从潜在资源提高到现实资源的地位，把尾矿的处置、管理及资源化示范工程列入中国21世纪议程中的优先项目计划。2010年，工业和信息化部、科技部、国土资源部、国家安全监管总局等有关部门组织编制了《金属尾矿综合利用专项规划（2010~2015）》（以下简称《规划》）。《规划》中指出：做好尾矿的综合利用是落实科学发展观、统筹人与自然和谐发展，发展生态文明，建筑节约型、环境友好型社会的具体表现；金属矿山尾矿综合利用坚持的基本原则：（1）鼓励掺入比例大、低耗能和无二次污染的技术和项目快速发展，实现经济效益、社会效益和环境效益的有机统一；（2）因地制宜，实施符合具体尾矿特征、适应当地条件的高效的尾矿综合利用方案；（3）坚持政策激励原则，在现有资源综合利用的各项激励政策的基础上，对于目前尾矿整体、高效利用和大宗利用的项目和技术给予特殊优惠政策，调动市场主体开展尾矿综合利用的积极性。《规划》指出，改变中国经济增长方式、大力发展循环经济、提高资源利用率，是解决当前我国资源、环境对经济发展制约的必由之路。

1.1 尾矿的定义、分类及特点

1.1.1 尾矿的定义

尾矿，就是选矿厂在特定技术经济条件下，将矿石磨细、选取"有用组分"后所排放的废弃物，也就是矿石经选别出精矿后剩余的固体废料。一般是由选矿厂排放的尾矿矿浆经自然脱水后所形成的固体矿业废料，是固体工业废料的主要组成部分，其中含有一定数量的有用金属和矿物，可视为一种"复合"的硅酸盐、碳酸盐等矿物材料，并具有粒度细、数量大、成本低、可利用性大的特点。通常尾矿作为固体废料排入河沟或抛置于矿山附近筑有堤坝的尾矿库里，因此，尾矿是矿业开发、特别是金属矿业开发造成环境污染的重要来源；同时，因受选矿技术水平、生产设备的制约，尾矿也是矿业开发造成资源损失的常见途径。换言之，尾矿具有二次资源与环境污染双重特性。

1.1.2 尾矿的分类

1.1.2.1 尾矿的选矿工艺类型

不同种类和不同结构构造的矿石，需要不同的选矿工艺流程，而不同的选矿工艺流程所产生的尾矿，在工艺性质上，尤其在颗粒形态和颗粒级配上，往往存在一定的差异，因此按照选矿工艺流程，尾矿可分为如下类型：

(1) 手选尾矿。由于手选主要适合于结构致密、品位高、与脉石界限明显的金属或非金属矿石，因此，尾矿一般呈大块的废石状。根据对原矿石的加工程度不同，又可进一步分为矿块状尾矿和碎石状尾矿，前者粒度差别较大，但多为 100 ~ 500mm，后者多为 20 ~ 100mm。

(2) 重选尾矿。重选是利用有用矿物与脉石矿物的密度差和粒度差选别矿石，一般采用多段磨矿工艺，致使尾矿的粒度组成范围比较宽。分别存放时，可得到单粒级尾矿，混合贮存时，可得到符合一定级配要求的连续粒级尾矿。按照作用原理及选矿机械的类型不同，还可进一步分为跳汰选矿尾矿、重介质选矿尾矿、摇床选矿尾矿、溜槽选矿尾矿等，其中，前两种尾矿粒级较粗，一般大于 2mm；后两种尾矿粒级较细，一般小于 2mm。

(3) 磁选尾矿。磁选主要用于选别磁性较强的铁锰矿石，尾矿一般为含有一定量铁质的造岩矿物，粒度范围比较宽，一般为 0.05 ~ 0.5mm。

(4) 浮选尾矿。浮选是有色金属矿产的最常用的选矿方法，其尾矿的典型特点是粒级较细，通常为 0.5 ~ 0.05mm，且小于 0.074mm 的细粒级占绝大部分。

(5) 化学选矿尾矿。由于化学药液在浸出有用元素的同时，也对尾矿颗粒产生一定程度的腐蚀或改变其表面状态，一般能提高其反应活性。

(6) 电选及光电选尾矿。目前这种选矿方法用得较少，通常用于分选砂矿床或尾矿中的贵重矿物，尾矿粒度一般小于 1mm。

1.1.2.2 尾矿的岩石化学类型

按照尾矿中主要组成矿物的组合搭配情况，可将尾矿分为如下 8 种岩石化学类型：

（1）镁铁硅酸盐型尾矿。这类尾矿的主要组成矿物为 $Mg_2[SiO_4]$ – $Fe_2[SiO_4]$ 系列橄榄石和 $Mg_2[Si_2O_6]$ – $Fe_2[Si_2O_6]$ 系列辉石，以及它们的含水蚀变矿物：蛇纹石、硅镁石、滑石、镁铁闪石、绿泥石等。一般产于超基性和一些偏基性岩浆岩、火山岩，镁铁质变质岩，镁矽卡岩中的矿石，常形成此类尾矿。在外生矿床中，富镁矿物集中时，可形成蒙脱石、凹凸棒石、海泡石型尾矿。其化学组成特点为富镁、富铁、贫钙、贫铝，且一般镁大于铁，无石英。

（2）钙铝硅酸盐型尾矿。这类尾矿的主要组成矿物为 $CaMg[Si_2O_6]$ – $CaFe[Si_2O_6]$ 系列辉石 $Ca_2Mg_5[Si_4O_{11}](OH)_2$ – $Ca_2Fe_5[Si_4O_{11}](OH)_2$ 系列闪石、中基性斜长石，及其蚀变、变质矿物：石榴子石、绿帘石、阳起石、绿泥石、绢云母等。这类尾矿在中基性岩浆岩、火山岩、区域变质岩、钙矽卡岩型矿石时较为常见。与镁铁硅酸盐型尾矿相比，其化学组成特点是：钙、铝进入硅酸盐晶格，含量增高；铁、镁含量降低，石英含量较小。

（3）长英岩型尾矿。这类尾矿主要由钾长石、酸性斜长石、石英及其蚀变矿物：白云母、绢云母、绿泥石、高岭石、方解石等构成。产于花岗岩自变型矿床，花岗伟晶岩矿床，与酸性侵入岩和次火山岩有关的高、中、低温热液矿床，酸性火山岩和火山凝灰岩自蚀变型矿床，酸性岩和长石砂岩变质岩型矿床，风化残积型矿床，石英砂及硅质页岩型沉积矿床的矿石，常形成此类尾矿。它们在化学组成上具有高硅、中铝、贫钙、富碱的特点。

（4）碱性硅酸盐型尾矿。这类尾矿在矿物成分上以碱性硅酸盐矿物（如碱性长石、似长石、碱性辉石、碱性角闪石、云母以及它们的蚀变、变质矿物，如绢云母、方钠石、方沸石等）为主。产于碱性岩中的稀有、稀土元素矿床，可产生这类尾矿。根据尾矿中的 SiO_2 含量，可分为：碱性超基性岩型、碱性基性岩型、碱性酸性岩型三个亚类。其中，第三亚类分布较广，在化学组成上，这类尾矿以富碱、贫硅、无石英为特征。

（5）高铝硅酸盐型尾矿。这类尾矿的主要组成成分为云母类、黏土类、蜡石类等层状硅酸盐矿物，并常含有石英。常见于某些蚀变火山凝灰岩型、沉积页岩型以及它们的风化、变质型矿床的矿石中。化学成分上，表现为富铝、富硅、贫钙、贫镁，有时钾、钠含量较高。

（6）高钙硅酸型尾矿。这类尾矿主要矿物成分为透辉石、透闪石、硅灰石、钙铝榴石、绿帘石、绿泥石、阳起石等无水或含水的硅酸钙岩。多分布于各种钙矽卡岩型矿床和一些区域变质矿床。化学成分上表现为高钙、低碱，SiO_2 一般不饱和，铝含量一般较低的特点。

（7）硅质岩型尾矿。这类尾矿的主要矿物成分为石英及其二氧化硅变体，包括石英岩、脉石英、石英砂岩、硅质页岩、石英砂、硅藻土以及二氧化碳含量较高的其他矿物和岩石。自然界中，这类矿物广泛分布于伟晶岩型、火山沉积 – 变质型、各种高、中、低温热液型、层控砂（页）岩型以及砂矿床型的矿石中。SiO_2 含量一般在 90% 以上，其他元素含量一般不足 10%。

（8）碳酸盐型尾矿。这类尾矿中，碳酸盐矿物占绝对多数，主要为方解石或白云石。常见于化学或生物 – 化学沉积岩型矿石中。在一些充填于碳酸盐岩层位中的脉状矿体中，也常将碳酸盐质围岩与矿石一起采出，构成此类尾矿。

1.1.3 尾矿的特点

1.1.3.1 尾矿是丰富的二次资源

新中国成立以来，我国尾矿的堆积量巨大，由于开采设备陈旧，开采工艺落后，开采模式单一，尾矿中仍然残留品位较高的矿石，甚至比目前国家的最低工业品位还要高，即所谓的"老尾富矿"。尾矿成为丰富的二次资源，回收利用潜力巨大。如我国的铁矿尾矿中仍还有 8% ~ 12% 的铁，而我国的铁尾矿堆存量超过 26 亿吨，如能回收 50%，则能收获超过 1 亿吨的铁；又如有些铜矿尾矿中，有些铜矿排出含铜 0.25% 的"废石"；又比如，由于我国早期选金水平较低，金尾矿中的含金量普遍很高，品位小于 1g/t 的矿石也被一些金矿列为废石。上述尾矿中的有用矿物均可进行有效回收利用。

我国大多数矿种品位低，并且具有两种以上有用组分的矿床比例高达 82%，很多矿山受条件所限，只开采含量最为丰富的主矿种，那些伴生矿种则遗留于尾矿中。如广西南丹矿区尾矿堆存量为 2522 万吨，尾矿中遗留了大量的硒、锑、铅、锌、金、银、镉等有色金属及砷、硫等非金属，都超出了国家工业品位的要求；四川攀枝花铁矿尾矿中的伴生组分多达十几种，相当于一座大型的金属矿山。湖北三鑫金铜股份有限公司年产尾矿量约 52.8 万吨，尾矿中具有再回收利用价值的元素有金、铜、铁，按每年选矿处理矿石量 60 万吨计，该尾矿每年可回收金 8928g、银 6510g、铜 3.72t、铁精矿 1.248 万吨、硫 65.1t。尾矿中绝大部分是非金属矿物，有石英、长石、绢云母、石榴子石、硅灰石、透辉石、方解石等，是许多非金属材料的原料。陕西双王金矿选金尾矿中含有纯度很高的钠长石，储量达数亿吨，成为仅次于湖南衡山的第二大钠长石基地，如只作为金矿回收金时，尾矿中就浪费了相当可观的重要的非金属矿资源钠长石，若加工成半成品钠长石粉，其价值就高达 200 亿元。因此，随着采选业的蓬勃发展，尾矿资源将源源不断的增加，这是一个尚未被挖掘且潜力很大的"二次资源"。若能充分加以开发和利用，则可创造出不可估量的财富。

1.1.3.2 尾矿粒度细、泥化严重

尾矿的粒度大小与矿石性质以及选矿过程有关，但一般多为细砂至粉砂，具有较低的孔隙度，水分含量也较高，并具有一定的分选性和层理。我国多数矿山矿石嵌布粒度细，共生复杂，为获得高品位精矿，多数采用细磨后选别。因此，排出的尾矿中的有价物质多以细粒、微细粒存在，尾矿泥化与氧化程度较高，同时还有未单体解离的连生体存在，相对难磨难选。

据有关资料统计，各矿山尾矿 −0.074mm 含量占 50% 以下的为 28.57%，占 50% ~ 70% 的为 42.86%，占 70% 以上的为 28.57%。多数矿山尾矿平均粒径为 0.04 ~ 0.15mm，如西石门铁矿的尾矿，−0.074mm 占 70%；−0.038mm 占 50%，这样的尾矿不需要磨矿就可直接进行回收和加工利用。由于尾矿是矿石磨选后的最终剩余物，因此含有大量的矿泥，且矿泥以细粒、微细粒形式存在，严重干扰尾矿中有价物质的回收，而且粒度细的尾矿会对制备的建材制品强度会产生不利影响，需要根据尾矿粒度、性质采用适宜的回收利用途径。

1.1.3.3 尾矿资源量庞大、种类繁多

由于矿床成矿条件和成因不同，故各矿山矿石类型及主要伴生元素也存在差异，相应

的选矿厂尾矿的性质也有所不同。据不完全统计，国内每年排放的 6 亿多吨矿山尾矿中，铁尾矿 1.3 亿吨，各种有色金属尾矿 1.4 亿吨，其余为黄金、煤炭、化工、建材、核工业等矿山所生产的尾矿。同时，尾矿种类繁多，性质复杂，以铁矿山为例，鞍山式铁尾矿中 90% 是石英（玉髓）和绿泥石、角闪石、云母、长石、白云石和方解石等矿物；宁芜式铁尾矿中以透辉石、阳起石、磷灰石、碱性长石、黄铁矿及硬石膏等为主；马钢型铁尾矿以透辉石、阳起石、磷灰石、长石、石膏、高岭土、黄铁矿为主，含铝量较高；邯郸型铁尾矿以透辉石、角闪石、阳起石、硅灰石、蛇纹石、黄铁矿为主，钙、镁含量较高；酒钢型铁尾矿以石英、重晶石、碧玉为主，钙、镁、铝含量均较低；大冶、攀枝花、白云鄂博等矿山尾矿中含有铜、钴、钒、钛，有的含有价值很高的贵金属和稀有元素等。

1.2 尾矿的成分及性质

尾矿的成分包括化学成分和矿物成分，尾矿的性质既包括尾矿自身的物理性质，也包括与建材生产有关的物理化学性质。不同成分和性质的尾矿，除影响到建材生产过程中的工艺参数外，也是决定其开发方向的主要依据。

1.2.1 尾矿的化学成分与矿物成分

尾矿由矿体的部分围岩和夹石，以及矿石中的脉石矿物所构成，因此，其化学成分和矿物成分既受矿体主岩岩性的控制，又受到矿化类型与围岩蚀变的制约。一般来说，岩浆堆积型、火山喷溢型、同生沉积型、区域变质型矿床的尾矿，其化学成分与主岩成分基本近似；而接触交代型、热液型、风化型矿床的尾矿，则主要取决于矿化和围岩蚀变类型。此外，选矿回收率也对尾矿成分具有一定影响。

无论何种类型的尾矿，其主要组成元素，不外乎 O、Si、Ti、Al、Fe、Mn、Mg、Ca、Na、K、P、H 等几种，但它们在不同类型的尾矿中，其含量差别很大，且具有不同的结晶化学行为。

在镁铁硅酸盐型尾矿中，就以 $[SiO_4]$ 四面体形式组成岛状、链状、层状硅酸盐骨干，形成橄榄石、辉石、蛇纹石、水镁石、蒙脱石、海泡石、凹凸棒石等镁、铁硅酸盐矿物；Ti 除一部分以类质同象形式进入辉石晶格外，主要形成钛铁矿；少量的 Al 此时主要以 $[AlO_6]$ 八面体形式取代 Fe、Mg 共同组成硅酸盐矿物，Mn 有时也可取代部分 Fe；Ca 主要组成少量斜长石；Na、K 含量很低；P 一般以磷灰石形式存在；H 在蚀变矿物中以 $[OH]^-$ 及 $[H_3O]^+$ 进入矿物晶格。

在钙铝硅酸盐型尾矿中，Ca 一方面与 Fe、Mg 一起组成辉石、角闪石、石榴石等硅酸盐矿物，一方面与 Na、Al 一起形成斜长石等铝硅酸盐矿物。当这些矿物遭受蚀变时，上述元素均可进入矿物晶格，并有 CO_2、H_2S 等组分加入，形成绿帘石、绿泥石、绢云母等含水矿物。

在长英岩型尾矿中，Si 不仅与 Ca、Na、K、Al 组成碱性长石和与 Fe、Mn、Mg 组成云母等层状硅酸盐矿物，还常形成独立的 SiO_2。在未遭受蚀变和风化的尾矿中，独立的 SiO_2 多为结晶态的石英；在沉积型矿床中，SiO_2 有时以无定型的蛋白石、燧石、硅藻土等形式存在；蚀变严重的这类尾矿，矿物主要为绿泥石＋绢云母＋石英或高岭石＋石英蚀变组合；外生条件下，矿物常以石英＋长石、石英＋黏土组合出现。

在某些酸性火山岩型矿床中，还常见到沸石类矿物，Ca、Na、K 以不稳定的吸附状态，赋存于 Si—Al—O 骨架的空穴中。

在碱性硅酸盐型尾矿中，Na、K 含量比长英岩型尾矿高得多，它们既可以与 Fe、Mg、Si 组成碱性辉石、碱性角闪石、霓石等暗色矿物，也常与 Si、Al 一起形成霞石、白榴石等似长石矿物，此时，无独立的 SiO_2 矿物出现。而对于碱性酸性硅酸盐型尾矿，霞石、白榴石、钾长石、碱性斜长石等是其主要组成矿物。当矿床受到蚀变时，碱性似长石类矿物常形成方钠石、方沸石、钾沸石等，碱性长石蚀变为绢云母、高岭石等。

在高铝硅酸盐型尾矿中，Si、Al 往往结合成无水或含水的硅酸铝，赋存于黏土矿物或红柱石族矿物中，Si 呈四面体配位，Al 多呈六面体配位。Fe、Mg、Na、K 进入八面体孔穴，以黑云母、白云母、水云母、伊利石等形式存在。Ca 一般很少进入硅酸盐晶格，而以独立的碳酸盐形式存在。

在高钙硅酸盐型尾矿中，Ca 一方面与 Si 结合成透辉石、透闪石、硅灰石、钙铝榴石等，另一方面以方解石形式残留于碳酸盐中。Fe、Mg、Na、K 等主要赋存于绿帘石、绿泥石、阳起石等含水硅酸盐中。其中，有些 Fe 以氧化物或硫化物形式存在。

硅质岩型尾矿中，Si 的主要赋存方式为结晶状态的氧化物——石英，有些以燧石、蛋白石等微晶或不定型氧化物形式存在。Al、Fe、Ca、Mg、Na、K 等以杂质矿物形式赋存于胶结物中。

碳酸盐型尾矿中，Ca 可进入方解石、白云石晶格，Mg 可形成白云石、菱镁矿。但在一些成分不纯或遭遇蚀变的碳酸盐型尾矿中，也不免有 Si、Al、Fe、Mn 元素的混入。

尾矿的化学成分，可用全分析结果表示，但一般常以 SiO_2、TiO_2、Al_2O_3、Fe_2O_3、FeO、MgO、CaO、Na_2O、K_2O、H_2O、CO_2、SO_3 等主要造岩元素的含量来标度。各种未选净的金属元素含量，均可从选矿工艺参数中获得。一般，选矿厂都有尾矿品位的记录。只有当确定某种金属元素对建材生产工艺或产品性能具有重大影响时，才要求作全分析。

尾矿的矿物成分，一般以各种矿物的质量分数表示，但由于岩矿鉴定多在显微镜下进行，不便于称量，因此，有时也采用镜下统计矿物颗粒数目的办法，间接地推算各矿物的大致含量。

根据我国一些典型金属和非金属矿山的资料统计，各类型尾矿化学成分和矿物组成范围列于表 1-1。

表 1-1 尾矿的化学成分和矿物组成范围

尾矿类型	矿物成分	质量分数 /%	主要化学成分/%							
			SiO_2	Al_2O_3	Fe_2O_3	FeO	MgO	CaO	Na_2O	K_2O
镁铁硅酸盐型	镁铁橄榄石（蛇纹石） 辉石（绿泥石） 斜长石（绢云母）	25～75 25～75 ≤15	30.0～ 45.0	0.5～ 4.0	0.5～ 5.0	0.5～ 8.0	25.0～ 45.0	0.3～ 4.5	0.02～ 0.5	0.01～ 0.3
钙铝硅酸盐型	橄榄石（蛇纹石） 辉石（绿泥石） 斜长石（绢云母） 角闪石（绿帘石）	0～10 25～50 40～70 15～30	45.0～ 65.0	12.0～ 18.0	2.5～ 5.0	2.0～ 9.0	4.0～ 8.0	8.0～ 15.0	1.50～ 3.50	1.0～ 2.5

尾矿类型	矿物成分	质量分数/%	主要化学成分/%							
			SiO$_2$	Al$_2$O$_3$	Fe$_2$O$_3$	FeO	MgO	CaO	Na$_2$O	K$_2$O
长英岩型	石英 钾长石（绢云母） 碱斜长石（绢云母） 铁镁矿物（绿泥石）	15~35 15~35 25~40 5~15	65.0~ 80.0	12.0~ 18.0	0.5~ 2.5	1.5~ 2.5	0.5~ 1.5	0.5~ 4.5	3.5~ 5.0	2.5~ 5.5
碱性硅酸盐型	霞石（沸石） 钾长石（绢云母） 钠长石（方沸石） 碱性暗色矿物	15~25 30~60 15~30 5~10	50.0~ 60.0	12.0~ 23.0	1.5~ 6.0	0.5~ 5.0	0.1~ 3.5	0.5~ 4.0	5.0~ 12.0	5.0~ 10.0
高铝硅酸盐型	高岭土石类黏土矿物 石英或方解石等 非黏土矿物 少量有机质、硫化物	≥75 ≤25	45.0~ 65.0	30.0~ 40.0	2.0~ 8.0	0.1~ 1.0	0.05~ 0.5	2.0~ 5.0	0.2~ 1.5	0.5~ 2.0
高钙硅酸盐型	大理石（硅灰石） 透辉石（绿帘石） 石榴子石（绿帘石、 绿泥石等）	10~30 20~45 30~45	35.0~ 55.0	5.0~ 12.0	3.0~ 5.0	2.0~ 15.0	5.0~ 8.5	20.0~ 30.0	0.5~ 1.5	0.5~ 2.5
硅质岩型	石英 非石英矿物	≥75 ≤25	80.0~ 90.0	2.0~ 3.0	1.0~ 4.0	0.2~ 0.5	0.02~ 0.2	2.0~ 5.0	0.01~ 0.1	0.05~ 0.5
钙质碳酸盐型	方解石 石英及黏土矿物 白云石	≥75 5~25 ≤5	3.0~ 8.0	2.0~ 6.0	0.2~ 2.0	0.1~ 0.5	1.0~ 3.5	45.0~ 52.0	0.01~ 0.2	0.02~ 0.5
镁质碳酸盐型	白云石 方解石 黏土矿物	≥75 10~25 3~5	1.0~ 5.0	0.5~ 2.0	0.1~ 2.0	0~ 0.5	17.0~ 24.0	26.0~ 35.0	微量	微量

另据中国地质科学院尾矿利用中心李章大介绍，我国几种典型金属矿床尾矿的化学成分见表 1-2。

表 1-2 我国几种典型矿床尾矿的化学成分

尾矿类型	化学成分/%											
	SiO$_2$	Al$_2$O$_3$	Fe$_2$O$_3$	TiO$_2$	MgO	CaO	Na$_2$O	K$_2$O	SO$_3$	P$_2$O$_3$	MnO	烧失量
鞍山式铁矿	73.27	4.07	11.60	0.16	4.22	3.04	0.41	0.95	0.25	0.19	0.14	2.18
岩浆型铁矿	37.17	10.35	19.16	7.94	8.50	11.11	1.60	0.10	0.56	0.03	0.24	2.74
火山型铁矿	34.86	7.42	29.51	0.64	3.68	8.51	2.15	0.37	12.46	4.58	0.13	5.52
矽卡岩型铁矿	33.07	4.67	12.22	0.16	7.39	23.04	1.44	0.40	1.88	0.09	0.08	13.47
矽卡岩型铁矿	35.66	5.06	16.55	—	6.79	23.95	0.65	0.47	7.18	—	—	6.54

尾矿类型	化学成分/%											
	SiO_2	Al_2O_3	Fe_2O_3	TiO_2	MgO	CaO	Na_2O	K_2O	SO_3	P_2O_3	MnO	烧失量
矽卡岩型钼矿	47.51	8.04	8.57	0.55	4.71	19.77	0.55	2.10	1.55	0.10	0.65	6.46
矽卡岩型金矿	47.94	5.78	5.74	0.24	7.97	20.22	0.90	1.78		0.17	6.42	—
斑岩型钼矿	65.29	12.13	5.98	0.84	2.34	3.35	0.60	4.62	1.10	0.28	0.17	2.83
斑岩型钼矿	72.21	11.19	1.86	0.38	1.14	2.33	2.14	4.65	2.07	0.11	0.03	2.34
斑岩型铜矿	61.99	17.89	4.48	0.74	1.71	1.48	0.13	4.88	—	—	—	5.94
岩浆型镍矿	36.79	3.64	13.83	—	26.91	4.30	—	—	1.65	—	—	11.30
细脉型钨锡矿	61.15	8.50	4.38	0.34	2.01	7.85	0.02	1.98	2.88	0.14	0.26	6.87
石英脉型稀有	81.13	8.79	1.73	0.12	0.01	0.12	0.21	3.62	0.16	0.02	0.02	
长石石英矿	85.86	6.40	0.80	—	0.34	1.38	1.01	2.26				
碱性岩型稀土	41.39	15.25	13.22	0.94	6.70	13.44	2.58	2.98	—	—	—	1.73

由表 1-1 和表 1-2 可以看出,不同成因类型的矿床,其尾矿成分变化范围是相当大的。如果将尾矿用作建筑材料的原料时,就必须先对尾矿的化学成分作详细的分析研究。应当注意,表中所列不同类型尾矿的化学成分,仅可作为选择开发方向时参考,具体应用时,还需比照有关的建筑材料用原材料标准,具体分析哪些成分超标,哪些成分不足,哪些是有害的,哪些是有益的,以便取舍或掺配。为了满足建材生产需要,必要时,还可以配合选矿流程,进行有针对性的分选或分级。另外,在作尾矿成分分析时,还应与建材配方通盘考虑,不能孤立地根据尾矿成分,得出可用不可用的结论。

1.2.2 尾矿的物理、化学与工艺性质

与建材生产有关的尾矿物理性质,主要包括密度、硬度、熔点、热膨胀系数等。由于各个具体矿山的尾矿组成各具特点,很难取得完整的数据。在此仅对组成尾矿中,一些常见重要矿物的物理性质列出(表 1-3 和表 1-4)。

表 1-3 一些常见尾矿组成矿物的物理性质

矿物	密度 /$g \cdot cm^{-3}$	莫氏硬度	熔融(分解)温度/℃	矿物	密度 /$g \cdot cm^{-3}$	莫氏硬度	熔融(分解)温度/℃
石英	2.65	7	1713	透辉石	3.25 ~ 3.3	6 ~ 7	1300 ~ 1390
玉髓	2.60	6	1713	钙铁辉石	3.5 ~ 3.6	5.5 ~ 6	1100 ~ 1140
鳞石英	2.31	6.5	1670	角闪石	3.1 ~ 3.3	5 ~ 6	
方石英	2.33	6 ~ 7	1713	蓝闪石	3.1 ~ 3.5	5 ~ 6.5	
蛋白石	2.0 ~ 2.2	6 ~ 6.5	100 ~ 250	钠闪石	3.3 ~ 3.4	5.5 ~ 6	
黄铁矿	5.0	6 ~ 6.5	600 ~ 660	正长石	2.57	6	1185 ~ 1250
无水石膏	2.96	3 ~ 3.5	1100 ~ 1150	微斜长石	2.57	6	1150 ~ 1180
方解石	2.72	3	880 ~ 910	霞石	2.6	5.5 ~ 6	1170 ~ 1220
白云石	2.87	3.5 ~ 4	750 ~ 800	钠长石	2.61	6 ~ 6.5	1100 ~ 1250

矿 物	密度/g·cm^{-3}	莫氏硬度	熔融（分解）温度/℃	矿 物	密度/g·cm^{-3}	莫氏硬度	熔融（分解）温度/℃
菱镁矿	2.96	4~4.5	600~650	钙长石	2.76	6~6.5	1290~1340
橄榄石	3.2~3.5	6.5~7	1250~1400	钠沸石	2.24	5~5.5	910~950
绿帘石	3.25~3.4	6.5	950~1000	辉沸石	2.16	3.5~4	800~900
紫苏辉石	3.4~3.9	5~6	1180~1370	丝光滑石	2.15	4~5	600~700
顽火辉石	3.2~3.25	5~6	1400~1450	方沸石	2.25	5.5	880~910
硅灰石	2.91	5~6	1540	堇青石	2.6~2.7	7~7.5	1400~1450

表 1-4 一些常见尾矿组成材料的热膨胀系数

材料名称	不同温度条件下的线膨胀系数 α/℃$^{-1}$						
	-40	-20	0	20	50~100	100~200	200~350
花岗岩	3.8×10^{-6}	4.7×10^{-6}	6.2×10^{-6}	8.3×10^{-6}	$(6~11) \times 10^{-6}$	$(10~15) \times 10^{-6}$	$(13~19) \times 10^{-6}$
玄武岩					$(4~5) \times 10^{-6}$	$(4~5) \times 10^{-6}$	$(4.5~5.5) \times 10^{-6}$
辉绿岩	5.3×10^{-6}	6.2×10^{-6}	6.6×10^{-6}	7.1×10^{-6}	$(6~7) \times 10^{-6}$	$(6~7.5) \times 10^{-6}$	$(6.5~8) \times 10^{-6}$
正长岩					$(6~7) \times 10^{-6}$	$(6~7.5) \times 10^{-6}$	$(6.5~8) \times 10^{-6}$
闪长岩					$(6~7) \times 10^{-6}$	$(6~7.5) \times 10^{-6}$	$(6.5~8) \times 10^{-6}$
安山岩	6.3×10^{-6}	6.8×10^{-6}	7.2×10^{-6}	7.6×10^{-6}			
砂 岩	8.2×10^{-6}	9.0×10^{-6}	8.7×10^{-6}	10.4×10^{-6}	$(11~15) \times 10^{-6}$	$(11.5~16) \times 10^{-6}$	$(11.5~16.5) \times 10^{-6}$
石灰岩	3.8×10^{-6}	4.7×10^{-6}	5.7×10^{-6}	6.5×10^{-6}	$(5~8) \times 10^{-6}$	$(8~12) \times 10^{-6}$	$(12~15) \times 10^{-6}$
白云岩	5.4×10^{-6}	7.4×10^{-6}	5.7×10^{-6}	6.5×10^{-6}	$(4~10) \times 10^{-6}$	$(8~14) \times 10^{-6}$	$(10~16) \times 10^{-6}$
石英砂	10.3×10^{-6}	10.7×10^{-6}	11.3×10^{-6}	12.1×10^{-6}	12×10^{-6}	12.5×10^{-6}	13.5×10^{-6}

尾矿的化学性质，是指尾矿参与化学反应的能力或在化学介质中抵抗腐蚀的能力。对于作建材原料的尾矿来说，主要是指其在碱性的 $Ca(OH)_2$ 溶液中，所表现的化学反应活性。它对于低温条件下水化合成建材的形成，或是否可用于混凝土类材料的掺和料，起着决定性作用。

尾矿的工艺性质主要是指其可加工性。尾矿虽然在选矿阶段已经经历了破碎和粉磨过程，但在用于生产某些建筑材料时，其细度可能仍不满足要求，需要进一步磨细。这样一来，就提出来可磨性要求。有时，为了调整颗粒级配，需要对尾矿进行筛分，因此，也存在一个易筛性的问题。

1.2.3 尾矿的工程性质

尾矿是普遍用于后期尾矿坝构筑的工程材料。由于尾矿的特定加工过程和排放方法，又经受水力分级和沉淀作用，形成了各向异性的尾矿沉积层，其压缩变形和强度特性、渗流状态、振动响应特性随尾矿类型、沉积方式、时间和空间而变化，就总体性质而言，既有似于又有别于天然土壤，既符合又不完全适用传统土力学理论。此外，尾矿坝大多是在分期升高中构筑，在构筑中使用，其结构和功能也完全不同于普通的蓄水坝，尾矿坝的工作状态不仅取决于坝体本身的工程特性，更重要的取决于坝后沉积的尾矿工程特性。这是一个特殊的岩土工程问题。

1.2.3.1　沉积特性

尾矿的工程性质，一方面是由尾矿的物理性质和状态决定的，另一方面是由尾矿的沉积特性决定的。从工程意义上讲，认识尾矿工程行为的基本点是了解尾矿所经受的沉积过程和特性。通常，尾矿是以周边排放方式经水力沉积获得的。这样，靠近尾矿坝则以水力分级机理形成尾矿砂沉积滩，沉淀池中则以沉淀机理形成细粒尾矿泥带，其分异程度取决于全尾矿的级配、排放尾矿浆浓度和排放方法等因素。因此，在尾矿沉积层内，尾矿砂和尾矿泥或以性质不同的两个带交汇，或者高度互层化。尾矿砂和尾矿泥工程性质的差异在于，前者与松散至中密的天然砂土相似，而后者则极为复杂，在某些情况下显示出天然砂土性质，在另一些情况下显示出天然黏土性质，或者两个联合性质。

大多数尾矿类型，沉积滩坡度向沉淀池倾斜，且在前几十米，平均坡度 0.5% ~ 2.0%，较陡坡度的范围是由全尾矿排放的较高浓度和（或）较粗粒级所决定的；在沉积滩的较远地方，平均坡度可缓达 0.1%；再远地方，沉积过程则与连续变迁的网状水流通道的沉积相似。这样的沉积过程产生高度不均匀的沉积滩，在垂直方向上，尾矿砂的沉积是分层的，在厚度几厘米范围内，细粒含量变化一般可高达 10% ~ 20%，如果排放点或排放管间隔大，在短的垂距上，细粒含量可发生 50% 以上的变化。此外，在尾矿砂沉积滩内，尾矿泥薄层所造成的这样急剧分层也可能由于沉淀池水周期性浸入沉积滩、而细粒薄层由悬浮液中沉淀下来所致。

水平方向上的变化往往也很大，尾矿浆在沉积滩上运移过程中，较粗颗粒首先从尾矿浆中沉淀下来，只有当尾矿达到沉淀池的静水中时，较细的悬浮颗粒和胶质颗粒才沉淀下来，形成尾矿泥带。然而，在尾矿沉积滩上实测的粒度横向变化性表明，其变化形式要比实验室模拟结果复杂得多。因为大多数选矿厂磨矿过程所产生的粒度范围颇为相近，单单依据级配不足以说明所观察的差异。实际上，排放的尾矿浆体浓度控制沉积滩颗粒的分级，较低的浆体浓度往往有助于较大颗粒分离。一般认为，浆体浓度之差可达 10% ~ 20%，则可能引起横向粒度分布的较大变化。

尾矿泥沉积过程按照完全不同于尾矿沉积滩的沉积方式，尾矿泥从池中悬浮液中沉淀下来不包含颗粒跳动或滚动的分级，而是比较简单的垂直沉降过程。尾矿泥的沉降速率可能对澄清水所必需的沉淀池尺寸及可用作选矿循环的水量有重大影响。在实验室，可通过向玻璃圆筒内灌注一定浓度的均匀尾矿浆测定沉降速率，随时记录水与沉淀固体之间的界面变化。在缺乏实验室沉降试验数据时，确定沉淀池尺寸的经验准则是允许 5 天的澄清时间，每天排放尾矿，每 1000t 约占池表面积 4 万 ~ 10 万平方米。

1.2.3.2　密度

尾矿原地密度的估计在尾矿库规划的早期阶段是特别重要的，因为，特定选矿厂尾矿生产率所需要的库容积通常要根据尾矿的沉积密度来确定。原地密度可以用干密度或孔隙比表示。在特定尾矿的干密度或孔隙比的范围内，较高的干密度或较低的孔隙比通常与沉积层内较大深度相关，相反地，最低干密度或最高孔隙比通常与沉积后浅表材料有关。

1.2.3.3　渗透性

尾矿的渗透性是比其他任何工程性质都难以概括的一个基本特性。平均渗透系数可以跨越 5 个以上数量级，从干净、粗粒尾矿砂的 10^{-2} cm/s 到充分固结尾矿泥的 10^{-7} cm/s。渗透性的变化是粒度、可塑性、沉积方式和沉积层内深度的函数。

1.2.3.4　变形特性

尾矿是三相体，在荷载作用下的压缩包括尾矿颗粒的压缩、孔隙中水的压缩和孔隙的减小。在常见的工程压力 100~600Pa 范围内，尾矿颗粒和水本身的压缩是可以忽略不计的，因此，尾矿沉积层的压缩变形主要是由于水和空气从孔隙中排出引起的。可以说，尾矿的压缩与孔隙中水的排出是同时发生的。粒度越粗，孔隙越大，透水性就越大，因而尾矿中水的排出和尾矿沉积层的压缩越快，颗粒很细的尾矿则需要很长的时间。这个过程称为渗透固结过程。由于尾矿的松散沉积状态、高棱角性和级配特性，它们的压缩性都比类似的天然土大。在传统土力学中，一维压缩（固结）试验极广泛地用来评价土的压缩性。但是，尾矿试验解释则比较复杂，因为加荷曲线的"原始压缩"段和"再压缩"段之间不总是像天然黏土一样完全明显分开。按照经典土力学理论，有些尾矿泥可能显示出前期固结作用，有似于熟土所表现出来的前期固结。然而，大多数尾矿砂，即使在前期固结之后，孔隙比与压力关系曲线显示出较大曲率。所以，压缩系数的分析必须说明所施加的压力范围。

1.2.3.5　抗剪强度特性

在坝体稳定性分析时，普遍采用三轴剪切试验，在改变排水条件下测定材料的强度特性。最基本试验方法有固结排水、固结不排水试验。开始，两者都要把试样固结到固结应力，其相当于剪切之前坝体（或基础）中某一点的初始有效应力。固结之后，或者按排水条件剪切试样，迫使剪切过程产生的全部孔隙压力充分消散；或者按不排水条件剪切试样，阻止剪切过程产生的孔隙压力消散。不同排水条件的试验得到不同的强度包线，应用于不同的孔隙压力环境。

1.3　尾矿的污染现状

随着现代工业化生产的迅速发展和新开发矿山数量的不断增加，尾矿的排放、堆积量也越来越大。目前，仅我国在国民经济中运转的矿物原料约 50 亿吨。世界各国每年采出的金属矿、非金属矿、煤、黏土等在 100 亿吨以上，排出的废石及尾矿量约 50 亿吨。在我国，截至 2012 年年底，全国共有尾矿库 12273 座，尾矿堆积总量约为 80 亿吨，尾矿年产量 6 亿多吨。而且随着经济的发展，对矿产品需求大幅度增加，矿业开发规模随之加大，产生的选矿尾矿量将不断增加，加之许多可利用的金属矿品位日益降低，为了满足矿产品日益增长的需求，选矿规模越来越大，因此产生的选矿尾矿数量也将大量增加。而大量堆存的尾矿，给矿业、环境及经济造成不少的难题。

1.3.1　矿产资源浪费严重

由于尾矿中不仅含有可再选的金属矿物和非金属矿物等有用组分，而且就是不可再选的最终尾矿也有不少用途，因此浪费于尾矿中的有益组分数量是相当可观的。在我国由于大多数矿山的矿石品位低，多呈多组分共（伴）生，矿物嵌布粒度细，再加上我国选矿设备陈旧与老化、自动化水平低、管理水平不高、选矿回收率低，其结果是必然造成资源的严重浪费。特别是老尾矿，由于受到当时条件的限制，损失于尾矿中的有用组分会更多一些。如我国铁尾矿的铁品位平均为12%，有的甚至高达20%以上，现存铁尾矿中约含铁量达5.4亿吨；在2000多万吨的黄金尾矿中尚含金约30t。又如云锡老尾矿数量已达1亿吨以上，其中平均含锡为0.15%，损失的金属锡达20万吨以上；吉林皮加沟金矿，老矿区金矿尾矿存量约30万吨，含金品位约0.4~0.6g/t（新尾矿库）、1~1.5g/t（老尾矿库），损失的金属量金约1.6t、钼280t、银2t、铅500t。

目前，我国有色金属矿山的采选综合回收率只有33%，可见有色金属在尾矿中流失的严重性。

1.3.2　堆存尾矿占用大量土地、堆存投资巨大

目前，除了少部分尾矿得到利用外，相当大数量的尾矿，都只有堆存，占用土地数量可观，而且随着尾矿数量增加而利用量不大状况仍然继续，占用土地数量必将继续扩大，其中还包括大量的林用土地。即使占用的土地目前尚未耕种或暂不宜耕种，但毕竟减少了今后开垦耕种的后备土地资源，对我国这样一个人口众多、人均耕地面积很少的大国来讲，显然是严重的威胁，给社会造成的压力和难题将是久远的。

另外，修建、维护和维修尾矿库及因建尾矿库征地所需的费用也是相当可观的。尾矿处理设施是结构复杂、投资巨大的综合水工构筑物，其基建投资约占矿山建设总投资的10%以上，占选矿厂投资的20%以上，有的几乎接近甚至超过选矿厂投资。尾矿设施的运行成本也较高，有些矿山占选矿厂生产成本的30%以上。

1.3.3　尾矿对自然生态环境的影响

尾矿对自然生态环境的影响具体表现在：

（1）尾矿在选矿过程中经受了破磨，密度减小，表面积较大，堆存时易流动和塌漏，造成植被破坏和伤人事故，尤其在雨季极易引起塌陷和滑坡。而随着尾矿量的不断增加，尾矿库坝体高度也随之增加，安全隐患日益增大。我国在新中国成立以来，已发生过大小的事故数十次，其中7次造成人身伤亡，死亡人数近300人。云锡大谷都尾矿库溃坝事故造成368万吨尾矿和泥浆形成泥石流向下游倾泻，淹埋万亩农田和村庄，伤亡近200人，导致选矿厂停产3年之久。而在气候干旱、风大的季节和地区，尾矿粉尘在大风推动下飞扬至尾矿坝周围地区，造成土壤污染，土地退化，甚至使周围居民致病。

（2）尾矿及残留选矿药剂对生态环境的破坏严重，尤其是含重金属的尾矿，其中的硫化物产生酸性水进一步淋浸重金属，其流失将对整个生态环境造成危害。残留于尾矿中的氯化物、氰化物、硫化物、松油、絮凝剂、表面活性剂等有毒有害药剂，在尾矿长期堆存时会受空气、水分、阳光作用和自身相互作用，产生有害气体和酸性水，加剧尾矿中重金属的流失，流入耕地后，破坏农作物生长或使农作物受污染，流入水系则又会使地面水体和地下水源受到污染，毒害水生生物；尾矿流入或排入溪流湖泊，不仅毒害水生生物，而且会造成其他灾害，有时甚至涉及相当长的河流沿线。目前，我国因尾矿造成的直接污染土地面积已达百万亩，间接污染土地面积1000余万亩。

大量的尾矿已成为制约矿业持续发展，危及矿区及周边生态环境的重要因素，纵观发展矿业所遇到的严峻挑战，在矿石日趋贫杂、资源日渐枯竭、环境意识日益增强的今天，解决困扰的根本出路在于依赖于二次资源的开发利用，因此尾矿综合利用是矿业持续发展

的必然选择。

1.4 尾矿综合利用的途径

当前科学技术的进步，尤其是选矿、冶金及非金属材料在各个领域广泛应用等技术的进步，都为尾矿利用奠定了坚实的技术基础。尾矿的综合利用主要包括两方面的内容，一是尾矿作为二次资源再选，再回收有用矿物，精矿作为冶金原料，如铁矿、铜矿、锡矿、铅锌矿等矿的尾矿再选，继续回收铁精矿、铜精矿、锡精矿、铅锌精矿或其他矿物精矿。二是尾矿的直接利用，是指未经过再选的尾矿直接利用，即将尾矿按其成分归类为某一类或几类非金属矿来进行利用。如利用尾矿筑路、制备建筑材料、作采空区填料直至作为硅铝质、硅钙质、钙镁质等重要非金属矿用于生产高新制品。

尾矿利用的这两个途径是紧密相关的，矿山可根据自身条件选择其一优先发展，也可二者结合共同开发，即先综合地回收尾矿中的有价组分，再将余下的尾矿直接利用，以实现尾矿的整体综合利用。

从目前国内外尾矿利用成果看，应该说还停留在少量的尾矿利用上，尚无法实现大幅度减少或免除尾矿的排放。因此，立足长远，应着手进行无尾工艺的研究。实现无尾排放的基本路线是：先分离出尾矿中的粗中粒级物料，用其代替碎石、黄沙作为建筑用骨料使用；对余下的细粒尾矿进行再选，综合回收出尾矿中的有价金属、非金属成分，再对剩余部分固化处理，生产出不同档次的建筑材料或固化块体充填塌陷区或排至排土场。

1.4.1 尾矿再选

尾矿再选既包括老尾矿再选利用，也包括新产生尾矿的再选以大力减少新尾矿的堆存量，它还包括改进现行技术以减少新尾矿的产生量。

尾矿再选使尾矿成为二次资源，可减少尾矿坝建坝及维护费，节省破磨、开采、运输等费用，还可节省设备及新工艺研制的更大投资，因此受到越来越多的重视。尾矿再选已成为降低尾矿品位、提高回收率和提高企业经济效益的重要途径。尾矿再选已在铁矿、铜矿、铅锌矿、锡矿、钨矿、钼矿、金矿、铌钽矿、铀矿等许多金属矿的选矿尾矿再选方面取得了一些进展及效益，虽然其规模及数量有限，但取得的经济、环境效益及资源保护效益是明显的，前景是良好的。

过去选矿技术落后，金属矿山尾矿中可能有 5% ~ 40% 的目的组分仍留在尾矿中。一般来说，矿山越老，选矿技术越落后，所产生的尾矿中目的金属含量就越高。对目的金属再回收利用是目前尾矿综合利用的一个途径。如我国云锡公司已建成两个处理老尾矿的选矿工段，处理尾矿 112 万吨，回收了锡 1286t，铜 443t。首钢水厂选矿厂从尾矿中回收铁，江西铜业公司从尾矿中回收铜和硫等均取得了良好的效益。

在尾矿中还有一部分金属由于其与目的金属伴生或共生在一起，在过去的选矿过程中由于没有受到人们的重视或由于选矿技术水平的原因，而被滞留下来了。例如钨在高温下形成，会伴生有铝、铋等有价组分，在过去的选矿过程中，人们仅仅考虑了目的金属钨的回收，而忽视了伴生金属铝、铋的回收利用。如赣州有色金属冶炼厂对各矿山钨矿集中处理后所丢弃的尾矿进行综合回收利用，获得含 Cu 13.52%、回收率达 85.29% 的铜精矿和 60% ~ 70% 的钨锡混合精矿。该混合精矿经过湿式磁选分离钨锡，能够获得高品位的钨细泥产品。目前,我国加强了对伴生金属的综合回收力度,大部分有色金属、黑色金属厂矿基本上都能做到在回收目的金属的同时回收伴生金属。比较突出的有攀枝花钢铁集团从铁尾矿中回收了钒、钛、钴、钪等多种有色和稀有金属,实践证明,铁的价值只占矿石总价值的 38.6%,而从尾矿中综合回收产品的价值却占 60% 以上。武山铜矿老尾矿采用浮选法进行有价元素硫的回收试验,为实现老尾矿库资源回收提供了选矿技术指导。

鞍山地区一些磁铁矿尾矿仍含铁 20%,经强磁选机回收可获得品位达 60% 的铁精矿。马鞍山矿山研究院与本钢歪头山铁矿采用 HS – ϕ1600 × 8 型磁选机对铁矿石尾矿进行再磨再选后,可获得品位高达 65.76% 的优质铁精矿,年产铁精矿量达 3.92 万吨,经济效益良好。德兴铜矿与科研单位、高等院校合作,在改进现场生产流程,提高铜、金回收率的同时,增加了从尾矿中回收硫的设施,使该矿每年多回收铜、金、硫精矿的年产值达 1200 万元。

梅山铁矿完成了尾矿再选、用尾矿制作建筑材料、固化堆放和浓缩脱水等研究工作。重选尾矿再选半工业试验采用流程为弱磁粗选—弱磁精选—强磁扫选,粗选、精选用 ϕ1050mm × 400mm 湿式筒式弱磁选机,扫选用 SLon – 1000 型立环脉动高梯度磁选机,给矿品位为 Fe 19.98%,S 1.46%,P 0.279%,精矿品位为 Fe 56.69%、S 0.91%、P 0.149%,铁回收率为 54.96%;综合采用弱磁—强磁工艺每年可选出铁精矿 7 万吨;采用高压浓密 – 絮凝沉降工艺,使尾矿底流浓度达到 45% 以上,解决了尾矿难沉降的问题;采用压滤工艺,解决了尾矿脱水的问题;用尾矿代替黏土烧制出了水泥、微晶玻璃、广场砖及建筑用砖,取得了巨大的经济效益和环境效益。

太和钛铁矿尾矿采用 SLon 型立环脉动高梯度磁选机取代重选流程,对入选品位 TiO_2 12.06% 的尾矿,采用一粗一精流程可获得强磁精矿产率 29.75%,品位 29.20%,TiO_2 回收率 71.98% 的选别指标;磁—浮流程可获钛精矿品位 47.5%,TiO_2 回收率 45% 以上的选别指标。

江西贵溪炼铜厂的炼钢渣经过选矿作业,回收金属铜,选矿尾矿中含大量磁铁矿,利用 SLon – 1000 型立环脉动高梯度磁选机进行工业试验,结果表明,在给矿浓度为 15% ~ 20%,处理矿量 2 ~ 2.5t/(台·h),可获得精矿产率 43% ~ 48%、精矿品位 57% ~ 58%、回收率 50% ~ 52% 的铁精矿;每年可处理渣尾矿 7.5 万吨,生产铁精矿 5.5 万吨。

调军台选矿厂针对浮选尾矿的性质,在实验室进行了强磁抛尾—强磁精再磨—弱磁—弱磁精反浮选试验,取得入选尾矿品位 15.15%、最终精矿品位 66.70%、产率 4.47%、回收率 19.68% 的指标,采用该工艺每年可从浮选尾矿中选出精矿大约 10 万吨,按每吨售价 500 元计,每年销售收入 5000 万元,利润 3840.30 万元。

1.4.2 尾矿的整体利用

对尾矿再选的尾矿进行直接利用叫做尾矿的整体直接利用,是以没有再选价值的尾矿为原料生产各种制品,是解决尾矿的堆存量或实现无尾矿矿山生产的根本途径。它可分为高层次和低层次的利用。高层次利用主要形式有利用尾矿生产陶瓷、微晶玻璃和水泥等高附加值产品。为了使尾矿资源开发再利用达到最佳,必须根据尾矿的具体特征,进行不同层次的整体利用。

1.4.2.1　尾矿的整体直接利用

A　作土壤改良剂和磁化复合肥

有些尾矿中含有多种植物生长所需的微量元素，这些尾矿经过适当的处理可制成用于改良土壤的微量元素肥料。我国有些尾矿中含有一定量的磁铁矿，将这样的尾矿进行适当的磁化处理后施入土壤中，可以改善土壤的性能，从而达到增产的效果。20 世纪 90 年代马鞍山矿山研究院将磁化尾矿加入到化肥中制成磁化尾矿复合肥，并建成一座年产10000t 的磁化尾矿复合肥厂。河南一选矿厂利用尾矿为主要原料研制了钙镁磷肥；黑龙江鸡西选矿厂用尾矿生产出镁钾肥。

B　利用尾矿生产建筑材料

矿山尾矿在提取出有用元素后，仍留下大量无提取价值的废料，这种废料并非真的无应用价值，实际上是一种"复合"的矿物原料。它们主要有非金属矿物石英、长石、石榴子石、角闪石、辉石以及由其蚀变而成的黏土、云母类铝硅酸盐矿物和方解石、白云石等钙镁碳酸盐矿物组成。化学成分有硅、铝、钙、镁的氧化物和少量钾、钠、铁、硫的氧化物。而硅、铝的含量较高，这就为其用作建材的原料奠定了基础。尾矿的物理化学性质和组成与建筑材料在工程特性方面有很多相似之处，因此对尾矿进行深加工，可以制造出具有各种功能的材料，如复合材料和玻璃制品等。目前根据尾矿的化学成分、矿物成分及粒度特征可生产出微晶玻璃、玻化砖、建筑陶瓷、美术陶瓷、铸石、水泥等建筑材料，使之附加值大幅度提高。

我国对尾矿再生利用作为建筑材料的研究起步于 20 世纪 80 年代。目前，国内利用尾矿作混凝土骨料、筑路碎石和建筑用砂、砖的成功例子较多，如迁安铁矿、梅山铁矿等，其特点是利用量较大，但附加值较低。其次，尾矿还可用来制作烧结空心砌块和高档广场砖，成本低廉，市场效益良好。

不同尾矿的特性决定了尾矿作为建筑材料使用的领域的不同。块状及粗粒尾矿主要用作粗集料配制的混凝土，能达到普通集料配制同一标号混凝土的性能。这类尾矿多为铁矿干式或湿式磁选的抛尾产品，颗粒表面粗糙，多数质地坚硬而致密，针状矿物及有害物质含量少，级配较好，且各项物理性能能达到国家混凝土骨料标准。如姑山铁矿选矿厂利用这种尾矿制出了混凝土空心楼板，主要用于矿建工程和井巷支护并销往其他地区，在增加了矿山收入的同时还使原本给矿山生产带来不利影响的废料变成了矿山的另一资源。选矿厂排出的尾矿中有 2/3 以上为细粒尾矿，目前这类尾矿基本上都堆存于尾矿库中。细粒尾矿在建筑行业应用广泛，可生产出多种建筑产品。特别是以石英为主要成分的尾矿，可生产贴墙砖、免烧墙体砖、水磨石、人造大理石等，亦可以作为原料生产陶瓷和玻璃。从20 世纪 90 年代开始，国内研究了利用尾矿制取微晶玻璃、墙地砖、玻化砖等。以大庙铁矿石尾矿为原料，北京科技大学研制出了玻化砖。分别利用金矿尾砂和铁尾矿为主要原料，邢军等人成功制成了主晶相为顽火辉石固溶体、尖晶石的微晶玻璃和主晶相为透辉石相的尾矿微晶玻璃。

部分尾矿的成分和生产水泥的部分原料成分十分相近，可取代黏土和铁粉生产硅酸盐水泥，既能节省尾矿堆积用地，也可节省开采和加工能耗。如马钢桃冲铁矿利用尾矿煅烧水泥这一技术建立了一个年产 20 万吨的水泥厂。另外，尾矿作为矿化剂加入水泥原料，如湖南铅锌矿尾矿中含有氟化钙，能使水泥熟料烧成温度降低 150℃ 左右，有利于熟料的节能增产。

1.4.2.2　尾矿用于充填、复垦

部分尾矿已对有价组分进行了回收且目前又无适当用途，用于采空区或塌陷区的充填是对其直接利用最行之有效的途径之一。有些矿山由于种种原因，无处设置尾矿库，而利用尾矿回填采空区意义就非常重大。对于受目前经济和技术等因素约束未能开发利用的已闭库尾矿进行复垦、植被，是目前我国尾矿利用量最大的一种方式，既能节约用地，又可改善环境。

　　A　利用尾矿作为矿山井下充填材料

利用尾矿作为井下填充物工艺简单、耗资少，这使尾矿资源的利用程度大大提高，还降低了充填成本和整个矿山生产成本。我国干式充填、水砂充填、分级尾砂充填及高浓全尾砂充填、膏体充填等工艺技术方面达到了世界先进水平。如安徽省太平矿业有限公司前常铜铁矿位于淮北平原，由于地理因素无处设置尾矿库，选矿厂排放的尾矿经过技术处理后，全部用于充填采空区；济南钢城矿业公司采用胶结充填采矿法，提高矿石回采率20%以上；莱芜矿业公司利用尾矿充填越庄铁矿露天采坑，再造了土地，治理了环境；长沙矿山研究院与凡口铅锌矿合作开发了高浓度全尾砂胶结充填工艺，尾矿利用率高达95%以上；焦家金矿研制了高水材料固结充填法，尾矿的利用率达到50%。

　　B　利用尾矿进行复垦、植被

尾矿在很多经济发达国家的复垦率超过80%。1988年，我国明确提出复垦是破坏者应尽的义务，这为快速实现尾矿复垦起到了很好的推动作用。唐山的迁安铁矿在不覆土条件下于8.04hm²尾矿地实现了植树种草的低成本复垦；凡口铅锌矿通过覆土，在20万平方米的尾矿库上栽种了5000余株苦楝树并且长势良好。20世纪末，马鞍山矿山研究院进行了尾矿库植被复垦及扬尘抑制的技术研究，并收集了大量关于抑制尾矿库扬尘以及复垦技术条件资料，研究了将植被种在尾矿库和排土场的影响。另外，山东招远县的部分黄金矿山在黄土冲沟建起了阶梯式尾矿库，为了防雨水冲刷，先将灌木种植在坝库外，待库满后即覆土造田，栽种花生、红薯等农作物，取得了良好的效果。

1.5　国内外尾矿综合利用现状

1.5.1　国外尾矿综合利用现状

世界各国十分重视尾矿的综合利用，尤其是经济发达国家。他们投入了大量的人力和物力，广泛开展尾矿的综合利用研究，并把利用程度作为衡量科学技术水平和经济发展程度的标志，因而使矿产资源的综合利用有了很大的进步。例如，德国、美国、英国、日本、俄罗斯、澳大利亚、加拿大和匈牙利等国，制定了二次资源管理法规和包括尾矿在内的废料排放标准。对于尾矿开发利用措施不力、环境质量不能达标的矿业开发单位，限期整改、予以经济处罚直至取消注册登记。同时在贷款和税收等方面给予优惠政策刺激二次资源开发利用。

目前国外矿产资源综合利用的主要发展方向为：一是发展无废生产工艺；二是采用再资源化新技术；三是优化产品应用途径。在矿业领域里，经济发达国家已把无废料矿山作为矿山的开发目标，把尾矿综合利用的程度作为衡量一个国家科技水平和经济发达程度的

标志，其利用目的不仅仅是追求最大经济效果，而且还从资源综合回收利用率、保护生态环境等综合加以考虑。20 世纪 70 年代以来国际上有关废料利用的技术交流活动十分活跃。1973 年和 1975 年在波兰召开了第一、二届国际现代采矿工艺和冶金环境保护会议，交流采选冶技术和废料利用经验；1977 年在赞比亚召开 "发展中国家资源利用会议"；1979 年在华沙召开的第十三届国际选矿会议上讨论了矿物原料处理和所有组分全部利用问题；1980 年在芝加哥第六届矿物废料利用国际会议上专门研究了矿物废料综合利用问题；1981 年、1983 年、1986 年在捷克斯洛伐克召开了一、二、三届 "新型矿物原料讨论会"，讨论了选用岩石、矿物及其元素的和非传统矿物原料资源的利用问题，把废料提高到了资源的高度来认识，提出了人类在 21 世纪重点开发无污染的绿色产品的战略口号。

俄罗斯、美国、加拿大等矿业发达国家尾矿的综合回收工作做得较好。例如：克里沃罗格磁铁石英矿，仅回收磁铁矿，每年便可多产铁品位 65% 的铁精矿 200 万吨。美国国际矿产和化学公司综合回收明尼苏达州铜、镍尾矿中的铅，每年可得 60 万吨铅金属。前捷克斯洛伐克最大的重晶石—菱铁矿矿床选厂尾矿库存放了约 800 万吨尾矿，该尾矿含铁 17%～22%、重晶石 3.5%～12%，采用强磁选机磁选，可获得品位 34.6%、回收率 70% 的菱铁矿精矿，回收率 65%～70%、$BaSO_4$ 含量为 95% 的重晶石精矿。

随着科技的发展和学科间的相互渗透，尾矿利用的途径越来越广阔。国外尾矿的利用率可达 60% 以上，欧洲一些国家已向无废物矿山目标发展。前苏联将尾矿用作建筑材料的约占 60%，现已能用铁矿尾矿制造微晶玻璃、耐化学腐蚀玻璃制品和化工管道等；保加利亚将从尾矿中回收的石英用作水泥惰性混合料和炼铜熔剂；前捷克斯洛伐克的一些矿山将浮选尾矿的砂浆、磨细的石灰和重晶石加入颜料压制成彩色灰砂砖。

尾矿的利用问题是一项系统工程，涉及的相关知识较多，如地质、选矿、材料、玻璃、陶瓷、建筑等，需多学科联合攻关才能在短期内快出效果。前苏联已建立了从矿物废料原料、选矿、化学和非金属工艺实验室至实验厂这样的联合体，专门研究处理矿物废料问题。

1.5.2 国内尾矿综合利用现状

我国的尾矿综合利用研究起步较晚，研究程度和实际利用水平都明显落后于某些发达国家，基本处于起步阶段。大多停留在回收有价金属组分的阶段，即使有少量研究者和企业利用尾矿生产涂料、填料、建筑材料，其数量少、规模小，尚达不到减量化和资源化的目的，但近年来这种局面已有了明显的改变。其原因一方面和国家重视有关，另一方面和我国的资源特点和利用状况有关。我国的金属矿产资源贫矿多、伴生组分多、中小型矿床多，目前不少矿山进入中晚期开采，资源紧张加上开采成本越来越高，经济效益日趋降低，形势已逼迫一些矿山不得不走多种矿物产品共同开发和综合利用的路子。

目前，尾矿资源开发利用和环境综合治理已受到我国政府部门的高度重视。20 世纪 80 年代以来，我国政府和有关部门陆续颁布了《关于开展资源综合利用若干问题的暂行规定》、《中华人民共和国矿产资源法》、《全国环境保护工作纲要》和《中国 21 世纪议程》等一系列涉及尾矿资源环境问题的法规和政策性文件，强调了尾矿的资源性和对环境的危害性，以及其开发利用的重要性。工业和信息化部、科技部、国土资源部、国家安全监管总局等有关部门组织编制了《金属尾矿综合利用专项规划（2010～2015）》。《中国

21 世纪议程》提出将尾矿从潜在资源提高到现实资源的地位，把尾矿的处置、管理及资源化示范工程列入中国 21 世纪议程中的优先项目计划，推动了我国对尾矿资源的开发利用和对环境的综合治理。

1990 年，我国成立了首家尾矿利用研究机构——中国地质科学院尾矿利用技术中心，专业从事矿山废弃物资源化综合利用和产品技术开发。1992 年还在厦门专门召开了全国矿山废渣综合利用技术交流会，总结了我国尾矿利用方面的技术成就，明确了尾矿利用的方向。2000 年，中国地质科学院郑州矿产综合利用研究所和中国地质科学院矿产综合利用研究所开展了"我国尾矿资源开发利用现状调查及利用对策研究"，对我国 32 个矿区 50 多个矿山尾矿的利用情况进行了调查。2008 年，中国地质科学院矿产综合利用研究所还开展了我国重要矿山固体矿产尾矿资源调查与综合利用研究工作，调查结果显示尾矿中含有大量的有用组分，但尾矿大宗利用缺少实质性突破，利用率不超过 2%。

全国各科研院所、企业等也对一些矿山的尾矿资源开展过调查，如 2004 年山东地质调查院对山东境内的六座金矿尾矿库进行了调研和采样测试工作；湖北省地质科学研究所等对鄂东南地区的尾矿堆积现状及其基本特征进行了调查；2006 年北京金有地质勘查有限责任公司完成了《我国黄金矿山尾矿资源调查和综合利用研究》；2010 年，江西省地矿资源勘查中心也开始在开展全省的尾矿综合利用调研；广西南丹、云南个旧、广东大宝山和凡口、湖南黄沙坪、湖北铜绿山和丰山洞、四川攀枝花、内蒙古白云鄂博、安徽铜陵等矿区也开展了相关研究，特别是云南个旧和广东凡口还开展了钻探取样工作。

2008 年 10 月，工业和信息化部发布了《关于开展矿山尾矿综合利用情况调查的通知》，要求各省、自治区、直辖市、计划单列市、新疆生产建设兵团工业行业主管部门对本省（市）所有矿山尾矿综合利用情况进行一次摸底调查。

据不完全统计，我国现有铁矿尾矿 26 亿吨，有色金属尾矿 21 亿吨，黄金尾矿 2.7 亿吨，化工矿山尾矿量为 3121.66 万吨，而且每年还以约 6 亿吨尾矿的速率增长。新、老尾矿堆积量越来越多，而我国目前尾矿的综合利用率仅为 8.3% 左右，因此，总体上我国尾矿资源潜在价值高。

20 世纪 80 年代以来，随着尾矿矿物学及工艺矿物学研究的深入，我国科技工作者对许多尾矿中可以利用的矿物组分，研究了它们的再选性质；对不可再选或再选技术经济效果较差的尾矿，研究了将它们作为非金属整体应用的性能及适当的分类，为尾矿综合利用开辟了新的前景。在尾矿再选方面，选矿技术有了较全面的完善和提高，为细粒、微细粒、品位低、结构复杂的尾矿研制出了一些再选别的有效方法，如浮选、重选、高梯度磁选，甚至堆浸及选冶联合工艺。对不可再选的尾矿，根据它们的矿物和化学成分、物理和机械性质分别按相近的各类非金属矿应用方法开辟应用途径。

近年来，我国在尾矿开发利用上已取得了一定成绩，主要表现在以下三个方面：

（1）尾矿有价组分再选回收技术研究有了较大进展。我国矿产资源的一个重要特点是单一矿少、共伴生矿多。由于技术、设备及以往管理体制等原因，尾矿中含有的多种组分未得到回收，使矿山尾矿成为有待开发利用的重要二次资源。

我国尾矿有价组分再选回收技术研究真正大范围研究是在 20 世纪 70 年代后期和 80

年代，取得了一定成绩，创造了良好的资源、环境和经济效益。如江西漂塘钨矿采用两段浮选流程从重选尾矿和细泥中回收钼、铋和银；甘肃金川铜镍矿有尾矿3500万吨，采用氨浸—褐煤吸附法从含铜0.2%、镍0.24%、钴0.013%的铜镍尾矿中再选回收了铜、镍、钴，回收率分别达80%、90%和60%。攀枝花钒钛磁铁矿，已积存有近亿吨尾矿，通过科技攻关，从尾矿中回收钒、钛、钴、钪，总价值占矿石总价值的60%以上（铁价值占矿石总价值的38.6%）。河南是我国产金大省，很重视含金尾矿的再选研究，根据尾矿中金的产出特点，各矿山采用再磨—浮选—氰化、重选—内混汞、浮选—再磨—氰化、强磁选—再磨—氰化四种工艺，从尾矿中回收金；江西宜春铌钽矿尾矿经浮选回收锂云母，重选回收长石，尾矿再选产值达矿山生产总值的52.4%。一般大型矿山企业，如攀枝花、金川、白云鄂博等矿山，对尾矿利用较重视，而大量的中小矿山则还未能将尾矿利用提到日程上来。

（2）尾矿的整体利用已起步。尾矿整体利用可分为高层次和低层次的利用，均以没有再选价值的尾矿为原料。高层次的尾矿整体利用研究和开发应用集中在制造微晶玻璃、陶瓷和水泥等方面，如用黄金尾矿生产微晶玻璃，其性能等同于添加了黄金的高档微晶玻璃。地科院尾矿利用技术中心用迁安铁矿等矿山尾矿研制出微晶玻璃花岗石、日用瓷、艺术瓷、墙地砖等，用德兴铜矿等矿山尾矿研制出高标号水泥；上海硅酸盐研究所用琅琊山铜矿尾矿研制出黑色微晶花岗石，用锦屏磷矿尾矿研制出微晶大理石。目前我国已建成两座尾矿微晶玻璃厂，一是琅琊山微晶玻璃厂，采用成型玻璃微晶化生产工艺，制造黑色微晶花岗石板材；二是宜春微晶玻璃厂，采用碎粒烧结结晶生产工艺，利用浒坑钨矿尾矿制造浅绿色微晶花岗石板材。

低层次的尾矿整体利用，即为利用尾矿进行矿山的回采充填、还田复耕、造地绿化，还用作铁路道渣和筑路碎石，以及用作矿物肥料和土壤改良剂等。

（3）无尾矿、少尾矿生产工艺有所突破，涌现出部分无尾矿的生产矿山。实现无尾矿生产是国际矿业开发的最高目标，我国在这方面起步较晚，直至20世纪80年代才开始，但还是取得了一些成绩。如江苏梅山铁矿尾矿再选后，最终尾矿制作墙地砖，基本实现了无尾矿生产；江西省宜春铌矿将尾矿再选后，经脱泥处理的最终尾矿被用作制造玻璃、微晶玻璃原料，实现了少尾矿生产；栾川钼矿再选后的最终尾矿不足原尾矿的30%，也实现了少尾矿生产。这些矿山为我国实现无尾矿生产起了示范作用。

综合来看，我国的尾矿综合利用水平目前还很低，与发达国家相比存在很大的差距，资源综合利用尚有许多工作要做。如对我国1845个重要矿山的调查统计结果表明，综合利用有用组分在70%以上的矿山仅占2%，综合利用有用组分在50%以上的矿山不到15%，综合利用有用组分低于25%的矿山占75%；在246个共生、伴生大中型矿山中，有32.1%的矿山未综合利用有用组分，这些未被利用的有用组分都被带入尾矿中排走，造成资源的极大浪费，增加了对环境的负面影响。

1.6 我国尾矿利用存在的问题与对策

1.6.1 存在的问题

我国在尾矿综合利用方面虽然取得了很大成绩，但远不能适应经济和社会可持续发展的要求,与国内其他领域工业固体废弃物的利用水平及国际先进水平相比,存在着较大差距。

（1）综合利用率低。我国目前矿产资源的总回收率只达到30%左右，平均比国外水平低20%。就采选的回收率而言，铁矿为67%，有色金属矿为50%～60%，非金属矿为20%～60%。有益组分综合利用率达到75%的选厂只占选厂总数的2%，而70%以上的伴生综合矿山，综合利用率不到2.5%。更值得注意的是有些矿山的共伴生组分甚至超过主矿产的价值，但这些共伴生组分在主矿产选矿时进入尾矿未得到利用。仅以有色矿山而言，每年损失在尾矿中的有色金属就达20万吨，价值在20亿元以上。国外尾矿的利用率可达60%以上，欧洲一些国家已向无废物矿山目标发展；而在我国，与粉煤灰、煤矸石等固体废弃物相比，金属矿山尾矿的综合利用技术更复杂、难度更大。《大宗工业固体废物综合利用"十二五"规划》指出，2010年我国大宗工业固体废弃物综合利用率在40%左右，其中尾矿的综合利用率仅为14%，而金属矿山尾矿的综合利用率平均不到9%，与发达国家综合利用率（60%）相比还存在很大的差距。相比之下，尾矿的综合利用大大滞后于其他大宗固体废弃物。尾矿已成为我国工业目前产出量最大、综合利用率最低的大宗固体废弃物。

（2）高附加值产品少、缺乏市场竞争力。目前，我国尾矿在工业上的应用，大多仅停留在对尾矿中有价元素的回收上或直接作为砂石代用品（粗、中粒）销售，开发出的高档建材产品如微晶玻璃花岗石、玻化砖等，由于其工艺过程相对复杂，成本较高，且密度又较大，无法与市场上出售的各种装饰建材相竞争，因此，到目前为止，还基本上处于试验室及中试阶段，很难在工业上推广应用。

（3）国家资金投入不足，政策法规不完善。长期以来，尾矿利用项目在资金上得不到保证，投入严重不足。目前，我国没有专项资金支持资源综合利用，融资渠道没有解决，再加上矿山行业普遍效益较差，尾矿利用资金筹措非常困难。在政策扶持上，国家先后出台了资源综合利用减免所得税、部分资源综合利用产品企业减免增值税的优惠政策，但尚缺乏强制性政策措施和法律法规去完善尾矿资源化利用体系，导致矿山企业对尾矿的综合利用缺乏积极性，有些甚至宁愿缴纳排污费也不愿在尾矿利用方面投资，从而加重资源浪费与环境问题。

（4）缺少示范工程，实践具有盲目性。开发利用尾矿资源是一项系统的大型工程，牵涉到多个行业、需要各方面的技术支持，而我国缺少矿山示范经验，导致真正利用尾矿资源时经验不足，包括矿山选厂综合利用堆存尾矿（如有用组分的回收、尾矿作玻璃和陶瓷的生料原料、尾矿做农业肥料等）和尾矿用于土壤改良等方面都缺乏全国性的示范工程。

（5）尾矿资源调查和研究水平相对较低，尾矿资料信息不完整。目前，我国尾矿资源量调查和研究主要工作量安排在调查和走访上，缺乏系统的测试与定量评价数据，对尾矿的资源量、化学成分、矿物成分、可利用组分含量、类型、赋存状态缺乏系统的资料，使尾矿综合利用缺乏基础资料依据。各类矿山的主管部门缺乏本行业矿山系统尾矿资料信息，更没有行业主管部门建立跨行业的尾矿矿产资源数据库和使用分配表，全国的尾矿资源开发利用规划也尚未展开。

（6）资源意识、环境意识不高。资源利用的法律、法规建设落后，尾矿利用基础管理薄弱，缺少尾矿利用的基础资料等，皆成为制约尾矿利用的影响因素。

1.6.2　尾矿利用的对策与建议

朱镕基同志在第二次工业污染防治工作会议上强调："综合利用，变废为宝，既保护了国家的资源，又充分利用了国家资源，同时又净化了环境，可谓一举多得。"讲话高度概括了资源综合利用的必要性和迫切性。在面向 21 世纪新的历史发展阶段，我国有限的资源将承载着超负荷的人口、环境负担，仅靠拼资源、外延扩大再生产的经济增长，是不可能持续的。结合尾矿利用的现状以及大量尾矿所带来的诸多问题，尾矿利用工作应当进一步引起有关部门、矿业企业的高度重视，应从政策、经济、法律以及技术等方面采取切实可行的措施。

（1）进一步转变观念、提高尾矿利用意识。国家有关部门应确定尾矿利用在资源综合利用中的重要地位，矿山企业应当树立长远观念，要把尾矿利用作为实现矿业持续发展的必要措施。要运用各种手段和形式，加强尾矿利用的宣传教育，使全行业真正认识到尾矿利用在节约资源、保护环境、提高矿山经济效益、促进经济增长方式的转变、实现合理配置资源和可持续发展等方面重要的意义。

（2）完善法律和政策体系，强化政策导向作用。1986 年我国颁发了《矿产资源法》，对矿产资源的合理开发和有效保护起到了积极的保护作用，但该法规已不能完全适应新时期矿山形势的要求，应紧扣"十二五"规划及《金属尾矿综合利用专项规划（2010～2015)》，尽快研究可持续发展的法律、法规及《资源综合利用条例》、《资源综合利用专项规划》等；研究促进循环经济发展的政策和机制。并尽快出台鼓励性和严格的强制性法律法规，使我国的尾矿综合利用工作能够真正的纳入法制轨道，有效解决我国资源消耗高、综合利用率低、资源浪费和环境问题。

（3）强化管理工作，增加对尾矿利用的投入。尾矿利用是社会性公益事业，除充分发挥市场机制的作用外，还应加强政策特别是综合部门的宏观管理，将尾矿利用纳入国家和行业发展规划和制订分步实施的计划。矿山企业要对尾矿利用工作统筹规划，要设立或指定具体的管理机构，加强企业内部尾矿利用的管理与协调。

鉴于尾矿利用是集环境、社会、经济效益于一体的长期性、公益性事业，国家应当加大科技投入的力度，建立工程化研究基地和示范工程。建议国家设立资源综合利用专项基金，在政策性银行设立资源综合利用贷款专项，并给予贴息、低利率、延长还款期等方面的信贷优惠政策，引导企业增加对尾矿利用的投入，使我国尾矿利用工作走上健康发展的道路。

（4）加强尾矿资源的调研工作，加大尾矿利用科技攻关力度。由于我国的尾矿量大、分布广、性质复杂，因此加强对尾矿资源的调研工作，摸清基本情况，找出存在的问题以便对症下药，是推进尾矿利用的重要基础。通过调研，摸清现有尾矿堆存的数量、年排出量、尾矿的基本类型、粒度组成、各种有用金属矿物和非金属矿物含量、有害成分的含量等，根据地域和不同类型尾矿的特点，从技术、经济上指出其合理利用的途径。

搞好尾矿综合利用，还有许多技术问题需要解决，因此，必须加大科技攻关的力度，应重点解决尾矿中伴生元素的综合回收技术、经济地生产高附加值以及大宗用量的尾矿产品的实用技术等，开展尾矿矿物工艺学的研究。国家应大力支持尾矿利用科技攻关工作，通过科技攻关及成果的推广，提高我国尾矿利用率，逐步提高我国工业固体废弃物综合利用的整体水平，缩小与世界先进水平的差距。

2 尾矿的处理方法

原矿进入选矿厂经过破碎、磨矿和选别作业后，矿石中的有用矿物分选为一种或多种精矿产品，大量的尾矿则以矿浆状态排出，其中常还含有目前技术水平暂不能回收的有用成分。浮选厂尾矿中含有大量药剂，有些甚至是剧毒物质。为了综合利用国家资源及消除对环境的污染，必须采取有效措施对尾矿进行处理。变废为宝，化害为利，这是尾矿处理的重要原则。

选矿厂的尾矿设施一般包括尾矿贮存系统、尾矿输送系统、回水系统以及尾矿水净化系统。

2.1 尾矿的堆存方式及设施

选矿厂尾矿的堆存方式，有干式堆存和湿式堆存两种。

干式选矿后的尾矿或经脱水后的粗粒尾矿，可采用带式输送机或其他运输设备运到尾矿库堆存，这种方法称为干式堆存法；湿式选矿的尾矿矿浆一般采用水力输送至尾矿库，再采用水力冲积法筑坝堆存，这种方法称为湿式堆存法。目前，我国绝大部分选矿厂的尾矿都采用湿式堆存方法。

作为尾矿堆积场地的尾矿库，一般是由以下设施组成（如图 2-1 所示）：

（1）尾矿坝通常包括初期坝和后期坝（也称尾矿堆积坝）两部分。前者是尾矿坝的支撑棱体，具有支承后期堆积体的作用和疏干堆积坝的作用；后者是选矿厂投入生产后，在初期坝的基础上利用尾矿本身逐年堆筑而成，是拦挡细粒尾矿和尾矿水的支承体。尾矿坝的作用是使尾矿库形成一定容积，便于尾矿矿浆能堆存其内。

（2）排洪设施，是排泄尾矿库内澄清水和洪水的构筑物，一般由溢水构筑物和排水构筑物组成。

（3）排渗设施，是汇积并排泄尾矿堆积坝内渗流水的构筑物，起降低堆积坝浸润线的作用。

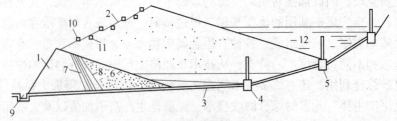

图 2-1 尾矿库纵剖面示意图

1—初期坝；2—堆积坝；3—排水管；4—第一个排水井；5—后续排水井；6—尾矿沉积滩；
7—反滤层；8—保护层；9—排水沟；10—观测设施；11—坝坡排水沟；12—尾矿池

（4）回水设施，是回收尾矿库内澄清水的构筑物。

（5）观测设施，是监测尾矿库在生产过程中运行情况的设施。

（6）其他设施，包括排泄尾矿库堆积边坡和坝肩地表水的坝坡、坝肩排水沟；通信照明设施；管理设施（如值班房、工具房、器材室等）；交通设施；筑坝机具等。一些大型尾矿库还有简易的检修设施；距选矿厂比较远的尾矿库，必要时还应设生活福利设施。

2.1.1 尾矿库的选择与计算

2.1.1.1 尾矿库址的选择

尾矿库址选择的基本原则为：

（1）不占或少占耕地，不拆迁或少拆迁居民住宅。

（2）选择有利地形、天然洼地、修筑较短的坝堤（指坝的轴线短）即可形成足够的库容（一般应满足贮存设计年限内的尾矿量）。当一个库容不能满足要求时，应分选几个，每个库容年限不应低于 5 年。

（3）尾矿库地址应尽可能选择近于和低于选矿厂，尽量做到尾矿自流输送，尾矿堆置应位于厂区、居民区的主导风向的下风向。

（4）汇雨面积应当小，如若较大，在坝址附近或库岸应具有适宜开挖溢洪道的有利地形。

（5）坝址和库区应具有较好的工程地质条件，坝基处理简单，两岸山坡稳定，避开溶洞、泉眼、淤泥、活断层、滑坡等不良的地质构造。

（6）库区附近需有足够的筑坝材料。

（7）库址、尾矿输送和储存方式、设施的确定，应进行方案比较。

2.1.1.2 尾矿库的形式

尾矿库是堆存尾矿的场所，多由堤坝和山谷围截而成。按照地形条件及建筑方式，尾矿库可分山谷型、山坡型、平地型三种；按筑坝的方式划分，有一次筑坝型（包括废石筑坝）和尾矿堆坝型两种。

（1）河谷型的尾矿库。河谷型的尾矿库是由封闭河谷口而成。其优点是坝身短，初期坝工程量较小，生产期间用尾矿堆坝也容易。缺点是积水面积大，因而流入尾矿库内的洪水量大，使排水构筑物复杂。

（2）河滩型和坡地型的尾矿库。利用河滩或坡地筑成的尾矿库，通常是由三面围筑而成。其优点是积水面积小，排水构筑物简单。缺点是三面筑坝，坝身较长，初期坝工程量较大，生产期间用尾矿堆坝也较不便。

（3）平地型的尾矿库。平地型的尾矿库系利用平坦地段由四面围坝而成。其优点是积水面积小，排水构筑物简单。缺点是四面筑坝，坝身长，初期坝工程量大，生产期间操作管理不便。这类尾矿库通常是在当地缺乏适当的河谷、河滩、坡地或在上述两类尾矿库都不合适时才采用。

2.1.1.3 尾矿库等级的划分

尾矿库的等级根据其总库容的大小和坝高按表 2 - 1 确定。

表 2 - 1 尾矿库等级

级 别	库容/亿立方米	坝高/m	工 程 规 模
二	>1.0	>100	大型
三	1.0 ~ 0.1	100 ~ 60	中型
四	0.1 ~ 0.01	60 ~ 30	小一型
五	<0.01	<30	小二型

注：1. 库容是指校核洪水位以下尾矿库的容积；
　　2. 坝高是指尾矿堆积标高与初期坝轴线处坝底标高的高差；
　　3. 坝高与库容分级指标分属不同的级别时，以其中高的级别为准，当级差大于或等于两级时可降低一级。

有下列情况之一者，按表 2 - 1 确定的尾矿库等级可提高一级：

(1) 当尾矿库失事将使下游重要城镇、工矿企业与铁路干线遭受严重的灾害者。

(2) 当工程地质及水文条件特别复杂时，经地基处理后尚认为不彻底者（洪水标准不予提高）。

2.1.1.4 尾矿场的计算

A 库容计算

为明确起见，先说明各种库容名称的含义，由图 2 - 2 可以看出：

几何库容：是指初期坝、堆积坝边坡与地形等高线封闭所形成的容积；

总库容：是根据总尾矿量、调洪、矿浆水澄清及渗流控制条件所确定的与尾矿库最终堆积标高相应的几何库容；

有效库容：是指尾矿在尾矿库中所占据的实际容积，以 V_r 表示；

回水库容：是指正常高水位与控制水位之间水的容积，以 V_x 表示；

调洪库容：是指最高洪水位与正常高水位之间水的容积，以 V_t 表示；

死库容：是指控制水位以下水所占的容积，以 V_0 表示；

空余库容：是指最终堆积标高与最高洪水位之间未被尾矿充填的容积，以 V_k 表示。所有尾矿库的 V_k 相应高度应满足安全超高要求。

上述尾矿库的库容是经常变化的。

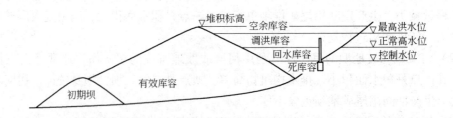

图 2 - 2 尾矿库库容示意图

a 几何库容的计算

在地形图上绘出初期坝坝坡和堆积坝坝坡，用求积仪测量出各封闭等高线的面积，按式（2 - 1）计算：

$$V = \sum_{i=0}^{n} \frac{k \sum_{j=1}^{3} x_{ij}}{6} (H_i - H_{i-1}) \qquad (2-1)$$

式中 V——几何容积，m^3；

    i——标高线序号，$i = 0, 1, 2, 3, \cdots, n$；

    j——用求积仪测量封闭等高线三次，每次求积仪读数序号；

    k——求积仪的面积系数，与地形图的比例有关，求积仪说明书中给出；

    x_{ij}——第 i 个标高第 j 次求积仪读数；

    H_i——第 i 条等高线的标高，m；

  b 尾矿库所需库容的计算

尾矿库的库容应满足选矿厂服务年限的要求。其所需库容与选矿厂每年排出的尾矿量和服务年限有关，可按式（2-2）计算：

$$V_z = \frac{WN}{\rho_d \eta_z} \qquad (2-2)$$

式中 V_z——选矿厂在生产服务年限内所需尾矿库的容积，m^3；

    W——选矿厂每年排入尾矿库的尾矿量，t/a；

    N——选矿厂生产服务年限，a；

    ρ_d——尾矿的松散密度，t/m^3；

    η_z——尾矿库库容利用系数。

ρ_d 的确定，一般参考类似尾矿的勘察资料或实验室的试验资料确定；在无上述资料时，可参考表 2-2 确定。

表 2-2 堆积尾矿的密度

尾矿分类名称	各粒组颗粒的含量/%			尾矿的松散密度 $\rho_d/t \cdot m^{-3}$
	黏粒组 <0.005mm	粉粒组 0.005~0.05mm	砾砂组 0.05~2.0mm	
中尾砂	<5	<20	>0.25mm 多于50	1.50~1.40
细尾砂	<5	<20	>0.10mm 多于75	1.40~1.35
尾粉砂	<5	<45	>50	1.35~1.30
尾亚砂	5~10	<60	>30	1.30~1.20
尾亚粘	10~30	<60	>10	1.20~1.10
尾矿泥	>30	<60	>10	1.10~1.00

注：表中系按尾矿密度 $\rho_g = 2.70 t/m^3$ 编制的，若尾矿密度不等于 $2.70 t/m^3$ 时，堆积密度数值应乘以校正系数 $\beta = \rho_g/2.70$。

η_z 值的确定，一般应根据尾矿堆积的实际边坡、尾矿沉积滩的水上、水下冲积纵坡，绘出尾矿堆积平面图，计算出尾矿的实际堆积容积（尾矿库的有效库容），按式（2-3）计算尾矿库库容利用系数：

$$\eta_z = 尾矿库的有效容积 \, V_r / 尾矿库的总库容 \qquad (2-3)$$

在缺少尾矿沉积滩水上、水下纵坡资料时，可按表 2-3 确定。

表 2 - 3　尾矿库库容利用系数

尾矿库形状及放矿方式	库容利用系数 η_z	
	初　期	终　期
狭长曲折的山谷形、坝顶放矿	0.30	0.60 ~ 0.70
较宽阔的山谷形，单向或两向放矿	0.40	0.70 ~ 0.80
平地或山坡形，三面或四周放矿	0.50	0.80 ~ 0.90

根据公式（2－2）的计算结果，查库容曲线可得尾矿所需的堆积标高。

B　尾矿澄清距离的计算

在尾矿水力冲积过程中，细粒尾矿随矿浆水进入尾矿池，并需在水中停留一段时间（流过一定距离——澄清距离）细颗粒才能下沉，使尾矿水得以澄清而达到一定的水质标准，澄清距离的计算参考图 2－3，采用公式（2－4）计算。

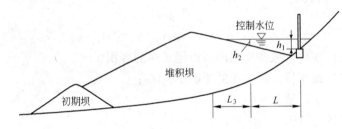

图 2 - 3　澄清距离计算示意图

$$L = \frac{h_1}{u}v = \frac{h_1}{h_2} \cdot \frac{Q}{nau} \tag{2-4}$$

式中　L——所需澄清距离，m；

　　　h_1——颗粒在静水中下沉深度（即澄清水层的厚度），一般不小于 0.5 ~ 1.0m，视溢水口的溢水深度而定，要求 h_1 大于溢水口的溢水水头，m；

　　　h_2——矿浆流动平均深度，一般取为 0.5 ~ 1.0m；

　　　v——平均流速，m/s；

　　　Q——矿浆流量，m³/s；

　　　n——同时工作的放矿口个数，根据放矿管和分散管（主管）直径而定，要求同时工作的放矿管断面面积之和等于分散管断面面积的两倍，参考表 2－4；

　　　a——放矿管间距，一般取 5 ~ 15m；

　　　u——颗粒在静水中的沉降速度，m/s，可参考有关专业资料按公式计算或查表取值。

表 2 - 4　分散管径和放矿管直径

分散管直径/mm	100	150	200	250	300	350	400	450	500	600	700	800
放矿管直径/mm	50	50	75	100	100	125	150	150	200	200	250	300

这里介绍公式计算法，首先应判别所属流态，再按公式进行计算。

当 $d < 0.726 \sqrt[3]{\dfrac{v^2}{\rho_g - 1}}$ 时，属层流区：

$$u = 0.408(\rho_g - 1)\frac{d^2}{\nu} \qquad (2-5)$$

当 $d > 28.8\sqrt[3]{\dfrac{\nu^2}{\rho_g - 1}}$ 时，属紊流区：

$$u = 3.58\sqrt{(\rho_g - 1)d} \qquad (2-6)$$

当 $0.726\sqrt[3]{\dfrac{\nu^2}{\rho_g - 1}} \leqslant d \leqslant 28.8\sqrt[3]{\dfrac{\nu^2}{\rho_g - 1}}$ 时，属介流区：

$$\left[\lg\frac{u}{\sqrt[3]{\nu(\rho_g - 1)}} + 3.46\right]^2 + \left(\lg d\sqrt[3]{\frac{\rho_g - 1}{\nu^2}}\right)^2 = 39 \qquad (2-7)$$

式中　u——颗粒沉降速度，m/s；

　　　ρ_g——固体颗粒密度，t/m^3；

　　　d——截流的最小颗粒直径，m；

　　　ν——清水运动黏滞系数，m^2/s，由表 2-5 查得。

表 2-5　清水运动黏滞系数 ν

温度 t/℃	ν/cm$^2 \cdot$ s^{-1}	温度 t/℃	ν/cm$^2 \cdot$ s^{-1}	温度 t/℃	ν/cm$^2 \cdot$ s^{-1}
0	0.0179	21	0.0098	42	0.0063
1	0.0173	22	0.0096	43	0.0062
2	0.0167	23	0.0094	44	0.0061
3	0.0162	24	0.0091	45	0.0060
4	0.0157	25	0.0089	46	0.0059
5	0.0152	26	0.0087	47	0.0058
6	0.0147	27	0.0085	48	0.0057
7	0.0143	28	0.0084	49	0.0056
8	0.0139	29	0.0082	50	0.0055
9	0.0135	30	0.0080	55	0.0051
10	0.0131	31	0.0078	60	0.0047
11	0.0127	32	0.0077	65	0.0044
12	0.0125	33	0.0075	70	0.0041
13	0.0120	34	0.0074	75	0.0038
14	0.0117	35	0.0072	80	0.0036
15	0.0114	36	0.0071	85	0.0034
16	0.0111	37	0.0069	90	0.0032
17	0.0108	38	0.0068	95	0.0030
18	0.0106	39	0.0067	100	0.0028
19	0.0103	40	0.0066		
20	0.0101	41	0.0064		

注：ν 的计量单位为 cm^2/s，故当代入公式时应进行单位换算，即乘以 10^{-4} 得 m^2/s。

C 最终堆积标高的确定

确定尾矿库最终堆积标高的最主要因素是选矿厂在生产服务年限内排出的总尾矿量，或按矿山原矿储量计算的总尾矿量所需要的库容。由几何库容曲线初定尾矿库的最终堆积标高，并给出堆积平面图（见图2-4），随后进行调洪计算、渗流计算和澄清距离计算，若满足下述三个条件的要求，初定标高满足要求：

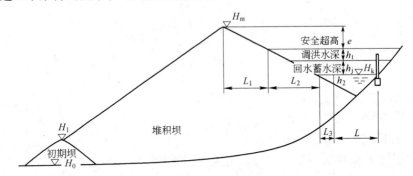

图2-4 尾矿库最终堆积标高示意图

（1）满足回水蓄水水深 h_j、调洪水深 h_t、安全超高 e 的要求：

$$H_m - H_k \geqslant h_j + h_t + e \qquad (2-8)$$

式中 H_m——尾矿库最终堆积标高，m；

H_k——尾矿池控制水位，m；

h_j——回水蓄水水深，m；

h_t——调洪水深，m；

e——尾矿库防洪安全超高，m。

（2）满足尾矿水澄清距离要求。控制水位时，沉积滩水边线至溢水口的最小距离 L_k 应为：

$$L_k \geqslant L + L_3 \qquad (2-9)$$

式中 L——澄清距离，m；

L_3——达到尾矿矿浆平均流动水层厚度 h_2（见图2-3）的水面距离，m。

（3）满足渗流控制的最小沉积滩长度 L_1 的要求。为了确保尾矿堆积坝的稳定，应控制堆积坝的浸润线高度和渗流坡降，满足此渗流控制条件的最高洪水位时沉积滩长度应大于设计提出的最小沉积滩长度 L_1 的要求。

上述三个条件，若其中之一不满足要求，应提高最终堆积标高，直至满足要求为止。

2.1.2 尾矿坝及其他设施

尾矿坝是尾矿库的主要建筑物，由初期坝和堆积坝组成，初期坝是尾矿坝的支撑棱体，采用当地的土和石料筑成，初期坝的设计尾矿量一般为半年到一年。堆积坝是选矿厂投产后利用尾矿堆积而成。此外还有其他构筑物。

2.1.2.1 尾矿库的初期坝

初期坝是尾矿库的基础构筑物，不仅可以堆存初期尾矿，给管理人员为堆筑后期堆积坝以必要的准备时间；它又是尾矿库的支承结构，是堆积坝的基础，与堆积坝共同作用，达到拦挡尾矿的目的。初期坝宜采用透水坝，以利于尾矿的排水固结和降低堆积坝的浸润线，从而提高坝体的稳定性（包括渗流稳定和动力稳定）。

A　初期坝坝高的确定

确定初期坝坝高（图 2-5）的最主要因素是初期尾矿量。一般以选矿厂初期生产半年到一年的尾矿量为初期尾矿量，以此按式（2-2）计算初期坝所需形成的库容，由库容曲线查得初期坝坝顶标高。与堆积坝一样，初期坝坝顶标高也应用三个条件进行校核：

（1）满足回水蓄水水深 h_j、调洪水深 h_t、安全超高 e 的要求：

$$H_1 - H_k \geqslant h_j + h_t + e \tag{2-10}$$

式中　H_1——初期坝坝顶标高，m。

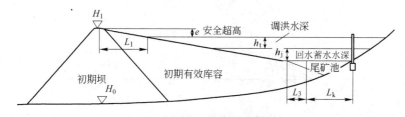

图 2-5　确定初期坝坝高示意图

（2）满足尾矿水澄清距离要求。按公式（2-9）计算。

（3）满足堆积坝渗流控制的要求。有些尾矿库，采取增加沉积滩长度达到渗流控制的要求受到限制，或排渗设施不经济，只能增加初期坝的高度来实现渗流控制，此时初期坝坝顶标高应满足此要求。

如上述三个条件均能满足，由库容曲线查得的初期坝坝顶标高为所确定的标高。否则应提高初期坝坝顶标高直至满足要求为止。

初期坝坝顶标高 H_1 减去初期坝坝轴线下的最低地面标高即为初期坝的高度。

（4）对坝前有积水区的尾矿库（如坝后放矿的尾矿库），式（2-10）还应考虑风浪爬高 h_{BB}，即：

$$H_1 - H_k \geqslant h_j + h_t + e + h_{BB} \tag{2-11}$$

式中　h_{BB}——风浪爬高，与坝的上游边坡坡比、水面长度及风力级别有关，其计算参考
　　　　　　坝工专业书籍。

下游法和中游法堆坝的尾矿库，初期尾矿量以生产初期坝上旋流器溢流部分的尾矿量和旋流器非工作时间的全尾矿量之和作为确定初期坝坝高的主要依据。这种情况下的初期坝坝高只需用式（2-9）和式（2-10）进行校核，而其下游滤水坝应满足堆积坝渗流控制要求。

B　初期坝的结构形式及筑坝材料

初期坝的结构形式可分为两大类：即透水坝和不透水坝。

透水坝一般是堆石坝（图 2-6），它是由堆石体、上游面铺设反滤层和保护层构成所谓的透水堆石坝，利于尾矿堆积坝迅速排水，降低尾矿坝的浸润线，加快尾矿固结，有利于坝的稳定。反滤层系防止渗透水将尾矿带出，是在堆石坝的上游面铺设的，另外在堆石与非岩石地基之间，为了防止渗透水流的冲刷，也需设置反滤层。堆石坝的反滤层一般由

沙、砾、卵石或碎石三层组成，三层的用料粒径沿渗流流向由细到粗，并确保内层的颗粒不能穿过相邻的外层的孔隙，每层内的颗粒不应发生移动，反滤层的沙石料应是未经风化、不被溶蚀、抗冻、不被水溶解，反滤层厚度不小于 400mm 为宜。为防止尾矿浆及雨水对内坡反滤层的冲刷，在反滤层表面需铺设保护层，其可用干砌块石、沙卵石、碎石、大卵石或采矿废石铺筑，以就地取材，施工简便为原则。如有可能，可利用矿山剥离废石筑坝（图 2 - 7）。由于透水坝具有拦沙滤水的作用，能降低堆积坝的浸润线，对尾矿库的稳定（包括动力稳定）有利，因此大中型尾矿库和地震区的尾矿库大都采用这种坝型。在一些缺乏石料的地区，也有将土坝上游坡建成反滤式坝坡（图 2 - 8）。

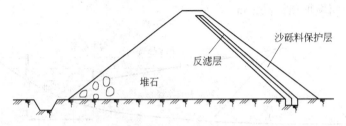

图 2 - 6　透水堆石坝剖面示意图

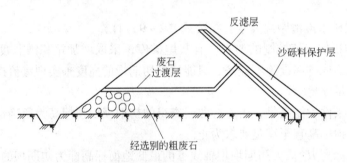

图 2 - 7　透水废石坝示意图

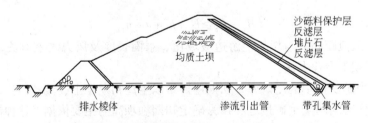

图 2 - 8　反滤式上游坡均质土坝示意图

不透水坝大都是土坝，少数为砌石坝或混凝土坝。由于土坝可就地取材，施工方便，筑坝工艺简单，故得到广泛应用。土坝要求筑坝土料级配良好，压实性好，可得到较高的干堆积密度，较小的渗透系数，较大的抗剪强度。但由于坝体不能起滤水作用，所以堆积坝的浸润线较高，对其稳定不利，故只适用于小型尾矿库，或需在堆积坝内设置大量排渗设施来降低浸润线。实践证明，不透水初期坝的尾矿库，堆积坝的高度超过 20 ~ 30m 以后，浸润线会在初期坝以上的堆积坝坡逸出，易造成管涌，有可能导致垮坝事故。因此，在采用这种坝型时，一般需采取一些降低浸润线的排渗措施，以利于堆积坝的稳定。

采用中游法堆坝和下游法堆坝的尾矿库，初期坝分成两部分——上游拦挡坝和下游滤水坝。初期坝分别位于最终堆积坝坝轴线的下部和堆坝的上游坡坡脚，可建成不透水坝。滤水坝总是设在最终堆积边坡下游坡的坡脚，必须采用透水坝。

初期坝的筑坝材料，只要分别满足筑坝土料或石料要求即可，也可采用任意料，但必须经过坝料设计。首先，坝料应是渗流稳定的材料；其次，不同的坝料应堆置在不同的部位，如不透水坝的土料，透水性小的置于上游坡部位，透水性大的置于坝轴线的下游，且忌用这两种土料混杂和分层分布；对透水坝的石料，过水部分应采用稍风化或未风化石料，不过水部分可采用任意料。对可能产生渗流破坏的坝料，必须采取防止渗流破坏的措施。对坝基土料也应该如此。

C 初期坝的构造

a 初期坝的坝顶宽度

一般应满足交通要求和坝顶放矿的操作要求，但不得小于表2-6的值。

表2-6 坝顶最小宽度

坝高/m	< 10	10 ~ 20	20 ~ 30	> 30
坝顶宽度/m	≥2.5	≥3.0	≥3.5	0.4

对采用废石堆坝的尾矿库，坝顶宽度还应满足排废石的特殊要求。

b 初期坝的坝基处理

初期坝是一种水工构筑物，作为尾矿库基础的初期坝坝基，必须严格按水工构筑物有关规范、规程的要求，进行认真的处理，将初期坝置于稳定可靠的基础上。

（1）软土地基，应按软弱坝基进行处理。

（2）以沙砾（卵）石组成的地基，首先应研究有无集中漏水通道和地基本身的渗流稳定性，如可能产生集中漏水，应以截水墙截断其通道；对可能产生渗流破坏的地基，应采取防止渗流破坏的措施，如铺设反滤层或挖除。

（3）初期坝的反滤层，应嵌入强度稳定和渗流稳定可靠的地层中。

（4）初期坝与岸坡接触地段，可适当开挖成齿槽，反滤层及斜墙应嵌入齿槽内。

c 初期坝的坝坡

坝坡坡比与坝身结构、筑坝材料的性质、坝基地质条件、施工方法、坝高、地区地震烈度有关，一般应通过稳定计算最终确定。

初期坝的静力稳定计算，土坝一般采用圆弧滑动法或改良圆弧法进行；堆石坝按折线法计算。其动力稳定计算，一般采用拟静力法计算，其参数的选取，应考虑动荷载的影响。

稳定计算是根据拟定的坝剖面进行的，一般根据坝料的性质，参考类似工程拟定坝剖面，也可参考表2-7和表2-8初步拟定坝坡，再进行稳定计算，要求边坡稳定最小安全系数达到表2-9的要求。

初期坝的下游边坡，每隔10~15m高差设置宽度为1~2m的戗道。土坝的下游坝坡应当根据需要设置坝坡排水，并在坡面种植草皮作为护坡。

初期坝中的反滤层，是坝体的重要部分，在2.1、2.4节中讨论。

表 2 - 7　土坝边坡

坝　坡	一级坡	二级坡	三级坡	四级坡	五级坡
上游坡	1 : 2.00 ~ 1 : 2.50	1 : 2.50 ~ 1 : 2.75	1 : 2.75 ~ 1 : 3.00	1 : 3.00 ~ 1 : 3.25	1 : 3.25 ~ 1 : 3.50
下游坡	1 : 2.00	1 : 2.00 ~ 1 : 2.50	1 : 2.50 ~ 1 : 2.75	1 : 2.50 ~ 1 : 3.00	1 : 2.75 ~ 1 : 3.25

注：1. 尾矿库初期坝可取上游边坡等于下游边坡值。

　　2. 填土的碾压松散密度为 1.7 ~ 1.8t/m³。

表 2 - 8　斜墙进堆石边坡参考表

坝　坡	一级坡	二级坡	三级坡	四级坡	五级坡
上游坡	1 : 2.50 ~ 1 : 2.75①				
下游坡	1 : 3.00 ~ 1 : 5.00				

注：初期坝上游取决于斜墙及反滤层的稳定，由计算确定。一般较表中边坡值陡。

①堆石的碾压松散密度为 1.85 ~ 2.1t/m³。

表 2 - 9　坝坡稳定最小安全系数

荷载组合	坝 的 等 级			
	一	二	三	四
基本组合	1.30	1.25	1.20	1.15
特殊组合①	1.20	1.15	1.10	1.05
特殊组合②	1.10	1.05	1.05	1.00

①表中安全系数不适用于动力稳定分析。

②荷载组合情况见表 2 - 10。

表 2 - 10　荷载组合

荷 载 组 合		荷 载 名 称					
		设计洪水位的渗透压力	坝体自重	土壤中的孔隙水压力	校核洪水的渗透压力	地震荷载	排渗失效时校核洪水位的渗透压力
基本组合	总应力法	√	√				
	有效应力法	√	√	√			
特殊组合	总应力法		√		√	√	
	有效应力法		√	√	√	√	
特殊组合	总应力法		√			√	√
	有效应力法		√	√		√	√

2.1.2.2　尾矿库的堆积坝

堆积坝是指用尾矿本身堆积而成的尾矿堆积体，又称后期堆积坝。

A　堆积坝的形式及堆坝方法

堆积坝的形式与堆坝方法相联系，可概括如下：

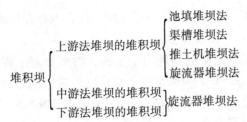

$$
堆积坝
\begin{cases}
上游法堆坝的堆积坝 &
\begin{cases}
池填堆坝法 \\
渠槽堆坝法 \\
推土机堆坝法 \\
旋流器堆坝法
\end{cases} \\
\left.
\begin{array}{l}
中游法堆坝的堆积坝 \\
下游法堆坝的堆积坝
\end{array}
\right\} 旋流器堆坝法
\end{cases}
$$

一次筑坝的（包括废石筑坝）尾矿库不用尾矿堆坝，故没有堆积坝，是尾矿库的特殊情况。

上游法堆坝的堆积坝，如图 2-1 所示。自初期坝坝顶开始以某种边坡比向上游逐渐推进加高，初期坝相当于堆积坝的排水棱体。这种堆积坝堆坝工艺简单，操作方便，基建投资少，经营费低，是我国目前广泛应用的堆积坝坝型。但其支承棱体底部由细尾矿堆积而成，力学性能差，对稳定不利，且这种堆积坝浸润线高，有待改进。

中游法堆坝的堆积坝，如图 2-9 所示，是以初期坝轴线为堆积坝坝顶的轴线始终不变，以旋流器的底流沉砂加高并将堆积边坡不断向下游推移，待堆至最终堆积标高时形成最终堆积边坡。旋流器的溢流排入堆积坝顶线的上游。这种堆积坝改善了尾矿库支承棱体的基础条件，支承棱体基本上由旋流器底流的粗尾矿堆积而成，浸润线也有所降低，对堆积坝的稳定有利，因此生产上希望采用这种堆积坝，但用旋流器筑坝又给生产带来很多麻烦，如旋流器的移动和管理，临时边坡的稳定及扬尘等问题，使其应用受到限制，且其基建投资高。

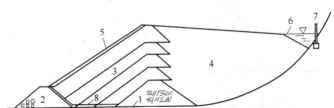

图 2-9　中游法堆坝的堆积坝剖面示意图

1—初期坝；2—滤水坝；3—堆积粗尾矿；4—细尾矿；5—护坡；

6—尾矿池；7—排洪设施；8—排渗设施

下游法堆坝的堆积坝，如图 2-10 所示，自初期坝坝顶开始，用旋流器底流沉砂（溢流排入坝内）以某种坡比向下游逐渐加高推移，先逐渐形成上游边坡，直至堆到最终堆积标高时才形成最终下游边坡。这种堆积坝采用大量旋流器底流沉砂筑成堆积坝，彻底改善了支承棱体的基础条件，降低了浸润线，稳定性和抗震性能均好。但旋流器堆坝工作

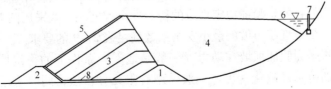

图 2-10　下游法堆坝的堆积坝剖面示意图

1—初期坝；2—滤水坝；3—堆积粗尾矿；4—细尾矿；5—护坡；

6—尾矿池；7—排洪设施；8—排渗设施

量大，应考虑旋流器底流沉砂量与堆坝工程量的平衡，也存在中游法堆坝所存在的问题。

　　B 堆积坝的边坡

　　堆积坝的边坡，应根据尾矿的物理力学指标，参考类似工程初步拟定，也可参考表 2-11 拟定，其一般值在 1:3.0～1:5.0 之间，然后进行稳定计算，采用能满足边坡稳定最小安全系数要求的边坡作为设计边坡值。在拟定边坡及稳定计算中，对地震区的尾矿库还应考虑地区的地震烈度。

表 2-11　堆积坝边坡

尾矿抗剪强度指标	堆积高度（初期坝顶算起）/m	坝坡坡比	
		沉积滩长度 100～200m	沉积滩长度 200～400m
$\phi=15°\sim20°$ $C\geqslant19.6\text{kPa}$	≤10	1:3.0	1:3.0
	10～20	1:3.0～1:4.0	1:3.0～1:3.5
	20～30	1:3.5～1:5.0	1:3.0～1:4.0
$\phi=21°\sim25°$ $C\geqslant9.81\text{kPa}$	≤20	1:3.0	1:3.0
	20～30	1:3.0～1:4.0	1:3.0～1:3.5
	30～50	1:3.5～1:5.0	1:3.0～1:4.0
$\phi=26°\sim30°$	≤30	1:3.0	1:3.0
	30～50	1:3.0～1:4.0	1:3.0～1:3.5
	50～70	1:3.5～1:5.0	1:3.0～1:4.0
$\phi=31°\sim35°$	≤40	1:3.0	1:3.0
	40～70	1:3.0～1:4.0	1:3.0～1:3.5

　　注：适用条件：

　　1. 初期坝为透水坝，初期坝坝高与总坝高的比例 1/6～1/4；

　　2. 非地震地区；

　　3. 坝基良好；

　　4. 尾矿抗剪强度指标为试验所得的小值平均值。

　　为了便于检修，坝坡上每隔一定高差留一戗道，其宽度根据管理和交通条件确定。

　　坝坡应设护坡，以防雨水冲刷和尘土飞扬，一般可用山皮土护坡，并可以在山坡上种花草或小灌木林，禁止种乔木林，并设坝坡排水及坝肩排水沟。

　　C 堆积坝的稳定及其计算

　　堆积坝的稳定包括静力稳定、动力稳定和渗流稳定，均应进行相应的计算。

　　静力稳定计算的目的是验证拟定坝坡的稳定安全程度，一般采用圆弧滑动法或静力有限元法进行计算，要求堆积边坡的最小安全系数满足表 2-9 的要求。

　　动力稳定分析是为验证坝坡在动力（一般是地震）条件下的稳定性及产生振动液化的可能性、液化的范围及液化深度。一般采用有限元分析法，同时采用现场试验进行判别，以资互相验证。对一般小型工程，可采用拟静力法进行计算。

　　渗流稳定计算的目的是验算堆积坝在渗流条件下的稳定性，是否会产生渗流破坏，并应控制渗流出逸坡降小于尾矿的允许坡降。

稳定分析一般按下述步骤进行：

（1）通过工程地质勘察或工程类比的方法取得稳定计算所需资料及参数，并拟定计算断面。

（2）进行渗流分析，确定堆积坝的浸润线，并进行渗流稳定分析，求得满足渗流稳定要求的断面。

（3）对不进行动力稳定分析的堆积坝，应进行边坡稳定计算，求得边坡稳定最小安全系数，判断边坡稳定与否，若不稳定或安全系数不满足要求，应修改断面或采取有利于稳定的工程措施，重做渗流分析和稳定计算，直至满足边坡稳定最小安全系数要求。

（4）需进行动力稳定分析的尾矿库，先进行静力分析确定静力工作状态，在此基础上进行动力分析，求得动应力及应力水平，判断液化与否及液化区的范围。必要时再采用圆弧滑动法进行边坡滑动计算，从而确定所拟定的边坡是否稳定；如不稳定，应修改边坡或增设有利于稳定的工程措施重新计算，直至满足稳定要求。

2.1.2.3 排洪构筑物

排洪构筑物是排泄尾矿库内洪水的工程措施，是保证尾矿库洪水安全的重要设施，一般由溢水构筑物和排水管（洞或渠）及其出口消能设施组成。

A 尾矿库洪水设计标准

按现行规范规定，尾矿库洪水设计标准列于表 2 - 12。

表 2 - 12　尾矿库洪水设计标准 （a）

尾矿场等级	1	2	3	4	5
正常运行洪水重现期	500	100	50	30	20
非正常运行洪水重现期	5000	1000	500	300	200

注：1. 失事后对下游将造成较大灾害的大型尾矿库和重要的中型尾矿库，终期应以可能最大降雨量的洪水作为非正常运行洪水标准。

2. 尾矿库的等级应根据不同时期的库容坝高按表 2 - 1 确定。

B 排洪构筑物的形式及其选择

尾矿库排洪构筑物有以下几种形式：

（1）溢洪道排洪，一般布置在坝肩或尾矿库周围的垭口地形上，以浆砌片石或混凝土砌筑成的溢流堰、排水陡槽和消力池组成，适用于各种大小的泄流量。一般在一次筑坝的尾矿库中应用。但对堆积标高不断上升的尾矿库，只能用于尾矿库终了以后的排洪或某种特定条件下的临时排洪。

（2）斜槽式排洪，由斜槽、结合井（消力井）、排水管（或隧洞）及出口消力池组成，适用于小流量的尾矿库。

（3）溢水塔式排洪，由溢水塔和排水管（或隧洞）及其出口消能设施组成，适用于各种流量的排泄。溢水塔有窗口式和框架式两种，前者用于小流量，后者用于大流量。

以上各种排洪构筑物，可根据最大下泄流量选择，拟定其尺寸，进行水力计算，必要时，选取不同形式，通过经济技术比较确定。

C 洪水计算的方法和内容

尾矿库洪水计算内容包括设计暴雨、设计洪峰流量、设计洪水过程线及洪水总量，并进行调洪计算，通过调洪计算确定排洪构筑物的最大下泄流量，据此确定排洪构筑物的形式和尺寸。

尾矿库都是没有实测径流资料的小汇水面积，只能利用暴雨资料推算设计洪水。洪水计算宜采用多种方法，并通过洪水调查进行比较，采用接近洪水调查的计算结果。各省、各地区水文部门编制的水文计算资料及水文图集是水文计算的重要参考资料。

2.1.2.4 排渗构筑物

排渗构筑物是降低尾矿库浸润线的工程措施。其作用是降低堆积坝的浸润线，以免浸润线在堆积边坡逸出，尽量缩小堆积坝坡的饱和区，扩大疏干区，促进尾矿的排水固结，从而提高堆积坝的稳定性；堆积坝坡面下一定范围内的尾矿被疏干，能有效地防止尾矿砂产生振动液化，提高堆积边坡的动力稳定性。由此可见，排渗构筑物是尾矿库的重要工程设施，特别是大中型尾矿库和强地震区尾矿库不可缺少的设施。

排渗设施设计应以渗流稳定和动力稳定所要求的渗流控制条件为依据。

A 排渗构筑物的形式及其选择

尾矿库的排渗是近几十年才开始广泛应用，其结构形式仍在不断发展和完善，目前大致有两类：即水平排渗和垂直排渗。

水平排渗是采用接近水平的排渗盲沟或水平排渗层，将渗水截流汇集起来并集中排出坝外，以达到降低浸润线的目的。如图2-11所示，其结构形式有无砂混凝土管，带孔钢筋混凝土管（或铸铁管）外包反滤层，还有采用堆石外包反滤层的。实践证明，水平排渗盲沟在粗颗粒尾矿中效果良好，在细颗粒尾矿或水平细尾矿夹层较多的条件下，反滤层容易被堵塞，也难以降低水平细尾矿夹层以上的悬挂水层，一般效果欠佳。

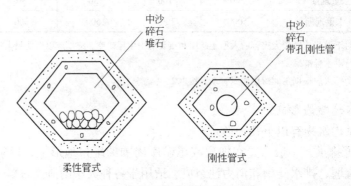

图2-11 两种盲沟形式示意图

垂直排渗是以垂直渗水井汇集渗水集中排出坝外。渗水井的形式有无砂混凝土管井、拼装式带孔钢筋混凝土井圈外包反滤层，也有采用堆石外包反滤层的渗水井。在不能自流的条件下。有的采用潜水泵抽水，因要求泵的抽水能力与井的渗水量一致，难以控制，应用较少。

无论水平排渗还是垂直排渗，其集中起来的渗水需用排水管引出坝外，有时可能通过浸润线以上的疏干区，为防止水流再渗回尾矿内，因此应采用不渗水管引出。

B 排渗设施的平面布置

排渗设施的平面布置根据尾矿库的地形条件、尾矿的渗透特性和尾矿的堆积高度通过渗流计算或渗流电模拟试验来确定。一般先根据一般原则初拟布置方案，再进行计算或试验，直至满足渗流控制要求。

排渗设施平面布置的一般原则为：

（1）排渗设施一般与透水初期坝共同起排渗作用，排渗设施距初期坝坝顶约 1 倍尾矿砂的影响半径处开始布置，对透水初期坝影响不到的堆积坝坝肩或不透水初期坝坝前的堆积坝，应距初期坝坝顶约 0.5 倍尾矿砂的影响半径处开始布置。

（2）堆积坝的浸润线一般在 1/2 ~ 2/3 的堆积高度范围逸出（不包括悬挂水的逸出点），故排渗设施只需在此范围内布置，尾矿粒度细者取大值，尾矿粒度粗者取小值。

（3）排渗构筑物的间距，与尾矿砂的影响半径、排渗构筑物尺寸及降水深度有关，一般可取略小于 1 倍影响半径的值。

（4）尾矿堆积体与地形相交处，由于原地面的透水性小，渗流在此条件下产生壅高，在排渗设施影响不到的地段，宜设坝肩排渗盲沟。

C 反滤层的设计和施工

反滤层的设计，一般应通过试验确定参数，再进行设计。在无试验资料的情况下，一般采用工程类比法进行设计。

a 反滤层必须满足的条件

（1）任意一层的反滤料不应穿过粒径较粗一层的孔隙。

（2）每一层内的颗粒不应发生移动。

（3）被保护土层的颗粒不应被渗水携带出反滤层，但特别微细的土粒是允许被水带走的。

（4）反滤层不应被淤塞，即特别微细的土粒能通过反滤层的孔隙。

b 反滤层设计控制方法

为满足上述条件，建议用下列方法控制：

$$\frac{D_{15}}{d_{85}} \leqslant 4 \sim 5 \tag{2-12}$$

$$\frac{D_{15}}{d_{15}} \geqslant 5 \tag{2-13}$$

式中　D_{15}——反滤料的粒径，小于该粒径的土占总土重的 15%；

　　　d_{85}——被保护土的粒径，小于该粒径的土占总土重的 85%；

　　　d_{15}——被保护土的粒径，小于该粒径的土占总土重的 15%。

对于以下的情况，建议作某些简化后，仍用以上方法初步选择反滤料，然后通过试验确定：

（1）对于不均匀系数较大的被保护土，可取 $\eta \leqslant 5 \sim 8$ 细粒部分的 d_{85}、d_{15} 作为计算粒径。

对于不连续级配的土，应取级配曲线平段以下（一般是 1 ~ 5mm 以下）的粒组的 d_{15}、d_{85} 及作为计算粒径。

（2）不均匀系数 $\eta > 5 \sim 8$ 的沙砾石作为反滤料第一层时：

1）选用小于 5mm 以下的细粒部分的 D_{15} 作为计算粒径；

2）要求大于 5mm 的砾石含量应不大于 60%。

（3）不能以上述方法确定的反滤料，均应由试验确定。

反滤层的施工是一项较细致的工作,一则厚度小,不便于大机械施工;二则质量要求严格,必须精心施工才能达到要求。首先应按设计要求选择合适的料场,按要求的粒径、级配、不均匀系数、含泥量等进行精心备料;同时,按照有关规范和设计要求进行反滤层的基础处理,做好铺填反滤层的准备。铺填反滤层时,必须严格控制厚度,一般宜每10m设一个样板,并经常检查。砂和砾料应适当洒水,相邻层面必须拍打平整,保证层次清楚,互不混杂。铺好反滤层后,应铺填保护层。在施工过程中,搬运反滤料时应保持湿润状态以免颗粒分离,防止杂物或不同规格物料混入。铺筑反滤层须自底部向上进行,不得从坡面上向下倾倒,分段铺筑时,必须做好接缝处各层之间的连接。反滤层施工应按有关施工技术规范进行,每道工序经过验收合格后,方可进行下一道工序的施工。

化纤反滤布是反滤层的良好代用料,其施工方便,比较经济,现在在尾矿库设计中已有大量应用,今后应进一步加强试验研究,使其更适合尾矿库反滤层的设计要求。反滤布的应用中要注意反滤布的透水性与尾矿的透水性相适应,特别是与在高压状态下的透水性要相适应。

2.1.2.5 尾矿库的回水构筑物

很多选矿厂利用尾矿库的回水代替水源供水,取得了良好的经济效益,节省了能源,避免了与农民争水,也减少了对下游的污染。

决定尾矿库是否回水,主要根据技术经济比较确定,有时也根据环境保护要求而决定回水。

尾矿库回水的回水量,应根据来水量、用水量及损失水量,通过水量平衡计算确定。

尾矿库回水往往与堆积坝的安全有矛盾。堆积坝的稳定要求沉积滩有一定长度,也就是对尾矿池的池水位与堆积坝坝顶之间的高差有一定要求,为了多回水,又希望这个高差要小,以便多蓄水。此时,堆积坝的稳定是主要的,回水应服从坝体稳定的要求。

随取水方式的不同,有不同的取水构筑物,见表2-13。

表2-13 取水构筑物形式

形 式		配 置 特 点	优 缺 点
固定式泵站	坝内式	于池内岸边设临时泵站吸水,随池内水位升高,定期移动泵站位置	(1) 可利用池内水头; (2) 泵站多
	坝外承压式	在坝外排水管出口处设置泵站取水,水泵的吸水管与排水管直接连接	(1) 可充分利用池内水头; (2) 排水管承受内水压力,一旦损坏,影响回水
	坝外吸入式	在坝外排水管出口设集水池和泵站	(1) 设备简单; (2) 操作管理方便; (3) 不能利用池内水头
移动式泵站	缆车式	在池内岸边设斜坡卷扬和缆车	(1) 可充分利用池内水头; (2) 能适应较大的风浪; (3) 投资较高,管理较麻烦
	囤船式	在池内设囤船式泵站	(1) 可充分利用池内水头; (2) 船体维护检修较频繁; (3) 取水较缆车灵活

2.1.2.6 排水沟

为了确保尾矿库的安全和便于尾矿库的管理，还应根据需要设置下述排水沟：

（1）坝肩排水沟。为防止尾矿库两坝肩以上山坡的洪水冲刷坝坡，需在坝肩坚实地基上修建浆砌片石或混凝土排水沟，其断面尺寸一般应通过洪水计算及水力计算确定。

（2）坝坡排水沟。为防止暴雨径流冲刷尾矿库的边坡，不仅要采取护坡措施，还应设置坝坡排水沟。一般每隔 10～15m 高设一条水平排水沟，向两坝肩流入坝肩排水沟；当堆积坝轴线较长时，宜设人字形排水沟。

2.1.2.7 尾矿库的管理设施

A 观测设施

为了监测尾矿库的运行情况，需设置长期观测设施。观测设施的项目包括：位移观测、渗水量及水质观测、水位观测、浸润线观测和孔隙水压力观测等。大型尾矿库应设置较全面的观测设施，其他尾矿库也应视具体情况设置必要的观测设施。

B 管理设施

为方便尾矿库的维护与管理，应适当配备下述设施：

（1）值班房：包括值班室、工具室、器材室、会议室等。

（2）机具：主要是筑坝机具，如推土机、装载机具及水上交通工具等。必要时可设简易检修设施。

（3）其他附属设施：如道路、照明、通信设施等。

对远离厂区的尾矿库，必要时应配备生活福利设施。

2.1.3 尾矿库的维护管理

尾矿库是一种边施工边生产的工业设施，其维护管理过程既是生产管理过程，又是尾矿库加高的施工过程，因此，尾矿库的维护管理具有特殊重要的意义。尾矿库的管理部门既是生产组织机构，又是施工组织机构。

尾矿库维护管理的基本任务是根据尾矿库生产运行的客观规律和设计要求，组织好尾矿堆积坝的堆坝施工、尾矿的正常排放、尾矿澄清水的回收及尾矿设施的检查维修。

2.1.3.1 尾矿排放及尾矿堆坝

尾矿排放过程就是尾矿堆积坝加高的施工过程，是相互联系和密切相关的。

A 尾矿排放

尾矿库的堆坝方法决定了尾矿的放矿方式及放矿位置。采用一次筑坝的尾矿库，放矿灵活，可以分散放矿，也可集中放矿，放矿位置可以在尾矿水澄清区以外的任何位置。上游法堆坝的尾矿库，一般采用坝前分散放矿，除冰冻期采用冰下集中放矿或溶岩地区尾矿库要求周边放矿外，不允许在任意位置放矿，也不能集中放矿。中游法和下游法堆坝的尾矿库，一般采用旋流器分级放矿，旋流器沉砂用来堆坝，溢流放入坝内。为了保证堆坝所需的旋流器沉砂量，不能无故不经旋流器分级就直接往坝内放矿。

对高浓度堆坝及高浓度放矿，比中低浓度有明显的差别，如放矿口的大小、间距需要改变，沉积滩纵坡变陡，粗细粒尾矿的分布规律等均会发生变化，这些都需通过试验和生产实践不断积累经验，逐步解决放矿过程中出现的新问题。

尾矿排放应注意以下问题：

（1）保持均匀放矿，使尾矿沉积滩均匀上升。

（2）放矿过程中，不能出现沿子堤上游坡脚的集中矿浆流和旋流，以免形成冲刷。如出现这种情况，应移动放矿口矿浆的落点，或以尾矿堆消除此种水流，或以草袋护坡脚。

（3）冰冻季节宜采取库内冰下集中放矿。

（4）尾矿排放过程中，应避免在沉积滩面形成大面积的细尾矿及矿泥层。如生产过程中出现短时间含泥量大的细尾矿波动情况，应在尾矿池内放矿，放矿过程中最末两个放矿口尾矿粒度过细的条件下，此种放矿口的尾矿宜接至尾矿池内排放。

B　尾矿堆坝

堆筑堆积坝是尾矿库生产管理中工作量较大的施工内容，其质量好坏关系到尾矿库的安全，因此原则上应按设计规定的堆坝方法和有关的操作规程进行堆筑。

（1）应与设计部门密切配合，不断总结堆坝经验，不断探索和创造堆坝新工艺、新技术。

（2）堆坝过程中，应按设计边坡、设计平台宽度堆筑，不得任意改陡边坡，也不宜未经设计同意放缓边坡或在坝坡上留宽平台。

（3）为保证堆坝质量良好，原则上应以粗颗粒尾矿堆坝，当原尾矿出现含泥量过大的波动时，应暂时停止堆坝，并将此时的尾矿送入尾矿池排放，待尾矿粒度正常后继续堆坝。冰冻季节不宜堆坝。若未采用水力冲积堆坝，必须分层碾压密实。

（4）应保持堆积坝顶均匀上升，每次堆坝结束，不应出现缺口或低标高地段。

（5）沉积滩范围内（包括两侧的天然冲沟）如出现独立的积水区时，应及时放矿充填。

（6）当尾矿堆坝改为废石堆坝或需采用废石压坡时，要求废石部分有足够的基础宽度，不允许以堆积边坡为基础，基础宽度应通过稳定计算确定。堆废石时，应由初期坝坡脚开始自下而上的逐渐堆高，不允许在堆积坝顶或堆积边坡的戗道上自上而下地翻倒废石。

（7）堆积坝每堆成一段，应及时进行护坡，修好排水沟。

（8）尾矿库堆积到设计最终堆积标高以后，应进行善后处理设计，未取得设计部门的加高设计，不允许继续加高使用。

2.1.3.2　有关水的控制

水是影响尾矿库稳定和安全的关键性因素之一，所以必须妥善控制。这里所说的水包括地下水和地表水两部分。

A　地表水的控制

尾矿库地表水的来源有三个方面：尾矿浆带来的尾矿水、周围地区渗入尾矿库的地下水和天然降水。前已述及，尾矿库堆积边坡及两坝肩的地表水通过坝坡坝肩排水沟排出坝外，其余的水都汇集在尾矿池内形成积水区，其水位称池水位（或库水位），控制尾矿池内的水位是尾矿库地表水控制的主要内容。

（1）首先应保证尾矿库的排洪、排水系统的畅通，为尾矿池的水位控制创造良好的条件。

（2）尾矿池的最低水位（控制水位）应满足尾矿水澄清的要求，在满足澄清距离要求的条件下，尾矿池水位越低，对尾矿库的稳定越有利，对尾矿库的防洪也越有利。

（3）尾矿池的水位至沉积滩坡顶标高之间的高差应满足回水蓄水水深、调洪水深和安全超高的要求，同时安全超高相应的沉积滩长度应满足最小沉积滩长度的要求。各个时期的调洪水深和安全超高（或最小沉积滩长度）是必须保证的，其他任何矛盾均应服从这一要求。

（4）尾矿池的最高洪水位应满足堆积坝稳定的要求，也就是最小沉积滩长度要求，最高洪水位时的沉积滩长度应大于或等于最小沉积滩长度，否则应降低控制水位或增大泄洪能力。

B 尾矿库的度汛

汛期是尾矿库地表水控制的关键时期，如果这个时期尾矿池水位控制不当，洪水暴发时可能造成洪水漫顶，引起溃坝事故。因此每年汛期前应做好度汛准备和排洪验算。

度汛准备包括防洪抢险所需的物资、材料、用具等的准备和防洪抢险组织准备、人员组织准备。一旦发现险情，有物资、用具随时取用，立即能有劳动大军投入，随时会有人组织，以免失去抢险战机。

汛期前的洪水验算也是度汛准备的重要部分，洪水验算可靠并得到实现，正常情况下就可能实现安全度汛或减少险情。所以汛期前的洪水验算是重要的一环。汛期前洪水验算的主要内容是验算在已建成的泄水构筑物之泄水能力条件下的调洪库容、安全超高及沉积滩长度是否符合设计要求。洪水验算可按下述步骤进行（参考图 2-4）：

（1）实测汛期前沉积滩顶最低标高 H_1（相当于图中的 H_m）、汛期前尾矿池水位 H_3（相当于图中的 H_k）。

（2）确保本汛期允许的最高洪水位 H_2：

$$H_2 = H_1 - e \tag{2-14}$$

式中　e——防洪坝顶安全超高，由规范中确定，现行规范规定见表 2-14。

表 2-14　防洪坝顶安全超高　　　　　　　（m）

运行情况 \ 坝的等级	一	二	三	四
正　常	2.0	1.5	1.0	0.7
非正常	1.5	1.0	0.7	0.5

（3）实测 H_2 所相应的沉积滩长度 L_1，取沉积滩上 L_1 的最小值，此值应大于或等于设计提出的最小沉积滩长度要求，否则应降低 H_2，使其满足此要求。

（4）实测尾矿库内 H_2、H_3 相应的面积 S_2 和 S_3。

（5）计算调洪库容 V_T。

$$V_T = \frac{S_2 + S_3}{2}(H_2 - H_3) \tag{2-15}$$

（6）判断实际调洪库容 V_T 是否满足设计提出的调洪库容 V_P 的要求：

$$V_T \geqslant V_P$$

若不满足此要求，应降低 H_3，使其满足要求。若降低 H_3 以后不满足澄清距离要求，应与设计部门联系，采取其他措施。

（7）需要在汛期蓄水供回水用的尾矿库，V_P 应加上回水蓄水库容进行判断。

C 地下水的控制

这里所说的地下水，主要是指尾矿库渗流水。

对于中小型尾矿库而言，堆积坝的浸润线，除按设计浸润线控制外，浸润线不宜在坝坡逸出，如有逸出，应观测其水量和水质，判断其渗流稳定性，一般水质清澈者为正常稳定渗流，如水质浑浊，说明已出现渗流破坏，此时宜降低尾矿池水位，并立即以反滤料或反滤布铺盖，再加适当的压重。如渗水量突变，应分析其原因和加强观察。比较彻底的办法是采取降水措施，使其不在坝坡上逸出。

对大型尾矿库和地震区的尾矿库，为满足堆积坝稳定性的要求，要求浸润线有一定的埋深，这种尾矿库应定期进行浸润线观测，控制其低于设计提出的控制浸润线。如实测浸润线高于控制浸润线，应分析其原因，与设计部门联系，采取适当工程措施进行处理。

2.1.3.3 尾矿库的监测

监测是了解尾矿库运行情况的重要手段，也是尾矿库安全的指示灯，所以尾矿库的监测工作是尾矿库管理的重要内容。

对设置有观测设施的尾矿库，应充分利用这些设施加强观测，首先应组织监测小组，并制订专门的监测制度和操作规程，进行定期观测。观测成果应及时整理、分析、归档，不断积累观测资料。未设置观测设施的尾矿库，应创造条件设置观测设施，或采取简易的办法加强观测。

对尾矿库进行巡回检查是及时发现尾矿库异常情况的重要途径，应纳入尾矿库管理人员的岗位责任制。检查的内容包括：尾矿库边坡有无变形和异常；排水构筑物是否畅通；排渗设施的水量、水质有无异常变化；尾矿排放是否正常、有无漏矿现象，矿浆流是否产生冲刷；回水的水质是否符合要求等。如发现异常，应及时处理，如不能处理，应立即上报，以便进一步采取措施。

2.1.3.4 尾矿库的维修

进行尾矿库的维修是尾矿库管理的基本任务的一部分。每年洪水期和化冰期后，应进行一次全面检查和分析，列出维修项目和补充措施项目，安排维修计划，要求按时完成。如有地震预报，应组织设计与有关部门共同研究，提出尾矿库抗震方案，并抓紧实施。

平时巡回检查发现的问题，应及时处理，如填补塌坑、冲沟，修补排水设施，清除排水设施内的淤积物等。

2.1.3.5 尾矿库的事故及其处理措施

在尾矿库的生产运行过程中，难免会出现一些异常、事故，对这些现象，必要时首先采取应急措施，然后分析其原因，确定处理措施。表 2-15 列出部分异常迹象的处理措施供参考。

表 2-15 尾矿库事故迹象及处理措施参考表

迹 象	原 因	处 理 措 施
坡脚隆起	坡脚基础变形	先降库水位，再坡脚压重
坝坡渗水及沼泽化	浸润线过高	降库水位，加长沉积滩，采取降低浸润线措施
	不透水初期坝导致浸润线高	在略高于初期坝顶部位设排渗设施

迹 象	原 因	处 理 措 施
坝坡渗水及沼泽化	矿泥夹层引起悬挂水的逸出	打砂井穿透矿泥夹层
坝坡或坝基冒砂	渗流失稳	先降库水位，铺反滤布，压上碎石或块石，设导流沟，必要时加排渗设施
坝坡隆起	边坡太陡	先降库水位，再放缓边坡或加固边坡
	矿泥集中，饱和强度太低	先降库水位，加排渗设施或加固边坡
坝坡向下游位移或沿坝轴向裂缝	基础强度不够	先降库水位，坝坡脚压重加固基础
	边坡剪切失稳	先降库水位，再降低浸润线或加固边坡
堆积坝塌陷	排水管破坏或漏矿	先降库水位，加固或新建排水管，再填平塌坑
	排渗设施破坏	先降库水位，再抛少量小块石，再抛碎石、砂，或开挖处理
	岩溶溶洞塌陷	先降库水位，抛树枝、块石、碎石、砂，再以黏土分层夯实填平
洪水位过高	调洪库容小或泄水能力小	先降低控制水位，改造排洪设施，增大泄水能力或利用后期排洪设施截洪

2.2 尾矿的输送系统

2.2.1 干式选矿厂尾矿

干式选矿厂的尾矿一般可采用箕斗或矿车、皮带运输机、架空索道或铁道列车等运输。

利用箕斗或矿车沿斜坡轨道提升运输尾矿，然后倒卸在锥形尾矿堆上，这是一种常用的方法。根据尾矿输送量的大小可采用单轨或双轨运输。地形平坦，尾矿场距选矿厂较近时可采用此法输送。

利用移动胶带运输机输送尾矿，运至露天矿底部的尾矿堆场。适于气候暖和的地区，距选矿厂较近。

利用架空索道运输尾矿，适于起伏交错的山区，特别是业已采用架空索道输送原矿的条件，可沿索道回线输送废石，尾矿场在索道下方。

利用铁路自动翻斗车运输尾矿向尾矿场倾卸。此方案运输能力大，适用于尾矿库距选矿厂较远，且尾矿库是低于路面的斜坡场地。

2.2.2 湿式选矿厂尾矿

尾矿多以矿浆形式排出，所以必须采用水力输送。常见的尾矿输送方式有自流输送、压力输送和联合输送三种。

自流输送是利用地形高差，使选矿厂的尾矿矿浆沿管道或溜槽自流到尾矿库。自流输送时，管道或溜槽的坡度应保证矿浆内的固体颗粒不沉积下来。这种方式简单可靠，不需动力。

压力输送是借助砂泵用压力强迫扬送矿浆的方式。由于砂泵扬程的限制，往往需设中间砂泵站和压力管道进行分段扬送，故比较复杂。在不能自流输送时，只能用这种方式。

联合输送即自流输送与压力输送相结合的方式。某段若有高差可利用，可采取自流输送；某段不能自流，则采用砂泵扬送。

尾矿输送系统一般应有备用线路。特别是压力输送时应进行定期检修。

为应付意外事故，应该在某些地段设事故沉淀池。

3 尾矿水的净化与回水利用

尾矿水成分与原矿矿石的组成、品位及选别方法有关，其中可能超过国家工业"三废"排放标准的项目有：pH 值、悬浮物、氰化物、氟化物、硫化物、化学耗氧量及重金属离子等。

3.1 尾矿水的净化

尾矿水的净化方法，取决于有害物质的成分、数量、排入水系的类别，以及对回水水质的要求。常用的方法有：

（1）自然沉淀。利用尾矿库（或其他形式沉淀池），将尾矿液中的尾矿颗粒沉淀除去；

（2）物理化学净化。利用吸附材料将某种有害物质吸附除去。

（3）化学净化。加入适量的化学药剂，促使有害物质转化为无害物质。

3.1.1 尾矿颗粒及悬浮物的处理

主要是利用尾矿库使尾矿水在池中进行沉淀，以达到澄清的目的。如尾矿颗粒的粒径极细（如钨锡矿泥重选尾矿和某些浮选尾矿），尾矿水往往呈胶状，为了使尾矿水快速澄清，可加入凝聚剂（如石灰和硫酸铝等），以加速颗粒的沉淀。

如某锡矿选厂的尾矿，其颗粒粒径极细，经 20 昼夜的沉淀后，还不能澄清。但在 $1m^3$ 尾矿水中加入 75g 有效成分为 40% 的石灰溶液后，尾矿即能很快沉淀，沉淀约 2h 后，透明度达 300mm。

3.1.2 尾矿水的净化方法

尾矿水中如含有铜、铅、镍等金属离子时，常采用吸附净化的方法予以清除。常用的吸附剂有白云石、焙烧白云石、活性炭、石灰等。净化前，需将吸附剂粉碎到一定的粒度。然后与尾矿水充分混合、反应，达到沉淀净化尾矿水之目的。

铅锌矿石粉末有吸附有机药剂的特性，因此常用以清除黄药、黑药、松节油、油酸等有机药剂。用量为每毫克有机药剂需耗 200mg 的铅锌矿石。

尾矿水如含有单氰或复氰化合物时，一般常用漂白粉、硫酸亚铁和石灰作净化剂进行化学净化。也可以采用铅锌矿石和活性炭作为吸附剂，进行吸附净化。

总之，尾矿水的净化方法主要根据尾矿水中含有的有害物质种类及要求净化的程度来选择。同时应该考虑优先采用净化剂来源广、工艺简单、经济有效的方法。常用的尾矿水净化方法归纳如下，见表 3-1。

一些净化方法和净化效果分别列入表 3-2 和表 3-3 中。

表 3-1　尾矿水净化方法

净 化 方 法	适 用 范 围
石 灰	清除铜、镍离子
未焙烧的白云石	清除铅离子
焙烧的白云石	清除铜、铅离子
铅锌矿石粉末	清除有机浮选药剂和氰化物
漂白粉	清除氰化物
硫酸亚铁	清除氰化物
活性炭	吸附重金属离子和氰化物

表 3-2　石灰、漂白粉对有机选矿药剂的净化效果

投加药剂名称	投加量/g·L^{-1}	尾矿水中黄药含量/mg·L^{-1}	
		处理前	处理后
石 灰	0.33	0.28	0.028
石 灰	0.66	0.28	0.025
石 灰	0.99	0.33	0
漂白粉	0.17	0.71	0.002
漂白粉	0.33	0.70	0.002
石 灰	0.33	1.4	0
石 灰	0.66	1.2	0
石 灰	0.99	1.8	0
漂白粉	0.17		
漂白粉	0.33		

表 3-3　活性炭吸附法处理效果

投加量/g·L^{-1}	尾矿水中黄药含量/mg·L^{-1}		尾矿水中松根油含量/mg·L^{-1}	
	处理前	处理后	处理前	处理后
16	0.23	0.002	2.8	0
33	0.71	0	1.8	0

3.2　尾矿水的回水再用

尾矿水循环再用，并尽量提高废水循环的比例，以达到闭路循环，这是当前国内外废水治理技术的重点。只有在不能做到闭路循环的情况下，才作部分外排。尾矿废水经净化处理后回水再用，既可以解决水源，减少动力消耗，又解决了对环境的污染问题。据资料报道，美国有六个选矿厂的废水回用率达 95%。

尾矿回水一般有下列几种方法：

(1) 浓缩池回水。由于选矿厂排出的尾矿浓度一般都较低，为节省新水消耗，常在选矿厂内或选矿厂附近修建尾矿浓缩池或倾斜板浓缩池等回水设施进行尾矿脱水，尾矿砂沉淀在浓缩池底部，澄清水由池中溢出，并送回选矿厂再用。浓缩池的回水率一般可达

40%～70%以上。大型选矿厂或重力选矿厂，采用浓缩池回水，一方面可在浓缩池中取得大量回水，减小供水水源的负担；另一方面，由于提高了尾矿浓度而使尾矿矿浆量减小，因此可降低尾矿的输送费用。

（2）尾矿库回水。将尾矿排入尾矿库后，尾矿矿浆中所含水分一部分留在沉积尾矿的空隙中，一部分经坝体池底等渗透到池外，另一部分在池面蒸发。尾矿库回水就是把余留的这部分澄清水回收，供选矿厂使用。由于尾矿库本身有一定的集水面积，因此尾矿库本身起着径流水的调节作用。

尾矿库排水系统常用的基本形式有：排水管、隧洞、溢洪道和山坡截洪沟等。应根据排水量、地形条件、使用要求及施工条件等因素经过技术经济比较后确定所需要的排水系统。对于小流量多采用排水管排水；中等流量可采用排水管或隧洞，大流量采用隧洞或溢洪道。排水系统的进水头部可采用排水井或斜槽。对于大中型工程如果工程地质条件允许，隧洞排洪常比排水管排洪经济，而且更可靠。国内的尾矿库一般多将洪水和尾矿澄清水合用一个排水系统排放。尾矿库排水系统应靠在尾矿库一侧山坡进行布置，选线力求短直，地基均一，无断层、滑坡、破碎带和弱地基。其进水头的布置应满足在使用过程中任何时候均可以进入尾矿澄清水的要求。当进水设施为排水井时，应认真考虑其数量、高程、距离和位置，如第一井（位置最低的）既能满足初期使用时澄清距离的要求，又能满足尽早地排出澄清水供选矿厂使用的要求，其余各井位置逐步抬高，并使各井筒有一定高度的重叠（重叠高度 $\Delta h = 0.5～1.0\text{m}$），图2-1已示出。澄清距离 L 的目的是确保排水井不跑浑水。当尾矿库受水面积很大，在短时间内可能下来大量洪水，为能迅速排出大部分或部分洪水，可靠尾矿库一侧山坡上，在尾矿坝附近修筑一条溢洪道。所有流经排水系统设施的排水井窗口、管道直径、沟槽断面、隧洞断面等尺寸和泄流量需经计算后再结合实际经验给予确定。

尾矿库回水率一般可达50%。如矿区水源不足，尾矿库集水面积较大，并有较好的工程地质条件（如没有溶洞、断层等严重漏水的地质构造），则回水率可高达70%～80%。尾矿库回水的优点是：回水的水质好，有一部分雨水径流在尾矿库内调节，因此回水量有时会增多。缺点是回水管路长，动力消耗大。

（3）沉淀池回水。沉淀池回水的利用，一般只适用于小型选矿厂。由于沉淀在池底的尾矿砂，需要经常清除，花费大量人力，故选矿厂生产规模大、生产的年限长时，不宜采用沉淀池回水。

4 从尾矿中回收有用金属与矿物

4.1 铁尾矿的再选

铁尾矿再选的难题在于弱磁性铁矿物、共伴生金属矿物和非金属矿物的回收。弱磁性铁矿物、共伴生金属矿物的回收，除少数可用重选方法实现外，多数要靠强磁、浮选及重磁浮组成的联合流程，需要解决的关键问题是有效的设备和药剂。采用磁—浮联合流程回收弱磁性铁矿物，磁选的目的主要是进行有用矿物的预富集，以提高入选品位，减少入浮矿量并兼顾脱除微细矿泥的作用。为了降低基建和生产成本，要求采用的磁选设备最好具有处理量大且造价低的特点。用浮选法回收共、伴生金属矿物，由于目的矿物含量低，为获得合格精矿和降低药剂消耗，除采用预富集作业外，也要求药剂本身具有较强的捕收能力和较高的选择性。因此今后的方向是在研究新型高效捕收剂的同时，可在已有的脂肪酸类、磺酸类药剂的配合使用上开展一些研究工作，以便取长补短，兼顾精矿品位和回收率。对于尾矿中非金属矿物的回收，多采用重—浮或重—磁—浮联合流程，因此，研究具有低成本、大处理量、适应性强的选矿工艺、设备及药剂就更为重要。

我国铁矿选矿厂尾矿具有数量大、粒度细、类型繁多、性质复杂的特点，尾矿量占矿石量的50%~80%。目前，我国堆存的铁尾矿占全部尾矿堆存总量的近1/3，因此，铁尾矿再选已引起钢铁企业重视，并已采用磁选、浮选、酸浸、絮凝等工艺从铁尾矿中再回收铁，有的还补充回收金、铜等有色金属，经济效益更高。

磁铁矿尾矿再选利用的较多，效益显著。歪头山铁矿选矿厂、南芬铁矿选矿厂、齐大山铁矿选矿厂、梅山铁矿选矿厂、太钢峨口铁矿选矿厂、攀枝花密地选矿厂、包头铁矿选矿厂、大石河铁矿选矿厂、武钢大冶铁矿选矿厂等其尾矿都已经进入尾矿再选研究或者生产阶段。

4.1.1 铁尾矿的类型

我国铁矿选矿厂的尾矿资源按照伴生元素的含量可分为单金属类铁尾矿和多金属类铁尾矿两大类。

4.1.1.1 单金属类铁尾矿

根据其硅、铝、钙、镁的含量又可分为：

（1）高硅鞍山型铁尾矿。高硅鞍山型铁尾矿是数量最大的铁尾矿类型，尾矿含硅高，有的含 SiO_2 量高达85%，一般不含有价伴生元素，平均粒度0.04~0.2mm，属于这类尾矿的选矿厂有本钢南芬、歪头山，鞍钢东鞍山、齐大山、弓长岭、大孤山，首钢大石河、密云、水厂，太钢峨口，河北钢铁集团矿业有限公司石人沟选矿厂。

（2）高铝马钢型铁尾矿。高铝马钢型铁尾矿年排出量不大，主要是分布在长江中下游宁芜一带，如江苏吉山铁矿、马钢姑山铁矿、南山铁矿及黄梅山铁矿等选矿厂。其主要特点是 Al_2O_3 含量较高，多数尾矿不含有伴生元素和组分，个别尾矿含有伴生硫、磷，-0.074mm 粒级含量占 30% ~60%。

（3）高钙镁邯郸型铁尾矿。高钙镁邯郸型铁尾矿主要集中在邯郸地区的铁矿山，如玉石洼、西石门、玉泉岭、符山、王家子等选矿厂。主要伴生元素为 S、Co 及微量的 Cu、Ni、Zn、Pb、As、Au、Ag 等，-0.074mm 粒级含量占 50% ~70%。

（4）低钙、镁、铝、硅酒钢型铁尾矿。这类尾矿中主要非金属矿物是重晶石、碧玉，伴生元素有 Co、Ni、Ge、Ga 和 Cu 等，尾矿粒度为 -0.074mm 占 70%。

4.1.1.2　多金属类铁尾矿

多金属类铁尾矿主要分布在我国攀西地区、内蒙古包头地区和长江中下游的武汉地区等，特点是矿物成分复杂、伴生元素多，除含有丰富的有色金属，还含有一定量的稀有金属、贵金属及稀散元素。从价值上看，回收这类铁尾矿中的伴生元素，已远远超过主体金属——铁的回收价值。如大冶型铁尾矿（大冶、金山店、程潮、张家洼、金岭等铁矿选矿厂）中除含有较高的铁外，还含有 Cu、Co、S、Ni、Au、Ag、Se 等元素；攀钢型铁尾矿中除含有数量可观的 V、Ti 外，还含有值得回收的 Co、Ni、Ga、S 等元素；白云鄂博型铁尾矿中含有 22.9% 的铁矿物、8.6% 的稀土矿物以及 15.0% 的萤石等。

4.1.2　铁尾矿中铁矿物的回收

在国外，日本、德国、瑞典的选铁尾矿已得到全部利用。俄罗斯中央采选公司堆存 700 万吨含铁 29.7%、磁性铁 12.8% 的尾矿，在 95kA/m 下磁选，中矿再磨再选，可获得品位 63.5%、产率 16% ~26% 的铁精矿。下面主要介绍国内铁尾矿中铁矿物回收情况。

4.1.2.1　武钢程潮铁矿选矿厂

武钢程潮铁矿属大冶式热液交代矽卡岩型磁铁矿床，选矿厂年处理矿石 200 万吨，生产铁精矿 85.11 万吨，排放尾矿的含铁品位一般在 8% ~9%，尾矿排放浓度 20% ~30%，尾矿中的金属矿物主要有磁铁矿、赤铁矿（镜铁矿、针铁矿）；次为菱铁矿、黄铁矿；少量及微量矿物有黄铜矿、磁黄铁矿等。脉石矿物主要有绿泥石、金云母、方解石、白云石、石膏、钠长石及绿帘石、透辉石等。尾矿多元素分析见表 4-1，尾矿铁矿物物相分析见表 4-2，尾矿粒度筛析结果见表 4-3。

表 4-1　尾矿多元素分析结果　　　　　　　　　　　　　　　　（%）

元　素	Fe	Cu	S	Co	K_2O	Ne_2O	CaO	MgO	Al_2O_3	SiO_2	P
质量分数	7.18	0.018	3.12	0.008	2.86	2.17	13.52	11.48	9.00	37.73	0.123

表 4-2　尾矿铁物相分析　　　　　　　　　　　　　　　　（%）

相　态	磁性物之铁	碳酸盐之铁	赤褐铁矿之铁	硫化物之铁	难溶硅酸盐之铁	全　铁
品　位	1.75	0.45	3.75	1.20	0.03	7.18
占有率	24.37	6.27	52.23	16.71	0.42	100.00

表 4 - 3　尾矿粒度筛析结果

粒度/mm	产率/%		品位 TFe/%	回收率/%	
	部　分	累　计		部　分	累　计
+0.9	1.27	1.27	5.54	0.89	0.89
-0.9~0.45	6.06	7.33	4.46	3.57	4.46
-0.45~0.315	5.95	13.28	4.40	3.31	7.77
-0.315~0.18	14.00	27.28	4.94	8.75	16.52
-0.18~0.125	7.63	34.91	6.32	6.10	22.62
-0.125~0.098	2.54	37.45	7.28	2.34	24.96
-0.098~0.090	2.39	39.84	7.52	2.27	27.23
-0.090~0.076	6.16	46	8.18	6.37	33.60
-0.076~0.061	4.89	50.89	8.66	5.36	38.96
-0.061~0.045	7.13	58.02	8.93	8.05	47.01
-0.045	41.98	100.00	9.98	52.99	100.00
	100.00		7.91	100.00	

由表 4 - 1 ~ 表 4 - 3 可知,程潮铁矿选矿厂尾矿中,磁性物中含铁量为 1.75%,占全铁的 24.37%;赤褐铁矿中含铁量为 3.75%,占全铁的 52.23%;而磁铁矿多为单体,其解离度大于 85%,极少与黄铁矿、赤褐铁矿及脉石连生;赤褐铁矿多为富连生体,与脉石连生,其次是与磁铁矿连生,在尾矿中尚有一定数量的磁性铁矿物,它们大部分以细微和微细粒嵌布及连生体状态存在。

程潮铁矿选矿厂选用一台 JHC120 - 40 - 12 型矩环式永磁磁选机作为尾矿再选设备进行尾矿中铁的回收。选矿厂利用现有的尾矿输送溜槽,在尾矿进入浓缩池前的尾矿溜槽上,将金属溜槽两节(约 2m)拆下来,设计为 JHC 永磁磁选机槽体,安装一台 JHC 型矩环式永磁磁选机,使选矿厂的全部尾矿进行再选,再选后的粗精矿用渣浆泵输送到现有的选别系统继续进行选别,经过细筛—再磨、磁选作业程序,获得合格的铁精矿;再选后的尾矿经原有尾矿溜槽进入浓缩池,浓缩后的尾矿输送到尾矿库。尾矿再选工艺流程如图 4 - 1 所示。

程潮铁矿选矿厂尾矿再选工程于 1997 年 2 月份正式投入生产,通过取样考查,结果表明,选厂尾矿再选后可使最终尾矿品位降低 1% 左右,金属理论回收率可达 20.23%,每月可创经济效益 10.8 万元,年经济效益可达 124.32 万元。尤其所选用的 JHC 型矩环式永磁磁选机具有处理能力大,磁性铁回收率高、无接触磨损的冲洗水卸矿、结构简单、运行可靠、作业率高、成本造价低、使用寿命长等优点。

4.1.2.2　冯家峪铁矿选矿厂

冯家峪铁矿属鞍山式沉积变质矿床,选矿厂设计年处理原矿 80 万吨,选矿厂采用阶段磨矿磁选细筛闭路工艺流程。尾矿含铁品位一般在 7% ~ 8%,排放浓度 5% ~ 6%,尾矿中的铁矿物为单一的磁铁矿及其贫连生体,脉石矿物主要为石英、云母、角闪石及斜长石等。为完善工艺流程,充分利用铁矿资源,选矿厂采用 HS - φ1600mm × 8 型盘式磁选机直接从尾矿中回收粗精矿。将原 φ426mm 铸铁管改为明槽,利用厂房现有尾矿排放高差，使再选后的粗精矿自流至细筛筛上泵池，给入二段 $\phi 2.7m \times 3.6m$ 球磨机进行再磨。磨矿及选别、过滤作业均利用原工艺流程的设备。尾矿再选工艺仅增加一台 HS – $\phi 1600mm \times 8$ 型盘式磁选机及 $60m^2$ 厂房,增加尾矿再选后的工艺流程如图 4 – 2 所示。HS – $\phi 1600mm \times 8$ 型盘式磁选机性能列入表 4 – 4。

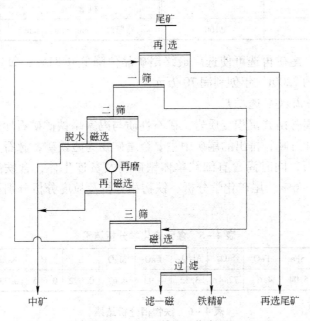

图 4 – 1　尾矿再选工艺流程

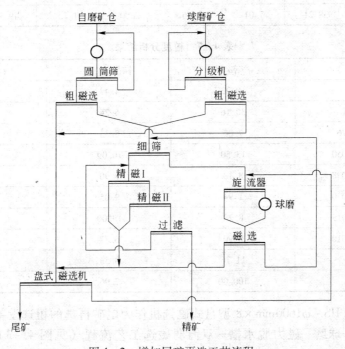

图 4 – 2　增加尾矿再选工艺流程

表 4 - 4 磁选机性能

选槽形式	逆流	圆盘转速/r·min⁻¹	1.5（可调）
给矿粒度/mm	0.5 ~ 0	原矿处理量/t·h⁻¹	75 ~ 100
盘面磁感应强度/kA·m⁻¹	97.27	电机功率/kW	5.5
盘数/个	8	机重/kg	5100
圆盘直径/mm	φ1600	外形尺寸/mm×mm×mm	1900×2150×1725

生产实践表明，尾矿再选可使选厂最终尾矿品位降低 0.81%，每年可从排弃的尾矿中多回收合格精矿约 7200t。年创利润 70 万元。

4.1.2.3 歪头山铁矿选矿厂

歪头山铁矿亦属鞍山式沉积变质岩，矿石性质与冯家峪铁矿矿石性质相近，选矿厂设计年处理原矿石 500 万吨，排出的尾矿中主要金属矿物为磁铁矿，脉石主要为石英、阳起石、绿帘石及角闪石，同时尚含有细粒单体铁矿物及贫连生体，含铁品位一般为 7% ~ 8%，排放浓度 5% ~ 6%。尾矿化学分析、铁物相分析及粒度分析分别见表 4 - 5、表 4 - 6 和表 4 - 7。

表 4 - 5 多元素化学分析结果 （%）

元素名称	TFe	SFe	FeO	SiO₂	Al₂O₃	CaO	MgO	S	P	K₂O	Na₂O	烧失量
质量分数	7.91	5.94	4.63	72.42	3.32	3.93	4.67	0.092	0.095	0.73	0.66	2.63

表 4 - 6 铁物相分析结果 （%）

相 态	磁铁矿	假象赤铁矿	赤褐铁矿	碳酸铁	黄铁矿	硅酸铁	TFe
铁的质量分数	3.00	0.55	0.13	0.22	0.09	3.86	7.85
分布率	38.21	7.01	1.66	2.80	1.15	49.17	100.00

表 4 - 7 粒度分析结果

粒级/mm	产率/%	铁品位/%	铁分布率/%
+ 0.2	10.22	4.47	5.78
- 0.2 + 0.1	30.16	6.24	23.62
- 0.1 + 0.076	7.06	8.33	7.41
- 0.076 + 0.050	13.50	10.09	17.08
- 0.050 + 0.038	8.18	9.90	10.18
- 0.038 + 0.030	1.94	9.05	2.26
- 0.030 + 0.019	8.28	13.90	13.57
- 0.019 + 0.010	8.90	6.77	7.54
- 0.010	11.76	8.53	12.56
合 计	100.00	7.96	100.00

选厂也选用 HS - φ1600mm×8 型盘式磁选机作为尾矿再选的粗选设备，再选后的粗精矿经弱磁选—球磨—磁力脱水槽—双筒弱磁选工艺流程（见图 4 - 3），可获得产率 2.46%、铁品位 65.76%、回收率 21.23% 的优质铁精矿，年实现产值 587.75 万元，利税

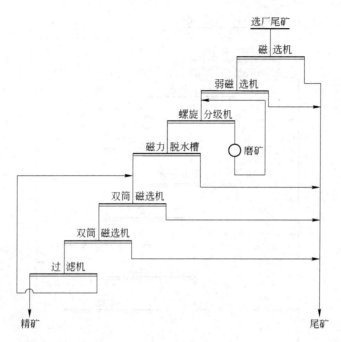

图 4 - 3 尾矿再选工艺流程

302.88 万元。

4.1.2.4 本钢南芬选矿厂

本钢南芬选矿厂设计年处理原矿石 1000 万吨, 尾矿含铁品位一般为 7% ~ 9%, 设计总尾排放浓度约为 12%。尾矿中的铁矿物主要为磁铁矿, 其次为黄铁矿、赤铁矿, 脉石矿物主要为石英、角闪石、透闪石、绿帘石、云母、方解石等。尾矿铁物相分析见表 4 - 8。

表 4 - 8　尾矿铁物相分析结果　　　　　　　　　　（%）

铁　相	黄铁矿	磁铁矿	赤铁矿	全　铁
质量分数	0.61	7.41	0.58	8.60
分布率	7.10	86.16	6.74	100.00

由表 4 - 8 可知, 南芬选矿厂尾矿中除 SiO_2 外, TFe 为 8.60%, 而铁矿物呈磁性铁状态的铁含量为 7.41%, 占全铁的 86.16%, 且铁分布率 - 0.125mm 占 95.16%。

南芬选矿厂尾矿再选工艺于 1993 年 11 月投入生产运行。尾矿再选厂选用 HS 型回收磁选机和再磨再选加细筛自循环弱磁选流程回收尾矿中的铁矿物, 工艺流程如图 4 - 4 所示。生产实践表明, 采用该流程可获得品位 64.53%、回收率为 7.56% 的低硫低磷的铁精矿, 1994 ~ 1995 年处理尾矿 225 万吨, 获得铁精矿 8.6 万吨, 创效益 1032 万元以上。

4.1.2.5 威海铁矿选矿厂

威海铁矿是胶东半岛最大的铁矿山, 年处理原矿 25 万 ~ 30 万吨, 年产铁精矿 8 万 ~ 10 万吨, 每年向尾矿库排放尾矿 12 万多吨。尾矿经取样分析知, 尾矿品位为 5.92%, 主要金属矿物为磁铁矿, 其次为黄铁矿、磁黄铁矿, 再次为赤铁矿、褐铁矿、闪锌矿、黄铜

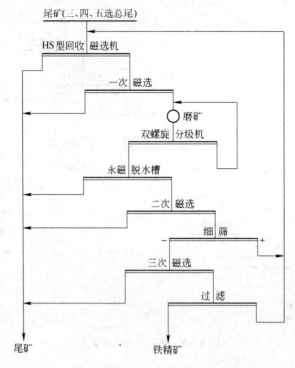

图 4 – 4 再选厂工艺流程

矿、辉铜矿；脉石矿物以蛇纹石、透辉石、透闪石为主，其次为橄榄石、金云母，再次为斜长石、石英、滑石、绢云母、绿帘石、绿泥石。尾矿中有部分非磁性和弱磁性矿物及连生体存在，其构成见表 4 – 9，尾矿粒度筛析结果见表 4 – 10。

表 4 – 9 尾矿中铁构成　　　　　　　　　　　　（%）

项　目	非磁性矿物	弱磁性矿物	精矿场流失	工艺设备不正常	合　计
质量分数	2.64	1.82	1.40	0.06	5.92
比　例	44.59	30.74	23.56	1.02	100.00

表 4 – 10 尾矿粒度筛析结果

粒度/mm	产率/%	品位/%
+0.5	4.70	3.52
-0.5 ~ 0.35	4.54	3.76
-0.35 ~ 0.10	46.05	6.23
-0.10 ~ 0.074	13.22	5.94
-0.074 ~ 0.042	16.26	5.94
-0.042	15.23	5.47
合　计	100.00	5.80

选矿厂根据铁矿原生产工艺特点，在原有尾矿输送前增设一台尾矿再选回收设备回收尾矿中的铁，同时把精矿回水用返矿泵打入尾矿再选设备。尾矿再选工艺流程如图 4-5 所示。

实际生产表明，通过尾矿再选工艺，可使尾矿品位降低 2.63%，金属回收率提高 5.63%。按年处理原矿 20 万吨计，可多回收铁精矿 4931t，增加经济效益 150.9 万元。

4.1.2.6 齐大山铁矿选矿厂

齐大山铁矿选矿厂的综合尾矿是用管道输送到周家沟尾矿坝堆存，日排放尾矿约 1.4 万吨，通过对 2 号泵站收取的尾矿样品进行产品粒度和化学分析结果为：尾矿中含铁 11.47%～13.75%，尾矿浓度 14.2%～17.1%，尾矿中尚有数量可观的铁矿物处在螺旋溜槽的有效回收粒度范围内。

齐大山选厂对该尾矿进行了再选的工业试验，其工艺流程是：选矿厂排放的尾矿浆，通过两条 $\phi800mm$ 尾矿输送管路（一条生产、

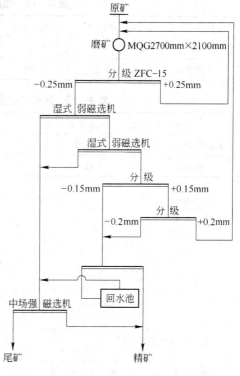

图 4-5 尾矿再选工艺流程

一条备用）经泵站加压后，扬送到尾矿坝内，再从 2 号泵站泵房前 30m 处的尾矿主管道的侧下方，分别引出直径为 108mm 的尾矿分管路，经技术处理后，利用矿浆余压和助推力，把矿浆送至距地面 7m 高的矩形矿浆分配器中，矿浆经螺旋溜槽浓缩和脱泥后，再进行两段重选，选别设备分别为 $\phi1200mm$ 四节距和五节距的螺旋溜槽，最后分离出三种产品，精矿和中矿自流到各自的泵池，自然脱水后再运到料场待售。尾矿用 4PNJ 型胶泵强制送入后面的尾矿总管路中。考虑连续运转的必要性，线流管路、三段矿浆泵均有备用设备。为了保证连续排矿，修建了容积为 17m³ 的 5 个高位贮矿槽，分别堆存精矿和中矿，并修建了面积约 400m² 的露天料场。

通过一年多的工业试验表明，尾矿经再选后可获得含铁 57%～62% 的冶金用铁精矿和含铁 35%～45% 的建材工业用水泥熔剂，最终综合尾矿品位为 9.52%～12.47%。

4.1.2.7 昆钢上厂铁矿选矿厂

昆钢上厂铁矿选矿厂生产的尾矿已有近千万吨，含铁品位大于 20%，铁金属的损失量巨大。尾矿中有用矿物主要由赤铁矿和褐铁矿组成，另有少量的磁铁矿、碳酸铁、硫化铁及硅酸铁，另外尾矿中矿泥含量很大。尾矿的多元素分析、铁的化学物相分析及尾矿的矿物组成及其单体解离度分别见表 4-11、表 4-12 和表 4-13。

表 4-11 尾矿多元素化学分析结果 （%）

元素	TFe	SiO$_2$	Al$_2$O$_3$	S	P	Na$_2$O	K$_2$O	CaO
质量分数	22.60	37.05	12.84	<0.05	0.044	0.075	2.12	0.78

表 4-12 铁的化学物相分析结果 （%）

物相成分	碳酸铁	磁铁矿	硫化铁	赤褐铁矿	硅酸铁	合 计
铁的质量分数	0.58	0.87	0.87	15.98	4.48	22.78
分布率	2.23	3.34	3.34	73.86	17.23	100.00

表 4-13 尾矿中主要矿物含量及解离度测定结果 （%）

矿 物	赤铁矿	褐铁矿	磁铁矿	脉 石
矿物的质量分数	31.28	2.80	微量	65.92
解离度	41.93	47.72		82.01

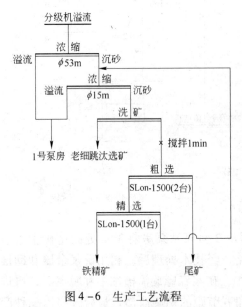

图 4-6 生产工艺流程

为了回收尾矿中的铁矿物，上厂铁矿于 1999 年 5 月在其洗选车间安装了 3 台 SLon-1500 型立环脉动高梯度磁选机用于尾矿再选，1999 年 7 月投产进行工业生产试验。生产流程如图 4-6 所示。

上厂铁矿洗选车间原生产流程（处理栈桥原矿）是通过二段槽洗机槽洗，使矿泥分离。+2mm 返砂经振动筛分级，+11mm 进入大粒跳汰机；-11mm 经 ϕ1200mm 单螺旋分级机，溢流丢弃，返砂经小振动筛分级，-6mm 进入 CS-1 感应辊式强磁选机一次粗选、一次扫选；+6mm 进入 CS-2 感应辊式强磁选机一次粗选、一次扫选。而一段槽洗机溢流（-2mm）进入 ϕ1500mm 双螺旋分级机，其溢流丢弃，返砂经 ϕ1200mm 单螺旋分级机，溢流丢弃，返砂进入细粒跳汰机。现在 SLon-1500 型立环脉动高梯度磁选机生产流程是以洗选车间原生产流程中 ϕ1500mm 双螺旋分级机溢流和 ϕ1200mm 单螺旋分级机溢流，经 ϕ53m 高效浓密机浓缩，并经 ϕ15m 浓密机脱去部分泥后给入 SLon-1500 型立环脉动高梯度磁选机。操作条件：脉动冲程粗选 16mm、精选 20mm；脉动冲次粗选 220 次/min、精选 270 次/min；背景场强粗选 0.94T、精选 0.74T。

生产试验结果表明，对含铁 22% 左右的给矿，经 SLon 型立环脉动高梯度磁选机全磁选流程选别，可获铁精矿品位 55% 以上，精矿产率 13% 以上，回收率 34% 以上，经济效益可观。

4.1.2.8 梅山铁矿选矿厂

梅山铁矿是我国大型地下铁矿，年采选综合生产能力 400 万吨。选矿工艺是：井下采出原矿经两次破碎、闭路筛分、洗矿分级，分成 65～20mm、20～2mm、2～0.5mm、0.5～0mm 4 个级别，进行磁—重预选抛尾，得到粗精矿、65～0.5mm 干尾矿、0.5～0mm 湿式尾矿（简称重选尾矿）。粗精矿经细碎筛分、两段连续磨矿分级、浮选脱硫，得到硫精矿和脱硫铁精矿，脱硫铁精矿经过弱磁—强磁降磷，得到最终产品铁精矿和降磷铁矿。

1986 年，梅山矿业公司将尾矿综合利用项目列为企业重点科研项目，1999 年尾矿综合利用项目列为国家重点技术创新项目。梅山矿业公司与科研院所合作，进行了系统研究，为整体利用尾矿资源提供了依据，提出了开发利用尾矿资源，实现"无尾矿山"的奋斗目标。经过多年试验研究，在尾矿再选、尾矿浓缩、利用尾矿生产建材等方面取得了重大进展。

梅山铁矿矿石中金属矿物以磁铁矿、半假象赤铁矿、假象赤铁矿为主，其次是黄铁矿、菱铁矿及含钒磁铁矿；脉石矿物主要有石英、白云石、方解石、磷灰石及高岭土等黏土矿物。重选的尾矿多元素分析见表4-14，矿物组成及含量见表4-15，尾矿含铁矿物主要是 $FeCO_3$ 和 Fe_2O_3，含铁分布率达到86.75%。

表4-14　多元素分析　　　　　　　　　（质量分数/%）

TFe	S	P	CaO	MgO	Al_2O_3	SiO_2	FeO	Fe_2O_3	V_2O_5	TiO_2	MnO	K_2O	Na_2O	C
20.36	0.962	0.957	12.46	2.76	6.90	25.89	12.08	15.60	0.064	0.25	0.28	1.02	0.15	4.34

表4-15　矿物组成及含量　　　　　　　（质量分数/%）

菱铁矿	赤（褐）铁矿	铁白云石、方解石	磁铁矿	黄铁矿	石英	磷灰石	石榴石、透辉石	绿泥石、云母	黏土矿物	其他
22.8	12.4	10.6	1.4	1.8	16.2	5.2	5.1	12.8	8.8	2.9

1990年4月进行了重选尾矿再选半工业试验，采用流程为弱磁粗选—弱磁扫选—强磁扫选。2000年2月投资600万元建设重选尾矿再选工程。重选尾矿经 ϕ38m 浓密机浓缩，底流进2台 ϕ1050mm×1800mm 湿式筒式弱磁选机粗选，2台 ϕ1050mm×1800mm 湿式筒式中磁选机扫选，2台 SLon-1500 型立环脉动高梯度磁选机扫选，每年可回收铁精矿7万~8万吨。工艺流程如图4-7所示，选别指标见表4-16。经再选后，可得到品位56.68%的综合精矿，尾矿品位降至10.40%。

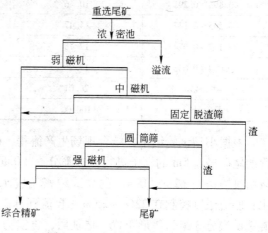

图4-7　重选尾矿再选工艺流程

表4-16　尾矿选别指标　　　　　　　　　　　　（%）

产品名称	品位			产率	回收率		
	Fe	S	P		Fe	S	P
给入尾矿	23.46	1.20	0.327	100	100	100	100
综合精矿	56.68	0.783	0.138	28.22	68.18	18.41	36.06
选后尾矿	10.40	1.36	0.40	71.78	31.82	81.59	63.94

4.1.2.9　刘岭铁矿选矿厂

刘岭铁矿选矿厂于1978年建成投产，现年处理能力达30万吨，到1996年选矿尾矿排放总量已达400万吨。原设计尾矿库服务年限为12年，自1990年开始尾矿库超期服役。为了减轻库容小的压力，充分利用资源，提高企业经济效益，选矿厂进行了尾矿综合利用的工业试验，取得了良好的效果。

刘岭铁矿所处理的矿石为鞍山式贫磁铁矿。尾矿中主要含有石英、普通角闪石、铁闪石、褐铁矿、黏土、云母等。由尾矿库取样化验得尾矿的多元素分析及矿物组成，分别见表 4-17 和表 4-18，尾矿的粒度组成见表 4-19。

表 4-17　尾矿多元素分析　　　　　　　（%）

成　分	TFe	SiO$_2$	Al$_2$O$_3$	CaO	MgO	K$_2$O	Na$_2$O	P$_2$O$_3$	S	烧失量
质量分数	14.20	48.64	12.34	6.24	4.82	4.12	3.64	0.23	0.31	3.00

表 4-18　尾矿矿物组成　　　　　　　（%）

矿物名称	磁铁矿	褐铁矿	石英	角闪石	铁闪石	石榴子石	碳酸盐	磷酸盐	其他
质量分数	2.71	16.0	15.6	29.4	8.1	4.0	2~4	3.0	少量

表 4-19　尾矿粒度组成

粒度/mm	产率/%	品位/%	占有率/%
+1.00	4.01	11.28	3.10
-1.00 +0.495	9.31	12.41	7.91
-0.495 +0.295	10.46	13.76	9.86
-0.295 +0.147	14.47	13.76	13.64
-0.147 +0.074	17.78	14.04	17.10
-0.074 +0.043	17.96	15.01	18.46
-0.043	26.01	16.80	29.93
合　计	100.00	14.60	100.00

根据小型试验结果，结合现场生产流程，确定的尾矿综合回收的工艺流程为：将原流程的尾矿经 0.5m 的筛子进行检查筛分，+0.5mm 的物料脱水后另行存放，-0.5mm 的矿浆由泵输送到 φ2m、高 4m 的立式浓密箱脱水，溢流清水到高位水槽进厂房为磁选冲洗水；底流浓度控制在 22%~25%，自流到分矿箱，给入 9 台 φ1000mm 的螺旋选矿机，螺旋选矿机分 3 组为星形布置。选别后，含铁物料脱水风干后为产品，送水泥厂，尾矿泵至尾矿坝。

生产结果表明，用螺旋选矿机能从尾矿中获得 TFe 含量大于 22% 的含铁物料，含铁物料的平均回收率为 11.21%，全铁的综合回收率达到 84.62%，可使近 30% 的尾矿得到利用；最终尾矿产率只有 43.52%，减少了尾矿排放，增加了尾矿库的服务年限。生产所得的含铁物料脱水风干后可代替 60%~65% 的黏土用于硅酸盐水泥生料配料，能节省铁粉（TFe=50%）用量 40%，同时简化了配料工艺，降低了磨料能耗。

4.1.2.10　太钢峨口铁矿选矿厂

太钢峨口铁矿选矿厂属鞍山式条带状大型贫磁铁矿床，矿石中的铁矿物虽然以磁铁矿为主，但含有一定数量的碳酸铁矿物（约占全铁的 20%）。选矿厂年处理原矿近 400 万吨，采用阶段磨矿—三段弱磁选工艺，只能回收强磁性铁矿物，含碳酸铁矿物等弱磁性矿物流失在尾矿中，因此铁回收率低（仅 60% 左右），造成大量资源的浪费。因此回收利用尾矿中的含铁、钙、镁等碳酸盐矿物就具有十分重要的意义。马鞍山矿山研究院针对该尾矿的特点，提出了细筛—强磁—浮选工艺回收尾矿中的碳酸铁，扩大连选试验取得了较好的效果。该试验研究已于1997年4月通过了冶金部组织的专家评审。

选矿厂尾矿为现生产流程中的弱磁选综合尾矿，尾矿的多元素化学分析、铁物相分析及粒度组成分析结果分别列于表4-20、表4-21和表4-22。

表4-20　尾矿多元素化学分析结果　　　　　　　　　（%）

名　称	TFe	SFe	FeO	SiO_2	Al_2O_3	CaO	MgO	P	S	K_2O	Na_2O	烧失量
质量分数	14.82	13.15	11.13	60.11	2.22	3.04	2.70	0.078	0.26	0.23	0.38	9.37

表4-21　尾矿铁物相分析结果　　　　　　　　　（%）

铁相名称	碳酸铁	赤（褐）铁	磁铁矿	硅酸铁	硫化铁	全　铁
质量分数	5.93	4.96	0.78	2.94	0.19	14.80
占有率	40.07	33.51	5.27	19.87	1.28	100.00

表4-22　尾矿粒度分析结果

粒级/mm	产率/%	品位/%	金属分布率/%
+0.15	11.93	10.48	8.40
-0.15+0.076	31.35	9.75	20.50
-0.076+0.010	49.54	17.66	58.80
-0.010	7.18	25.46	12.30
合　计	100.00	14.88	100.00

由于尾矿中铁品位较低，含硅较高，但钙、镁含量也高，因此碳酸铁回收技术的关键是含铁碳酸盐矿物与含铁硅酸盐矿物的高效分离。

根据小型试验结果，拟定连选试验工艺流程为筛分—强磁选—浮选。其中筛分作业目的为筛除不适于浮选的+0.15mm的粗粒部分，强磁选的磁场强度为800kA/m，浮选为一次粗选、三次精选、中矿顺次返回前一作业，以水玻璃作为分散抑制剂，以Ps-18（石油磺酸盐为主的混合捕收剂）作为主要捕收剂，辅以少量脂肪酸类捕收剂，以硫酸作为pH值调整剂，即浮选为弱酸性正浮选，各种药剂的用量分别为：水玻璃128g/t，Ps-18 630g/t，脂肪酸50g/t，硫酸585g/t，浮选浓度以30%～40%为宜，矿浆温度控制在25～30℃为好。最终推荐的碳酸铁回收工业实施的工艺如图4-8所示。

试验结果表明，可以获得铁品位35%以上（烧后52%以上），SiO_2含量小于5%、碱比大于3的铁精矿，总的铁的回收率可提高15个百分点以上，经初步技术经济分析，该矿年处理原矿380万吨，原产含铁64.5%的精矿98万吨，排尾矿282万吨，尾矿经再选可增产含铁35.3%的超高碱度铁精矿53万吨，可使选矿厂年增产值约为8662.38万元，年增效益额约为4018.59万元。

4.1.2.11　大冶铁矿选矿厂

武钢矿业公司大冶铁矿选矿厂于1960年建成，投产以来历经50多年，其磁铁矿选别工艺日臻成熟和完善。但随着自有矿产资源日益枯竭，大量外购矿石涌入选矿厂，其矿源来源广、原矿性质杂，配矿入选后造成矿石性质出现较明显的变化，除原有磁铁矿石、磁

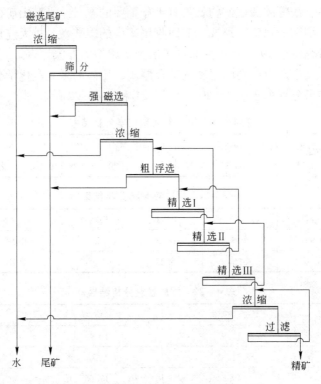

图 4-8 碳酸铁回收工业实施推荐工艺

铁矿-赤铁矿石外，还出现了混合矿石即磁铁矿-菱铁矿-赤铁矿石及其互生共生矿石。由于矿石性质不稳、波动大，尾矿品位相应提高，原有选矿工艺难以完全适应，致使一部分已解离的单体铁矿物和富连生体没有得到有效的回收，流失到尾矿中。尾矿的化学多元素分析及铁物相分析分别见表 4-23 及表 4-24。

表 4-23 尾砂化学多元素分析结果 （%）

元 素	Fe	Cu	S	CaO	MgO	Al$_2$O$_3$	SiO$_2$	Au/g·t^{-1}	Ag/g·t^{-1}
质量分数	9.23	0.019	0.22	11.65	4.83	7.26	27.92	0.10	0.41

表 4-24 尾矿铁物相分析结果 （%）

铁物相	磁性矿	赤褐矿	硫化矿	硅酸铁	碳酸铁	全 铁
铁的质量分数	1.17	3.98	0.89	1.38	1.81	9.23
铁分布率	12.68	43.12	9.64	14.95	19.61	100.00

由多元素分析结果可知，尾砂中主要有价元素铁含量为 9.23%，铜、硫、金、银等元素的含量很低，在现有的技术经济条件下，不具备回收价值，脉石矿物主要为石英，其次为硅酸盐及碳酸盐类矿物。铁物相分析结果表明，尾砂中有用铁主要为磁性铁、赤褐铁，其中磁性铁占全铁比例为 12.68%，而赤褐铁矿物中铁占全铁比例为 43.12%，表明需采用强磁选工艺回收尾矿中铁矿物。根据工艺流程试验，确定尾矿再选采用粗选—再磨—精选工艺，其工艺图如图 4-9 所示。其中磨矿细度为 -0.074mm 占 95% 左右，粗选场

强为 238.85kA/m 时，粗选得到的粗精矿采用水力分级机进行分级，溢流进入精选，精选场强为 99.95kA/m；沉砂进行再磨后返回分级。

尾矿再选生产流程于 2011 年 11 月投入生产后，其工艺设备运行良好，并且能够满足生产要求。为验证试验研究，考察工业生产效果，选矿厂组织了全流程考查，其尾矿回收再选数质量流程如图 4-10 所示。通过该工艺最终获得的最终精矿品位 63.53%，尾矿品位为 8.07%，且尾矿中的磁性铁仅为 0.42%。

该项目总投资为 316.28 万元，其中设备及设备安装费为 228.26 万元，土建费为 66.83 万元，其他费用为 21.19 万元。产品成本计算包括原料及主要材料、辅助材料、设备运行水电费用、各种工艺设备折旧费、建筑物折旧费以及其他费用等。其精矿生产成本为 328.3 元/t，按当时市场最低价位，品位为 63.53% 的精矿每吨 850 元计，则净收益为 521.7 元/t；按年处理 100 万吨尾矿计算，累计创效 1011.5 万元，投资回收期为 0.51 年，年净效益为 620.8 万元。投资回收期仅半年，投资少且经济效益显著。

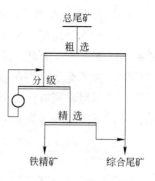

图 4-9　磁选工艺流程

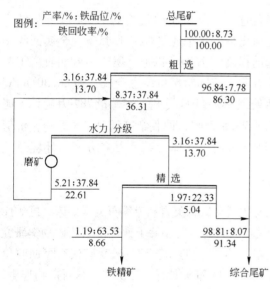

图 4-10　大冶铁矿尾矿回收再选
工业生产考查数质量流程

4.1.2.12　姑山矿业公司

马钢姑山矿业公司的姑山露天采场原有 120 万吨/年生产能力，姑山铁矿经过多年的开采，现在已经进入生产的中后期，目前开采作业已下降至 -148m 水平，采选按 70 万吨/年能力组织生产。处理矿石主要金属矿物为赤铁矿，选矿工艺为破碎—洗矿—粗粒干式强磁选—阶段磨矿—SLon 型强磁机磁选，磨选后姑山铁矿尾矿平均品位约为 22%，品位较高。马钢姑山铁矿长期坚持尾矿综合利用，每年利用量超过 15 万吨，近年来为扩大尾矿资源二次利用，进行了有益的研究和探索。在尾矿直接回收铁矿物方面，姑山矿业公司经过多年的研究，采用浓缩—SLon 型立环脉动高梯度强磁选机再选工艺对原本抛弃的洗矿溢流细泥进行处理，可得到品位 54% ~ 55% 的铁精矿，回收率约 55%。该矿还与科研院所合作对粗选尾矿中的细粒级进行回收试验研究，并完成了粗选尾矿细粒级回收的技术改造，所采用的工艺流程为分级—细粒浓缩—高梯度粗选—浓缩—二段磨矿—高梯度精选，每年可多回收品位为 54% 的精矿粉 1.33 万吨。以上两个尾矿综合利用项目每年共可回收铁精矿粉 3.6 万吨。通过回收尾矿中的铁矿物，降低了尾矿品位，提高厂金属回收率，实现了尾矿减量化排放，给矿山矿带来了较大的经济效益。

4.1.2.13 首钢矿业公司水厂铁矿选矿厂

首钢矿业公司现有大石河和水厂两座选矿厂，水厂铁矿年产矿石 1100 万吨，大石河铁矿年产矿石 800 万吨。水厂和大石河尾矿库共堆存了约 2.2 亿吨、TFe 品位在 10% 左右的尾砂。为了充分利用矿石资源，最大限度降低尾矿品位，开展了一系列科技攻关和技术改造，针对尾矿回收研究开发了尾矿复合精选新工艺。如果尾矿库中尾矿全部再选回收利用，预计可回收铁金属量 660 万吨，相当于生产品位 66% 的铁精矿 1000 万吨。

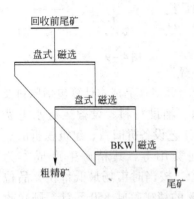

图 4 – 11　尾矿复合精选工艺流程

水厂铁选厂尾矿回收流程如图 4 – 11 所示。流程中选用盘式磁选机和 BKW – 1030 型磁选机对尾矿进行多次选别，即选矿厂尾矿经浓缩机浓缩后，在尾矿流槽安装两段盘式磁选机对尾矿进行再选回收，盘式磁选机尾矿再经一段 BKW 磁选机再选回收，从而构成尾矿复合精选新工艺。

尾矿经再选后，品位由回收前的 9.5% 以上降低到 7.14%，比历史最好水平还降低了 1.45%，金属回收率比复合精选前提高了 7.79% 以上。尾矿高效回收新工艺共投资 765 万元，实际精矿单位生产成本为 86.30 元/t。按选厂每年处理原矿 1100 万吨、尾矿量 787 万吨计，尾矿经过再选后，将生产出品位 66.95% 的铁精矿 28.8 万吨，回收金属量 19.28 万吨，价值 2.3 亿元，每年少排尾矿量 28.8 万吨，每年减少占用尾库库容约 9 万立方米，环境效益及经济效益明显。

4.1.2.14 鞍钢矿山公司小岭子铁矿

鞍钢矿山公司小岭子铁矿为前震旦纪沉积变质型磁铁石英岩和赤铁石英岩矿床。尾矿库现储存尾矿约 129 万吨，生产中每小时排放的尾矿为 300t。对小岭子铁尾矿工艺矿物学研究表明，尾矿中有用矿物主要为磁铁矿、假象赤铁矿及少量的赤铁矿，磁铁矿具有可回收价值；脉石矿物主要是石英、部分长石矿及少量的黑云母和绿泥石。磁铁矿与脉石矿物连生，常见赤铁矿沿磁铁矿的解理和裂隙中充填和交代，形成假象赤铁矿或半假象赤铁矿，此外还有少量脉石矿物中的细粒磁铁矿包裹体。尾矿化学分析结果见表 4 – 25 和表 4 – 26。

表 4 – 25　一选车间尾矿化学分析结果　　　　　　　　　　（%）

名　称	SiO₂	Fe₂O₃	Al₂O₃	TFe	CaO	MgO	FeO	Na₂O	MnO	P₂O₅	S	TiO₂
质量分数	64.83	12.52	4.95	11.67	2.88	2.98	3.74	0.15	0.11	0.158	0.061	0.20

表 4 – 26　二选车间尾矿化学分析结果　　　　　　　　　　（%）

名　称	SiO₂	Fe₂O₃	Al₂O₃	TFe	CaO	MgO	FeO	Na₂O	MnO	P₂O₅	S	TiO₂
质量分数	68.33	8.93	4.37	8.13	3.36	3.49	2.78	0.58	0.15	0.19	0.062	0.22

根据原矿性质及实验室研究结果设计尾矿再选回收铁采用以磁选柱为主体设备的五段磁选，一次再磨，高频振网细筛作控制分级的选别流程，工艺流程如图 4 – 12 所示。由于尾矿中铁矿物与脉石结晶粒度很细，磁性率偏低，因此，流程中采用了带"漂洗"水的中磁机。工业性试验结果表明，该设备能将尾矿品位控制在 6% 以下，并得到品位在 35% 以上的粗精

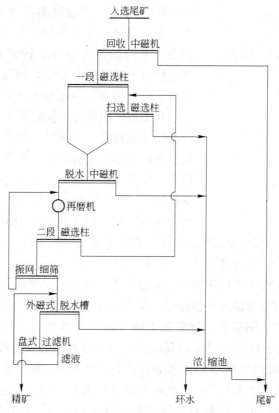

图 4-12　尾矿回收工艺流程

矿。一、二段精选设备采用高选择性的磁选柱。由于小岭子铁矿风化严重，容易泥化，所以磨矿粒度不宜过细，而磁选柱能在粒度较粗的条件下，获得高品位的精矿，并将60%以上的连生体中矿排入溢流中。这样，不仅减少了磨矿段数，降低了选矿成本，而且避免了矿物的过磨。一段磁选柱设置在再磨之前，以将磁选机粗精矿中夹杂的矿泥和细粒贫连生体排入尾矿。试验结果表明，一段磁选柱精矿品位提升幅度约为8~10个百分点。这是因为入选尾矿的细度已达到-0.074mm占40%，进一步提高其品位不仅有可能，而且很有必要，这不仅减少了磨矿量，而且避免了矿泥对下步选别作业的不利影响。一段磁选柱的精矿经脱水磁选机浓缩后进入再磨机，其磨矿细度为-0.074mm占80%。经过再磨后的铁精矿给入二段磁选柱进行精选，使其品位提高到50%以上。再磨机采用高频振网细筛作为控制分级。筛下精矿采用外磁式脱水槽，其提质幅度为7%，较通常的脱水槽高出5%。

经流程作业生产考查结果表明，在给矿品位9.84%的条件下，精矿品位66.07%，产率5.62%，回收率36.3%，达到了预期指标。尾矿库存储的尾矿按100t/h输入尾矿加工厂，则尾矿加工厂每小时处理尾矿总量约为400t，年处理尾矿315万吨。

4.1.3　铁尾矿中多种有用矿物的综合回收

4.1.3.1　铁尾矿中回收钴矿物

铁山河铁矿为白云岩水热交代磁铁矿床，可回收利用的矿物除磁铁矿外，还有含钴黄铁矿，由于建厂时伴生的含钴黄铁矿未考虑回收，选矿厂的磁选尾矿中含硫3.6%、含钴

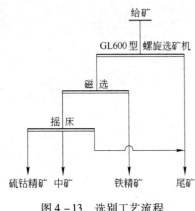

图 4 – 13　选别工艺流程

0.065%，钴绝大多数以类质同象形式存在于黄铁矿中，另一部分存在于褐铁矿、赤铁矿、磁赤铁矿中。黄铁矿中的钴约占 60%，铁矿物中的钴约占 15%，其他脉石中的钴约占 25%。纯黄铁矿单体中，钴含量最高者为 0.79%。一部分黄铁矿氧化为褐铁矿。光片下，在褐铁矿中尚有黄铁矿的残余。因此经研究考查后采用重磁重联合选别工艺流程（见图 4 – 13）回收磁选尾矿中的含钴黄铁矿，先采用大处理量的 GL600 螺旋选矿机丢尾，再用磁选除去带磁性的磁铁矿和磁赤铁矿，以利于后续的摇床选别，同时减少铁精矿中夹杂的黄铁矿。按年处理 45000t 磁选尾矿计，一年可产含钴大于 0.5% 的硫钴精矿 2500t 以上，含钴金属 12.5t 以上，年利税 100 万元以上。

4.1.3.2　铁尾矿中回收锆矿物

广西北部湾海滨钛铁矿砂矿床中伴生有锆英石、独居石、含铁金红石等可综合利用的有用矿物。钦州、防城港等地的小型选矿厂采用干式磁选生产单一的钛铁矿产品，尾矿中仍含有大量的有用矿物：细粒级的钛铁矿 10%～20%，含铁金红石与锐钛矿 1%～3%，锆英石 7%～22%，独居石 1%～5%；其次尾矿砂中含有大量石英砂、极少量的电气石、白钛石、石榴子石、黑云母等矿物。对尾矿砂进行筛析表明，粒度大都在 –0.2 +0.05mm 之间，矿物的单体解离度十分理想，连生体仅偶见。为了达到综合利用的目的，选矿厂采用重—浮—磁的联合生产工艺流程对选钛尾矿进行分离回收，只在选矿厂原有的 PC3×600 型干式磁选机基础上，增加一台 6 – S 型细砂摇床及一台 3A 单槽浮选机。选矿厂生产工艺流程如图 4 – 14 所示。

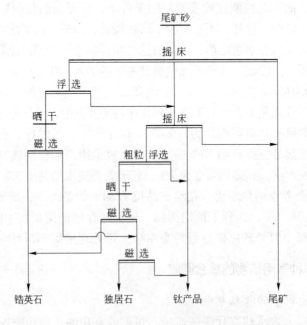

图 4 – 14　生产工艺流程

尾砂经摇床选别抛掉大部分脉石矿物，使重矿物得到富集，同时，经过摇床选别，包裹在重矿物上的黏土被排除，让矿物暴露出原来的新鲜表面，为后续的浮选作业提供条件。浮选作业将锆英石、独居石一同混浮，作为下一步磁选给矿，钛铁矿和含铁金红石则基本被留在浮选尾矿中，入浮的粗精矿在粒度在 0.2mm 以下，矿浆浓度按入浮品位高低控制在 50% 左右，浮选在常温下即可进行，正常的药剂制度为：pH 值调整剂碳酸钠 0.31kg/t、市售肥皂（配制成 20% 的溶液）0.15 ~ 0.03kg/t、捕收剂煤油 0.05 ~ 0.01kg/t，浮选时间：搅拌 7min、粗选 12min、扫选 5min。浮选尾矿与摇床中矿合并，进行第二次摇床选别，回收较粗的锆英石、独居石。

晒干的混合精矿进入 PC3 × 600 型干式三盘磁选机进行磁选分离，经一次磁选可获得 $(ZrHf)O_2$ 大于 60% 的锆英石合格精矿，而磁性产品经再一次磁选尾矿即为独居石产品（TR51%）。利用该工艺选别民采毛矿选钛后的尾砂中的重矿物，在获得合格锆英石精矿产品同时，产出含钛产品和独居石两种副产品，而且锆英石精矿回收率高，技术指标较好，提高了矿石的综合利用率，明显地提高了选厂的经济效益。

4.1.3.3　铁尾矿中回收硫、磷

马钢南山铁矿属高温热液型矿床，矿石自然类型复杂，各类型矿石中含有不同程度的磷灰石、黄铁矿。凹山选矿厂生产能力为年处理原矿量 500 万吨，每年尾矿排放量 290 万立方米，尾矿中硫、磷含量较高，选矿厂建立了选磷厂，采用浮选工艺回收尾矿中的硫磷资源。其矿浆准备工艺流程及浮选工艺流程分别如图 4 - 15 和图 4 - 16 所示，其中选磷工艺为一粗二精一扫，所得磷精矿含磷量 14% ~ 15%；选硫工艺为一粗二精，所得硫精矿含硫量为 33% ~ 34%。每年可从尾矿中回收磷精矿 30 万吨，硫精矿 9 万吨，相当于一个中型的磷、硫选厂的精矿产量。

4.1.3.4　铁尾矿中回收稀土

包头铁矿是世界上罕见的大型多金属共生矿床，富含铁、稀土、铌、萤石等多种有价成分，稀土储量极为丰富。包钢选矿厂自投产以来主要回收该矿石中的铁矿物，其次回收部分稀土矿物，大部

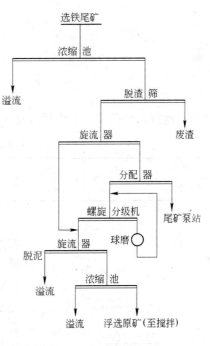

图 4 - 15　矿浆准备工艺流程

分稀土矿物作为尾矿排入尾矿坝中，为了加强稀土回收，包钢稀土三厂利用现有工艺、设备、人员，在 1982 年组建了新选矿车间，开始从包钢选矿厂总尾矿溜槽中回收稀土精矿的生产。近年来，生产工艺流程不断改进，大大地提高了稀土精矿选别指标，降低了生产成本，增加了产品种类，并能够根据市场需求灵活生产产品，所产的稀土精矿不仅能满足本厂需要，还可向市场提供部分商品精矿，获得了显著的经济效益。

包钢选厂总尾矿中稀土矿物以氟碳铈及独居石为主，脉石矿物主要为铁矿物、萤石、重晶石、磷灰石、云母、石英、长石以及碳酸盐等。稀土含量为 4% ~ 7%，矿浆浓度为 2% ~ 5%，粒度 -0.074mm 占 50% ~ 70%，稀土单体为 50% ~ 70%，含大量的矿泥、残

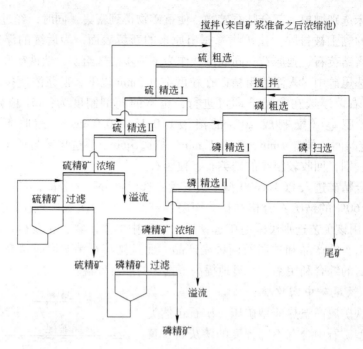

图 4 - 16　选别工艺流程

药及其他混入的杂质。主要成分见表 4 - 27。

表 4 - 27　入选原料及其成分　　　　　　　　　　（%）

REO	TFe	SFe	F	P	CaO	BaO	SiO$_2$
4 ~ 7	20 ~ 30	20 ~ 30	10 ~ 15	0.7 ~ 2	20 ~ 25	2 ~ 5	10 ~ 20

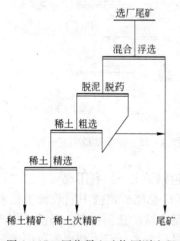

图 4 - 17　回收稀土矿物原则流程

经过工艺流程的改进，精选车间采用混合浮选和分离浮选生产工艺（见图 4 - 17）回收稀土精矿，从尾矿槽吸取的矿浆经浓缩分级后，进入混合浮选选别作业，以氧化石蜡皂作捕收剂，碳酸钠、水玻璃作调整剂和抑制剂，在 pH 值为 9 ~ 10 的碱性介质中进行浮选，使萤石、重晶石、磷灰石等含钙、钡矿物及稀土矿物与铁硅酸盐矿物分离，经过一粗多扫作业获得萤石、稀土混合泡沫产品；混合泡沫经脱泥脱药后进入稀土粗选作业，稀土粗选以 C5 ~ C6 烷基异羟肟酸作稀土矿物的捕收剂，碳酸钠为 pH 值调整剂，氟硅酸钠为稀土矿物的活化剂以及作为某些脉石矿物的抑制剂，在 pH 值为 9 ~ 9.5 时浮选稀土矿物，稀土粗选泡沫加入上述药剂后直接进入精选。该生产操作稳定，流程结构简单紧凑，适应性强，分选效果好，选别指标高，经济效益显著。在原料可选性较差的情况下，最终仍可获得含 REO≥50% 的合格稀土精矿，使稀土精矿产率平均提高 2% ~ 3%，回收率增加 15% ~ 20%。

4.1.3.5 铁尾矿中回收钛、钼等矿物

四川攀枝花密地选矿厂每年可处理钒钛磁铁矿1350万吨，年产钒钛铁精矿588.3万吨。磁选尾矿中还含有有价元素铁13.82%、TiO_2 8.63%、硫0.609%、钴0.016%。为了综合回收利用磁选尾矿中的钛铁和硫钴，又采用粗选——包括隔渣筛分、水力分级、重选、浮选、弱磁选、脱水过滤等作业；还有精选——包括干燥分级、粗粒电选、细粒电选、包装等作业，处理加工磁选尾矿每年可获得钛精矿（TiO_2 46%~48%）5万吨，以及副产品硫钴精矿（硫品位30%，钴品位0.306%）6400t。

潘洛铁矿为矽卡岩型铁矿床，矿石成分较为复杂。选铁尾矿含钼0.006%~0.02%。分别于2006年1月及8月开始投产采用浮选流程（见图4-18）回收尾矿中的钼及锌硫，每年可生产42%品位的钼精矿45t，年产值567万元；年产锌精矿1800t，年产值1160万元；年硫精矿产量增加1.53万吨，可增加利润30万元。

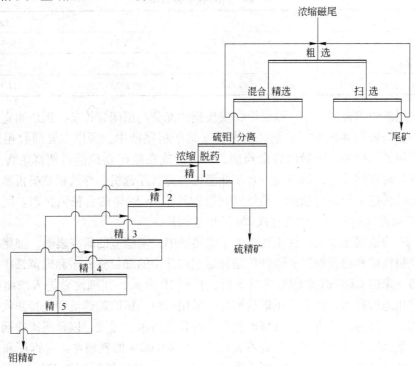

图4-18 磁选尾矿中钼回收工艺流程

4.2 有色金属尾矿的再选

4.2.1 铜尾矿的再选

铜矿石品位日益降低，每产出1t矿产铜就会有400t废石和尾矿产生，从数量庞大而含铜低下的选铜尾矿中回收铜及其他有用矿物既有重要的经济和环境意义，又有不少困难。根据尾矿成分，从铜尾矿中，可以选出铜、金、银、铁、硫、萤石、硅灰石、重晶石等多种有用成分。

国外再选铜尾矿回收除铜以外的其他组分。例如印度从浮选铜的尾矿中先用摇床重

选，后用湿法回收铂；南非弗斯克公司从选铜尾矿中用浮选再选获得含 P_2O_5 36.6%、回收率65.6%的磷精矿、日本赤金铜矿从选铜尾矿中再选回收铋和钨。

4.2.1.1 铜尾矿中回收铜、金、银和铁

A 安庆铜矿回收铜、铁

安庆铜矿矿石类型分为闪长岩型铜矿、矽卡岩型铜矿、磁铁矿型铜矿及矽卡岩型铁矿等四类，矿石的组成矿物皆为内生矿物。主要金属矿物为黄铜矿、磁铁矿、磁黄铁矿、黄铁矿，经浮选、磁选回收铜、铁、硫后，仍有少量未单体解离的黄铜矿进入总尾矿；磁黄铁矿含铁和硫，磁性仅次于磁铁矿，在磁粗精矿浮选脱硫时，因其磁性较强，不可避免地夹带一些细粒磁铁矿进入尾矿。选矿厂的总尾矿经分级后，+20μm 粒级的送到井下填储砂仓；-20μm 粒级的给入尾矿库。尾砂的化学分析见表 4-28。

表 4-28　尾砂化学分析结果　　　　　　　　　（%）

产　品	Cu	S	Fe
粗尾砂（+20μm）	0.143	2.36	9.76
细尾砂（-20μm）	0.07	1.67	13.45
总尾砂	0.119	2.13	11.00

为了从尾矿中综合回收铜、铁资源，安庆铜矿充分利用闲置设备，因地制宜地建起了尾矿综合回收选铜厂和选铁厂。铜矿物主要富集于粗尾砂中，所以主要回收粗尾砂中的铜。选矿厂尾砂因携带一定量的残余药剂，所以造成在储矿仓顶部自然富集含 Cu、S 的泡沫。选铜厂是在储砂仓顶部自制一台工业型强力充气浮选机，浮选粗精矿再磨后，经一粗二精三扫的精选系统进行精选，最终可获得铜品位 16.94% 的合格铜精矿。因此，投资30万元在充填搅拌站院内，就近建成25t/d 的选铜厂。

表 4-28 的数据还表明，铁主要集中于细尾砂中，实验室的研究表明，细尾砂中的铁主要是细粒磁铁矿和磁黄铁矿。选铁厂是针对细尾砂中的细粒磁铁矿和磁黄铁矿，利用主系统技改换下来的 CTB718 型弱磁选机 3 台，投资 10 万元，在细尾砂进入浓缩机前的位置，充分利用地形高差，建立了尾矿选铁厂，采用一粗一精的磁选流程进行回收铁，为了进一步回收选厂外溢的铁资源，又将矿区内各种含铁污水、污泥，以及尾矿选铜厂的精选尾矿通通汇集到综合选铁厂来。最终可获得铁品位 63.00% 的铁精矿。选铜厂和选铁厂的生产流程如图 4-19 所示。两厂年创产值491.95万元，估算每年利税421.45万元，取得了较好的企业经济效益和社会效益。

B 铜绿山铜矿回收铜、金、银、铁

铜绿山铜矿系大型的矽卡岩型铜铁共生矿床，铜铁品位高，储量大，并伴生金、银。矿石分氧化铜铁矿和硫化铜铁矿，两种类型的矿石进入选矿厂，分两大系统进行选别，选矿厂采用浮选—弱磁选—强磁选的工艺流程生产出铜精矿和铁精矿，产出的强磁尾矿总量约300余万吨，铜金属量2.5万吨，铁132万吨。强磁尾矿中铜矿物有孔雀石、假孔雀石、黄铜矿，少量自然铜、辉铜矿、斑铜矿，极少量蓝铜矿和铜蓝；铁矿物主要有磁铁矿、赤铁矿、褐铁矿和菱铁矿，非金属矿物主要有方解石、玉髓、石英、云母和绢云母，其次有少量石榴子石、绿帘石、透辉石、磷灰石和黄玉。尾矿的多项分析及物相分析见表4-29~表4-32。

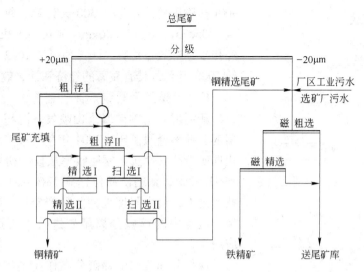

图4-19　尾矿综合回收选铜厂和选铁厂的生产流程

表4-29　强磁尾矿多项分析结果　　　　　　　　　　　　　　　　（%）

Cu	Fe	CaO	MgO	SiO$_2$	Al$_2$O$_3$	Mo	Au/g·t^{-1}	Ag/g·t^{-1}
0.83	22.59	13.73	2.32	33.99	3.74	0.24	0.97	11

表4-30　铜物相分析　　　　　　　　　　　　　　　　（%）

项　目	游离氧化铜	原生硫化铜	次生硫化铜	结合氧化铜	总　铜
质量分数	0.25	0.10	0.18	0.26	0.79
占有率	31.65	12.66	22.78	32.91	100.00

表4-31　铁物相分析　　　　　　　　　　　　　　　　（%）

项　目	磁性铁	菱铁矿	赤褐铁矿	黄铁矿	难溶硅酸铁	总　铁
质量分数	7.38	2.39	11.95	0.10	0.51	22.53
占有率	32.76	11.50	53.04	0.44	2.26	100.00

表4-32　金、银物相分析　　　　　　　　　　　　　　　　（%）

项　目	单体金	包裹金	总　金	单体硫化银	与黄铁矿结合银	脉石矿中银	总　银
质量分数	0.26	0.62	0.88	3.0	7.0	1.0	11.0
占有率	29.56	70.43	100.00	27.27	63.64	9.09	100.00

　　在试验的基础上，选矿厂设计建立了日处理1000t的强磁尾矿综合利用厂，采用常规的浮—重—磁联合工艺流程综合回收铜、金、银和铁。强磁尾矿经磨矿后，添加硫化钠作硫化剂，丁黄药和羟肟酸作捕收剂，2号油作起泡剂进行硫化浮选回收铜、金、银，浮选尾矿采用螺旋溜槽选铁（粗选），铁粗精矿用磁选精选得铁精矿（见图4-20），其中工艺条件为：磨矿细度-0.074mm占60%，Na$_2$S 2000g/t，丁黄药175g/t，羟肟酸36g/t，2号油20g/t。最终获得含铜15.4%、金18.5%、银109g/t的铜精矿，含铁55.24%的铁精矿，铜、金、银、铁的回收率分别为70.56%、79.33%、69.34%、56.68%。按日处理

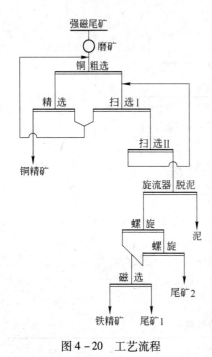

图 4-20 工艺流程

900t 强磁尾矿，年生产 300 天计算，每年可综合回收铜 1435.75t、金 171.26kg、银 1055.92kg、铁 33757t。经初步经济效益估算，年产值可达 1082 万元，年利润约 1000 万元，具有显著的经济和社会效益。

C 新疆阿舍勒铜矿回收铜

新疆阿舍勒铜矿属火山喷发—沉积成因的黄铁矿型铜、锌多金属矿床。2004 年 9 月投产以来，不断优化选矿工艺，使选矿铜回收率从投产初期的 79% 提高到 91.93%，铜精矿品位达到 18% 以上。为充分挖掘技术潜力，最大限度地回收矿产资源，对在现行选矿生产流程中的锌硫分离尾矿进行了再选铜的工业化应用。

现行分选工艺中锌硫分离作业尾矿中铜含量仍较高，铜主要为砷黝铜矿，黄铜矿次之，铜矿物多数已解离，未解离的铜矿物绝大部分与黄铁矿构成简单连晶或被黄铁矿包裹。该尾矿矿样的矿物组成见表 4-33，尾矿多元素化学分析及铜物相分析分别见表 4-34 及表 4-35。

表 4-33 锌硫分离尾矿矿物组成

含 量	金 属 矿 物	非金属矿物
主 要	黄铁矿 93.5%	
次 要	（砷）黝铜矿 0.9%	石英 3%
微 量	黄铜矿 闪锌矿	碳酸盐偶见

表 4-34 尾矿多元素化学分析 （%）

元 素	Cu	Zn	S	SiO_2	CaO	C	Fe
质量分数	0.98	1.08	45.99	5.99	0.28	0.10	39.81

元 素	Pb	As	Al_2O_3	Sb	Na_2O	$Au/g \cdot t^{-1}$	$Ag/g \cdot t^{-1}$
质量分数	0.12	0.40	1.84	0.05	0.09	0.35	48.1

表 4-35 铜物相分析 （%）

铜物相	硫化铜中铜	自由氧化铜中铜	结合氧化铜中铜	其 他	总 铜
质量分数	0.72	0.12	0.02	0.02	0.88
占有率	81.82	13.64	2.27	2.27	100.00

矿山在积极开展从锌硫分离尾矿中再回收铜的试验研究基础上，进行了尾矿再选的工业试验研究，自 2010 年 1~7 月在阿舍勒铜矿 650 独立选矿系统进行，试验结果见表 4-36，试验流程如图 4-21 所示。

表 4 - 36 锌硫分离尾矿再选铜工业试验结果 (%)

时 间	锌硫分离尾矿（入选原矿）		铜精矿品位		锌尾再选铜回收率	
	Cu	Zn	Cu	Zn	Cu	Zn
2010 年 1 月	0.89	1.15	6.34	10.73	48.65	63.46
2010 年 2 月	1.12	1.31	9.09	11.04	61.56	64.04
2010 年 3 月	1.00	1.14	8.33	9.84	51.75	53.72
2010 年 4 月	0.84	0.87	8.02	8.91	53.75	57.44
2010 年 5 月	0.91	0.95	9.31	10.74	57.81	64.23
2010 年 6 月	0.89	1.07	5.81	8.69	57.81	64.23
2010 年 7 月	0.66	0.84	6.02	6.92	53.30	48.26
平 均	0.90	1.05	7.56	9.55	54.95	59.34

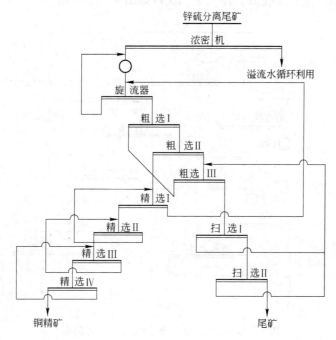

图 4 - 21 锌硫分离尾矿再选铜工业试验流程

通过 7 个月的工业试验结果表明，锌硫分离尾矿再选铜平均入选品位铜 0.90%、锌 1.05%，铜精矿含铜为 7.56%、含锌 9.55%，铜回收率 54.95%，锌在铜精矿中的回收率达到 59.34%，锌硫分离尾矿再选铜时锌的富集比高，铜精矿中的锌超标，在工业试验过程中即使添加大量锌的抑制剂也难以降低锌在铜精矿中的含量，而且影响铜的回收率，但适量加入 Na$_2$S 有利于锌的含量降低。工业试验过程中，根据工业试验中铜精矿质量的实际，将锌硫分离尾矿再选的铜精矿与选别原矿的铜精矿在 φ38m 浓密机混合，保证销售总铜精矿含铜达到 18% 及以上，总铜精矿含锌基本在 3% ~ 4%，这样不但提高了铜总回收率而且也满足了销售要求。

据统计，自 2010 年 1 ~ 7 月，650 独立选矿系统进行锌硫分离尾矿再回收铜工业试验以来，月平均回收铜金属 62.17t，月增加效益 176 万余元。

D 丰山铜矿回收铜

大冶有色金属集团控股有限公司丰山铜矿位于湖北省阳新县境内，至 2010 年底，已探明铜金属储量近 18 万吨，按目前年产铜 5000t 左右的规模计算，还可再开采 30 年以上。选厂原来采用的是一粗二扫一精、粗精矿再磨、铜硫分离流程。

为了提高铜的回收率，对流程进行了优化，增加扫选作业对原尾矿进行选别，即将原工艺流程改为三次扫选。实际生产采用的捕收剂是黄药和黑药联合用药，尾矿的再次扫选中捕收剂选用了黄药，起泡剂选用松油，矿浆 pH 值为 8.5，不添加调整剂。原现场扫选作业采用的是 8.0m³ 的浮选机，为此选用相同型号的浮选机，按增加浮选时间 6min 计算，每个系列需增加浮选机 3 台。每个系列扫选增加 3 台 KYF - 8.0m³ 浮选机，作为第 3 次扫选作业设备。按顺序返回原则，矿浆用泡沫泵输送到第 2 次扫选作业的第 1 槽浮选机，尾矿自流进入尾砂槽。流程优化后，浮选工艺流程如图 4 - 22 所示。

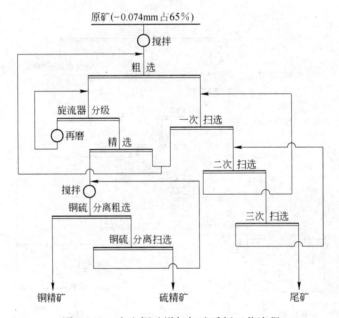

图 4 - 22 丰山铜矿增加扫选后新工艺流程

经工艺流程优化，选矿流程更加合理，获得了品位为 22.15%、回收率为 91.06% 的铜精矿，尾矿品位降至 0.058%。回收率与改造前相比较提高了 1.8 个百分点，年可增加产值 400 多万元。

E 德兴铜矿回收铜、金

德兴铜矿是我国特大型斑岩露天铜矿山，矿石中除主金属铜外，还伴生有金、银、钼、硫等许多有益组分。矿石矿物主要为黄铜矿、黄铁矿、辉钼矿等；脉石矿物主要为石英、绢云母、绿泥石、黑云母等。日采选处理能力达 10 万吨，尾矿产率 97%。为回收尾矿中的有用组分，选矿厂采用重选法（旋流器）回收硫铁矿，将尾矿用砂泵直接扬送到 φ350mm 旋流器，硫铁矿因其密度大、粒度偏粗富集到沉砂成为硫精矿。在入选品位超过 25% 的条件下，可获得硫精矿品位 35% ~40%、作业回收率 60% 左右的指标。年回收硫精矿折合量超过 30 万吨，每年减少固体排放物 100 万吨以上。为回收铜精矿，德兴铜矿在尾矿明渠中设置泡沫汇集板，将尾矿中粗粒级含铜的矿化泡沫刮起，经过分级、磨矿和多次精选，适量添加黄药、111 号油，可获得 13% 以上的低品位铜精矿。已形成 2 万吨/d 的处理能力，每年可获得低品位铜精矿 5000t，其中含铜 650t，含金 30kg。

F　广东某铜矿回收铜、铁

广东某铜矿由于历史技术原因，开采利用单一，矿石中可利用金属铜、铁，只开发利用了铜，且铜的利用也不彻底，导致尾矿中仍含有可回收的 Cu、Fe 等有价元素。随着选冶科学技术的发展，特别是现代铜湿法冶金技术的发展和创新，使以前认为是不可用的铜矿资源由呆矿变成巨大的财富。目前，采用浸出—萃取—电解化学处理方法提取铜，浸出渣用磁选方法选铁的选矿工艺流程可以很好地综合回收尾矿中的有价金属，Cu 和 Fe 的回收率分别可以达到 55% 和 40%。

该尾矿为 20 世纪存留的氯化离析—浮选尾矿，呈粉末状，颜色灰黑色；含泥重时呈湿状态，因泥质影响，原料呈棕色、棕红色、棕黄色等。该尾矿离析前为铜铁共生矿，离析后铜大部分经过浮选被回收，而铁等其他矿物主要还是留在浮选尾矿中。尾矿中的金属矿物有磁铁矿、黄铁矿、褐铁矿、金属铜、赤铜矿、黑铜矿和黄铜矿，脉石矿物主要是长石、石英、铁染的长石、石英和黏土矿物，另有少量的焦炭渣等成分。尾矿矿样多元素分析及铜物相分析结果分别见表 4-37 及表 4-38。

表 4-37　尾矿化学多元素分析结果　　　　　　　　　　　　　　（%）

元　素	Cu	Fe	Al$_2$O$_3$	Ca	Mg	SiO$_2$
质量分数	0.75	22.93	6.20	3.48	2.75	44.57
元　素	Pb	Zn	Mn	As	Au/g·t^{-1}	Ag/g·t^{-1}
质量分数	0.11	0.094	0.62	0.01	0.22	6.2

表 4-38　铜物相分析结果　　　　　　　　　　　　　　（%）

铜物相	硫化铜中铜	自由氧化铜中铜	结合氧化铜中铜	总　铜
质量分数	0.02	0.42	0.31	0.75
占有率	2.67	56.00	41.33	100.00

由分析结果知，铜的含量是 0.75%，其中酸溶铜含量 0.42%，占总铜量的 56.00%，主要是氧化铜；酸不可溶铜的含量 0.33%，占总铜量的 44.00%，这部分酸不可溶铜主要是呈细粒包于脉石中的黄铜矿和与褐铁矿相混杂渗滤染色到脉石矿物中的赤铜矿、黑铜矿，即常说的脉石中的结合氧化铜，还有少量金属铜。试样经浸出工艺处理后，仍有一定的铜，主要是结合氧化铜和黄铜矿及少量金属铜未被浸出。

以试验研究推荐的原则工艺流程为基础，参照国内外湿法铜生产实践经验，对尾矿有价金属的回收采用了浸出—萃取—电解化学处理方法提取铜，浸出渣采用磁选工艺选铁的工艺流程。铜金属生产工艺过程主要由搅拌浸出、固液分离、萃取、反萃取、电积等工序组成，生产工艺流程如图 4-23 所示。

（1）搅拌浸出。原料通过筛分时，加水洗矿、配浆，随后矿浆进入搅拌槽进行浸出。

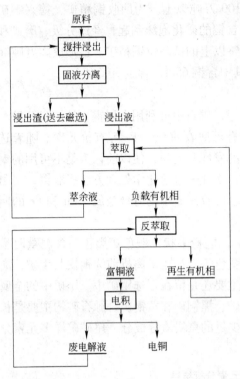

图 4 - 23　铜金回收工艺原则流程

浸出分为两个系列，每个系列由 3 个搅拌桶组成，采用了 3 级顺流浸出。在常温常压、液固比为 2 : 1、浸出剂的浓度为 35 ~ 40g/L 的技术条件下浸出 2h。

（2）固液分离。搅拌矿浆送入浓缩机，采用了浓缩机和泵连接的两次洗涤逆流循环固液分级作业，浸出液由泵扬送到萃取车间进行萃取，浸出渣送磁选工艺处理，选出铁精矿。

（3）萃取。浸出液进入萃取设备，加入萃取剂进行两级逆流萃取，萃取液进行洗涤，萃余液自流到萃余液池中，以供原料配浆和浓缩机洗涤用水。

（4）反萃取。洗涤后的有机相进入反萃设备进行反萃，反萃液进入电解槽进行电积。反萃后的有机相进行预先平衡，再生有机相返回到萃取工艺进行循环利用。

（5）电积。反萃液进入电积槽，阳极采用不溶解的合金材质，在电极之间通电流，铜离子在阴极上获得电子沉淀下来，得到电积铜，贫电积液作为反萃剂循环使用。

铁回收的选矿方法采用单一的磁选方法，其工艺流程为一次粗选，一次扫选，粗精矿再磨后再进行两次精选。由于尾矿砂含泥量较大，对选铁有很大的影响，所以在粗选前增加逆流洗矿作业。根据原尾矿粒度分析，铁主要分布在 - 0.038mm 的粒级中，根据工业生产的实际情况确定粗精矿再磨的磨矿细度为 - 0.074mm 占 90% 。回收铁的工艺流程如图 4 - 24 所示。

结果表明，电积铜品位可达到 99.9% ，其回收率可以达到 55% ；浸出渣采用磁选的选矿方法选铁，铁的品位为 55% ，其回收率为 40% 。

G　国外对铜尾矿再选情况

美国亚利桑那州莫伦西铜厂即用硫酸处理堆存的氧化铜尾矿，铜回收率 73.8% ，年产 5 万吨阴极铜，占该厂铜产量的 13% 。

智利丘基卡马采用大浸出槽硫酸浸出—电解，以每年产出 5.25 万吨铜的速度从堆存多年的大量老尾矿中已累计回收了 90 万吨铜。

俄罗斯、西班牙采用细菌浸出工艺从尾矿中回收铜也有良好效果。

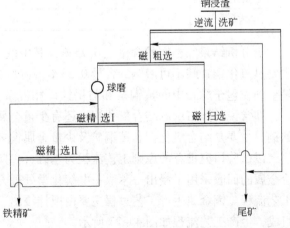

图 4 - 24　铁回收工艺流程

国外还采用选冶联合流程对铜尾矿进行再选。美国密歇根州将铜尾矿再磨和浮选（或氨浸），处理量 8200 万吨，产出铜 33.8 万吨；美国还采取一种类似炭浸法提金的工艺，将浸渍有萃取剂的炭粒加到铜尾矿矿浆中回收铜，关键是萃取剂要廉价。俄罗斯阿尔马累克选厂将尾矿磨至 $-74\mu m$ 占 50% 左右浮选，可以将尾矿中 80% 的铜再选回收。哈萨克巴尔哈什选厂经浮选、再磨、精选工艺从贫斑铜矿的尾矿中回收了铜和钼。

4.2.1.2 铜尾矿中回收硫

A 武山铜矿

武山铜矿属含黄铁矿型高硫矿床，原矿平均含硫 25% 以上，选矿厂处理的是次生富集带向原生带过渡的矿石。原矿中含铜矿物以蓝辉铜矿、辉铜矿等次生硫化铜矿物为主（约占 55% ~60%）。这些次生铜矿物容易过磨和氧化产生铜离子，强烈活化黄铁矿。虽经洗矿，但铜离子的脱除率一般只有 50% 左右，其余的随洗矿后的矿石和矿浆进入磨矿作业，给铜硫分离带来很大困难，直接影响选矿指标。在原设计和生产中，均采用抑硫浮铜的原则流程，为抑制被铜离子活化的黄铁矿，确保优先浮铜的精矿品位，在磨矿过程中添加 15kg/t 的石灰，铜粗选 pH 值高达 12，在强碱高钙的作用下，黄铁矿被强烈抑制（可浮性较差的铜矿物也受到不同程度的影响），加之 A 形浮选机充气搅拌效率不高，较粗粒级难上来而损失于尾矿中，因此，铜、硫选别指标不高，浮选尾矿中仍含有 22% ~26% 的硫。

根据现场实际，通过小型试验、设备选型、工业试验和生产实践，采用重选流程回收浮选尾矿中的硫铁矿，生产流程为：从生产上的最后一槽选硫浮选机中引出矿浆，筛除木屑后，由 3 号沃曼泵扬至固定式矿浆分配器，再由旋转式矿浆分配器均匀地分别给入 20 台螺旋选矿机。重选尾矿自流进入尾矿取样和输送系统；硫精矿由 2 号胶泵扬入生产系统的硫精矿取样和脱水系统，中矿返回 3 号沃曼泵。重选回收硫系统于 1989 年 6 月正式投产，每年可从选硫尾矿中回收 16000 ~17000t 硫精矿，使硫的总回收率提高 6.23% ~12.24%。

B 青海某铜矿

青海省果洛藏族自治州玛沁县境内某铜矿是 20 世纪 60 年代中后期探明的多金属复合硫化矿，含铜、钴、锌、铁、硫、金、银等多种有价元素，储量规模大，属大型矿床。矿山原设计仅对铜矿物进行了回收，尾矿中仍含有较多有用元素，对尾矿进行工艺矿物学研究后发现硫、铁含量较高，可综合回收利用。对尾矿矿样进行化学多元素分析及矿物成分分析，其结果分别见表 4-39 和表 4-40。

为充分利用资源，减少尾矿排放量，对尾矿分别进行了在弱酸性环境和弱碱性环境下的正浮选试验，经综合考虑，在生产中采用弱碱性浮选回收尾矿中的硫铁矿物，工艺流程如图 4-25 所示。

表 4-39 尾矿化学多元素分析结果 （质量分数/%）

元　素	Cu	Zn	TFe	TS	Co	Pb	SiO$_2$	Al$_2$O$_3$	CaO
含　量	0.31	0.98	40.40	35.60	0.012	0.017	2.80	0.032	4.38

元　素	MgO	As	F	P	K$_2$O	Na$_2$O	Au/g·t^{-1}	Ag/g·t^{-1}
含　量	1.96	0.013	未检出	0.014	0.038	0.036	0.16	11.20

表 4 - 40   矿物成分及相对含量 （%）

金属矿物	相对含量	脉石矿物	相对含量
黄铁矿	75.06	碳酸盐矿物	18.46
磁铁矿	1.83	绿泥石	0.62
黄铜矿	0.43	石英	0.92
磁黄铁矿	0.31	绢云母	1.54
闪锌矿	0.50	阳起石、透辉石	0.36
		磷灰石	<0.1

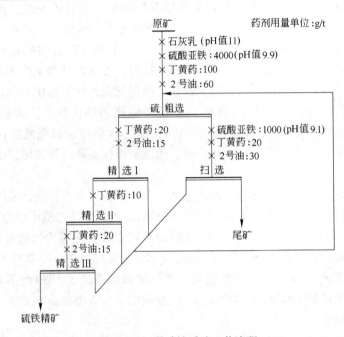

图 4 - 25   弱碱性浮选工艺流程

生产实践表明，采用碱性浮选对该矿选铜尾矿回收硫铁矿物完全可行，并获得了较高品质的硫铁精矿，生产指标见表 4 - 41。

表 4 - 41   弱碱性浮选生产平均指标 （%）

产品名称	产率	品位		回收率	
		S	Fe	S	Fe
精矿	52.91	46.50	44.30	70.50	60.26
尾矿	47.09	21.86	32.83	29.50	39.74
原矿	100.00	34.90	38.90	100.00	100.00

4.2.1.3   铜尾矿中回收钨

永平铜矿属含铜、硫为主，并伴生有钨、银及其他元素的多金属矿床。永平铜矿选厂日处理量达万吨，尾矿日排出量约 7000t，对尾矿中 WO_3 及 S 含量分析，月平均品位为 0.064% 及 2.28%，其 WO_3 含量波动范围为 0.041% ~ 0.093%，每年约有 2000t 以上氧化钨损失于尾矿。

永平铜矿选铜尾矿中的钨主要呈白钨产出，其次为含钨褐铁矿，钨华甚微，白钨矿相含钨占总量的82.05%，褐铁矿物含钨在0.14% ~ 0.18%之间。白钨矿主要与石榴石、透辉石、褐（赤）铁矿、石英连生，粒径0.076 ~ 0.25mm，石榴石中有小于6μm的白钨，褐铁矿含钨是高度分散相钨。主要脉石矿物是石榴石和石英，矿物量分别占32%和36%，此外还含有重晶石和磷灰石，这两种矿物的可浮性与白钨矿相似，增加了浮选中分离的难度。白钨矿粒度细，单体分离较晚。呈粗细不均匀分布。0.076 ~ 0.04mm粒级解离率仅69%，连生体中80%以上是贫连生体。尾矿的多元素分析及粒度分析分别见表4 - 42和表4 - 43。

表4 - 42　多元素分析　　　　　　　　　　　　　　　（%）

元　素	WO₃	Cu	Mo	Bi	Sn	TFe	Mn	Ca	S
质量分数	0.061	0.15	0.003	0.001	0.0082	7.71	0.098	6.99	1.14
元　素	P	SiO₂	Al₂O₃	Mg	K₂O	Na₂O	烧失量	Au/g·t⁻¹	Ag/g·t⁻¹
质量分数	0.033	56.88	8.60	0.62	2.0	0.054	3.14	<1	8

表4 - 43　粒度分析

粒度/mm	质量分数/%	WO₃/%	占有率/%	白钨矿单体分离检查				
				白钨矿单体	连生体①	连生体体积（D）分布		
						D≥3/4	3/4>D>1/4	D≤1/4
+0.076	41.07	0.034	21.67	29.09	70.91	6.91	2.55	61.45
-0.076 +0.04	20.86	0.065	21.04	69.33	30.67	3.30	2.02	25.34
-0.04	38.07	0.097	57.30					
合　计	100.00	0.064	100.00					

①主要与石榴石、透辉石、褐铁矿、石英连生。

为综合回收尾矿中的白钨，采用重选—磁选—重选—浮选—重选的工艺流程（见图4 - 26）进行尾矿的再选，即首先采用高效的螺旋溜槽作为粗选段主要抛尾设备，抛弃91.25%的尾矿，进一步采用高效磁选设备脱除磁性矿物和石榴子石，使入选摇床尾矿量降至4% ~ 5%，最大限度节省摇床台数。通过摇床只剩1%左右尾矿进入精选脱硫作业，最终获得WO₃含量66.83%、回收率18.01%的钨精矿，含硫42%、回收率15%的硫精矿以及石榴子石、重晶石等产品。按日处理7000t，年330天计，年产白钨精矿339.3t、硫精矿1584t。

4.2.1.4　铜尾矿中回收绢云母

江西铜业公司下属的银山铅锌矿每年可产尾矿50万吨左右，尾矿中绢云母含量仅次于石英，它在铅锌尾矿、铜硫尾矿、尾矿库尾矿中的含量分别为33%、34%和29%，绢云母储量达360万吨。选厂采用浮选法从铅锌尾矿和铜硫尾矿中回收绢云母，生产流程如图4 - 27所示，选别结果为铜硫尾矿的绢云母回收率为63.79%，精矿Ⅰ和精矿Ⅱ的绢云母品位分别为96.70%和64.50%；铅锌尾矿中的绢云母回收率为58.12%，精矿Ⅰ和精矿

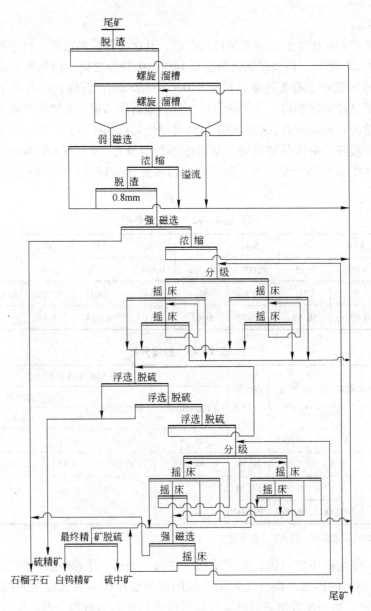

图 4-26 重—磁—重—浮—重工艺流程

Ⅱ的绢云母品位分别为 96.20% 和 62.50%。

4.2.1.5 铜尾矿中回收重晶石

江苏溧水县观山铜矿自投产以来，历年尾矿的产率约为 90% ~95%，尾矿的主要矿物分别为菱铁矿 54.61%、重晶石 9.32%、黄铁矿 3.26%、赤铁矿 1.04%、石英 30.99%，考虑到菱铁矿和重晶石两者可浮性相近的特点，采用强磁选回收菱铁矿和浮选回收重晶石，回收重晶石的浮选流程如图 4-28 所示，试验最终获得 $BaSO_4$ 95.3%、回收率 77.48% 的优质重晶石精矿。

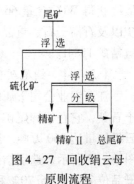

图 4-27 回收绢云母
原则流程

4.2.2 铅锌尾矿的再选

我国的铅锌矿的特点是贫矿多、富矿少，伴生有铜、银、金、铁、硫及萤石等，结构构造和矿物组成复杂，属于难选矿物类型，给选矿带来了困难。根据相关资料，银在铅锌矿中的共伴生储量占全国银矿总储量的60%，从铅锌矿中回收的银产量占全国银产量的70% ~ 80%。根据2010年卷《中国有色金属工业年鉴》，我国铅选矿回收率为83%，锌选矿回收率为89%。目前，我国大多数铅锌矿企业虽然对尾矿进行了综合利用，然而企业规模和技术水平不同，综合利用率差别很大。铅锌矿中的伴生金和银的选矿回收率为58% ~ 75%。而其他金属和非金属资源的综合利用率很低，或者根本没有回收利用。总体来看，我国铅锌尾矿综合利用率低，仅为7%左右，与国外的60%的综合利用率相差甚远，产生了大量尾矿。据统计，我国铅锌矿原矿年处理量2223.2万吨，尾矿产率为74.74%，年排放量1661.61万吨。

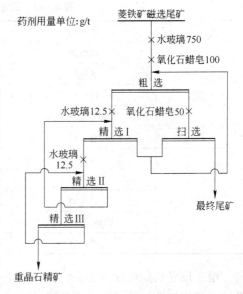

图4-28 重晶石浮选流程

铅锌尾矿中含有多种矿物质，可视为一种复合硅酸盐、碳酸盐等矿物材料，其主要成分有SiO_2、Al_2O_3、Fe_2O_3、CaO、MgO、Na_2O、K_2O、SO_3等，矿物相主要为石英、云母、绿泥石、铁白云石及黄铁矿。我国铅锌多金属矿产资源丰富，矿石常伴生有铜、银、金、铋、锑、硒、碲、钨、钼、锗、镓、铟、铊、硫、铁及萤石等。因此铅锌多金属矿石的综合回收工作意义特别重大。从铅锌尾矿中综合回收多种有价金属和有用矿物，是提高铅锌多金属矿综合回收水平的重要举措。

4.2.2.1 铅锌尾矿再选回收铅锌

A 缅甸包德温铅锌矿

包德温铅锌矿位于缅甸北部掸邦境内，是缅甸最大的铅锌矿山，生产历史悠久。19世纪末至20世纪初其硫化矿选矿厂只回收富含银的铅精矿，浮选尾矿就直接抛弃在附近的山坡与山沟中，多年堆积下来，估计堆积的旧尾矿量有200万吨。2007年，委托昆明冶金研究院对这部分旧尾矿进行选矿工艺研究，并承担选矿厂设计与现场调试达标的任务。昆明冶金研究院于2007年完成了试验室的试验研究工作，得出便于在缅甸实施的工艺流程与工艺条件；2008年上半年完成了选矿厂设计；于2009年底建成一座处理量为500t/d的新选矿厂，选矿厂选别效果良好。

尾矿矿样化学多元素分析结果见表4-44，矿样中铅和锌的物相分析结果见表4-45。

表4-44 尾矿多元素分析结果 （%）

元 素	Pb	Zn	Fe	S	As	Cu	P
质量分数	4.03	11.38	3.88	7.17	0.26	0.28	0.037
元 素	SiO_2	Al_2O_3	CaO	MgO	Ni	Ag/g·t^{-1}	
质量分数	59.92	4.18	2.93	1.48	0.093	165.0	

表4-45 尾矿中铅锌物相分析结果 （%）

元　素	物　相	质　量　分　数	分　布　率
铅	硫酸铅	<0.01	<0.22
	氧化物	1.61	35.94
	硫化物	2.71	60.49
	铁酸铅及其他铅	0.16	3.57
	合　计	4.48	100.00
锌	硫酸盐	0.52	4.58
	氧化物	0.24	2.11
	硫化物	10.31	90.84
	铁酸锌及其他	0.28	2.47
	合　计	11.35	100.00

　　由于尾矿长期堆放在山头，已经遭受风化、氧化，特别是尾矿中铅的氧化率很高，因此决定采用浮选工艺对尾矿中的铅锌进行再回收。考虑到在缅甸北部建厂的实际情况，确定只将铅锌矿物的连生体选为铅锌混合精矿直接销售；其余的锌矿物则选成合格的锌精矿。因此，再选后主要产品为铅锌混合精矿、硫化锌精矿及氧化铅精矿。

　　通过详细的试验研究，最终采用如图4-29所示的优先浮选工艺流程。流程中磨矿细度为-0.074mm占95%，以水玻璃为分散剂，乙黄药和乙硫氮为捕收剂，松油为起泡剂，进行一次粗选两次精选一次扫选，得出混合铅锌精矿；扫选尾矿以硫酸铜为活化剂，丁黄

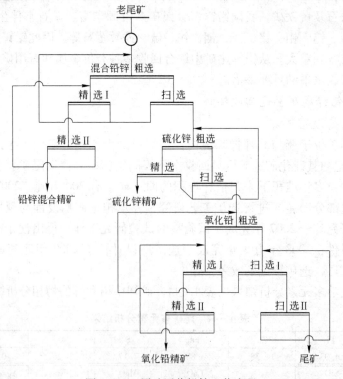

图4-29 尾矿回收铅锌工艺流程

药为捕收剂，松油为起泡剂，进行一次粗选一次精选一次扫选，得出硫化锌精矿；扫选的尾矿以硫化钠为抑制剂，丁黄药为捕收剂，松油为起泡剂进行一次粗选两次精选两次扫选，最后得到氧化铅精矿和最终尾矿。

尾矿再选选矿厂在调试期间得到的平均生产指标见表 4-46。目前，选矿厂运转良好，使这一旧尾矿资源得到了充分利用。

表 4-46 调试生产指标 （%）

产品名称	产 率	品 位		回 收 率	
		Pb	Zn	Pb	Zn
铅锌混合精矿	1.77	14.95	34.93	10.57	12.52
硫化锌精矿	7.25	9.13	43.53	26.37	63.77
氧化铅精矿	1.61	42.38	1.27	27.11	0.41
尾 矿	89.37	1.01	1.29	35.96	23.30
合 计	100.00	2.51	4.95	100.00	100.00

B 柴河铅锌矿

柴河铅锌矿堆存尾矿数百万吨，该矿先将尾矿用螺旋溜槽重选，再将重砂作浮选处理，获得了合格的锌、铅、硫精矿，并使银得到综合回收。按年处理尾矿 85 万吨计，浮选的重选精矿 15 万吨，每年可综合回收品位为 46% 的铅精矿 1890t，含硫 35% 的硫精矿 10542t，含锌 45% 的硫化锌精矿 5840t，含锌 35% 的氧化锌精矿 18991t。铅精矿中含银 3212kg。

C 甘肃某铅锌矿

甘肃某铅锌矿选矿厂排出的尾矿量 2000t/d，细度为 -0.074mm 占 60%，浓度 25%，尾矿中含铅 0.2% ~0.3%，含锌 1.1% ~2%，含硫 3% ~5%。铅矿物主要为白铅矿、方铅矿，锌矿物有菱锌矿、闪锌矿。尾矿再选厂采用混合—优先浮选流程回收尾矿中的铅、锌、硫，浮选设备为高效射流浮选机。投产后，能生产出品位 31.5%、回收率 46% 的低品位锌精矿，但硫精矿品位只有 25.22%，在当地无销路，铅未能生产出产品。生产中只回收硫化矿未回收氧化矿，铅单体解离度 61.11%，锌单体解离度 25.5%，硫单体解离度 88.8%，解离度不够，生产工艺中未设磨矿作业，造成选别效率低。针对生产工艺存在的问题，依据推荐流程及试验指标对工艺进行了改造：混合粗选采用重选（螺旋溜槽）+浮选（高效射流浮选机）联合工艺回收铅锌硫（图 4-30），混合精矿进入球磨机与水力旋流器闭路磨矿，-0.074mm 占 90% 的旋流器溢流经脱泥斗脱泥，浓度 25% 的底流进混合浮选精选一次，精选尾矿返回混合粗选，精矿分离浮选工艺为浮铅一粗二精一扫、铅尾一粗一精一扫浮锌，尾矿为硫精矿。浮选设备全部采用高效射流浮选机。选矿药剂采用"硫化钠—黄药法"浮选铅和锌。投产后经过短期调试，得到品位 40%、回收率 43% 的铅精矿；品位 45%、回收率 62.5% 的锌精矿；品位 35.3%、回收率 60% 的硫精矿，均达到了当地销售要求的品位。获得了较好的技术指标和经济效益，为此类尾矿的综合利用积累了经验。

D 凡口铅锌矿

凡口铅锌矿的尾矿中主要成分为脉石（石英、碳酸盐矿物、绢云母等），其次为硫和

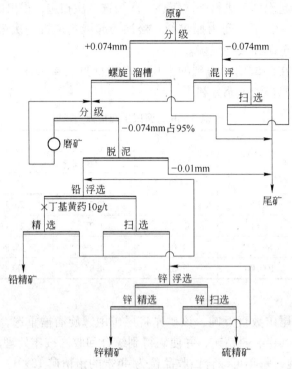

图 4-30　尾矿选别工艺流程

铁，其中硫和铁主要以黄铁矿的形式存在，黄铁矿在整个尾矿中的质量分数高达 20% 左右。曾懋华等针对凡口铅锌矿尾矿特征，采用 0.074mm 细筛分级、摇床重选，抛去 40% 的脉石矿物，减轻了后续磨矿和浮选成本，同时富集了硫、铅、锌、银、镓、锗等有价元素。通过控制加入硫化钠的用量和时间，改善了硫精矿的浮选条件，得到了一种新的从铅锌尾矿中回收硫精矿的工艺流程。小型试验结果表明，尾矿经细筛分级、重选和浮选后，得到了含硫 35.7% 、总回收率为 63.5% 的硫精矿产品。

4.2.2.2　铅锌尾矿再选回收锰

辽宁某铅锌矿浮选尾矿中伴生大量的锰矿物，锰品位在 7% ~12% ，每天排放的尾矿量达 1200t 左右。中钢集团马鞍山矿山研究院有限公司李亮等对该浮选尾矿中的锰矿物进行了选矿工艺参数和工艺流程研究。研究结果表明：采用脉动高梯度强磁选（一粗一精）—精矿弱磁选的除铁工艺，可获得产率 20.80% 。含锰 24.46% 、Mn：TFe = 2.95 ，P：Mn = 0.002 ，回收率 58.78% 的锰精矿，产品质量除铁偏高外其他指标达到了碳酸锰精矿质量的要求；同时还可以获得产率 6.63% ，铁品位 45.52% 的铁精矿产品，达到了综合回收的目的，减少了尾矿的排放量，经济效益和环境效益明显。

南京铅锌银矿始建于 1957 年，拥有华东地区最大的铅锌矿床，目前矿山生产能力约为 35 万吨/年，尾矿约为 17 万吨/年。汪顺才等对南京铅锌银矿尾矿进行了回收锰的试验研究。该尾矿的主要化学成分为：Mn 22.49% 、SiO_2 26.79% 、MgO 2.15% 、CaO 20.15% 、Fe_2O_3 15.11% 、Al_2O_3 1.72% 。基于铵盐在一定温度下可将矿物中的锰转化成可溶性锰盐，试验中采用铵盐焙烧法从含低品位碳酸锰的尾矿中富集回收锰，工艺流程如

图 4 – 31 所示。

将尾矿与铵盐混合后,置于马弗炉或管式炉中焙烧,用热水浸取焙砂,过滤得到含 Mn^{2+} 的浸出液,浸出液通过吸收管式炉出口的尾气,沉淀产出锰精矿产品。试验结果表明,在铵盐/尾矿比为 0.88、焙烧时间 1.5h、焙烧温度 450℃ 的条件下,得到品位 46.02%、回收率 86.47% 的锰精矿。

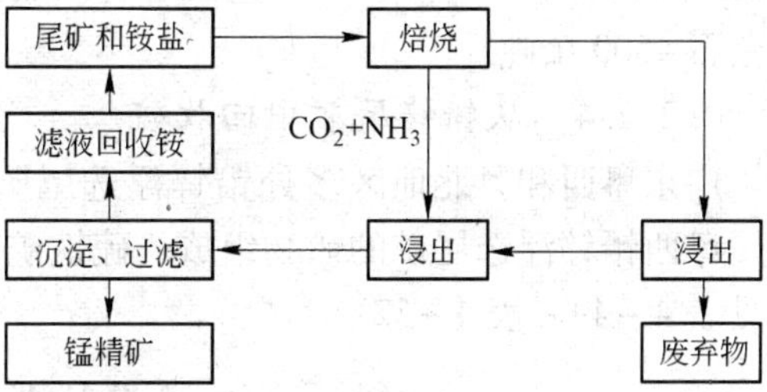

图 4 – 31　尾矿铵盐焙烧—浸出流程

4.2.2.3　从铅锌尾矿中回收萤石

湖南邵东铅锌矿从铅锌尾矿中回收萤石,是一个日采选原矿石 200 余吨的矿山,矿床属中 – 低温热液裂隙萤石 – 石英脉型铅锌多金属矿床。选矿厂采用铅锌优先浮选的选矿工艺回收铅锌两种金属,年排尾矿量 60000 ~ 63000t,尾矿矿物组成较简单,主要为石英、板岩屑、萤石,少量的方解石、长石、重晶石、白云母等,其中主要矿物石英、板岩屑、萤石含量达 90% 左右。尾矿主要元素的质量分数及矿物组成分别见表 4 – 47 和表 4 – 48。

表 4 – 47　尾矿主要元素的质量分数　　　　　　　　　　（%）

SiO_2	CaF_2	Al_2O_3	$BaSO_4$	K_2O	TFe	P	CaO	Na_2O	Fe_2O_3	Pb	Zn
73.09	13.92	3.74	2.86	1.09	0.63	0.69	2.72	0.12	0.17	0.43	0.18

表 4 – 48　尾矿矿物组成　　　　　　　　　　（%）

矿　物	石英	板岩屑	萤石	重晶石	方解石	氧化铁矿物	长石	白云母	方铅矿	闪锌矿	白铅矿	合计
质量分数	52.5	25.0	13.5	3.0	2.0	0.8	1.5	0.5	0.2	0.2	0.2	99.5

长沙有色金属研究所对铅锌选别后的尾矿进行利用研究,根据原料性质,采用分支浮选流程(见图 4 – 32)回收萤石,试验结果表明,得到的萤石精矿品位为 CaF_2 98.78%、

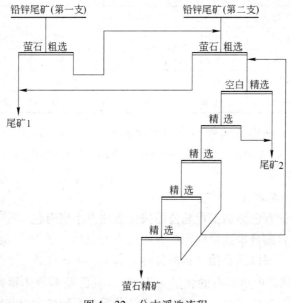

图 4 – 32　分支浮选流程

CaCO₃ 0.46%、SiO₂ 0.64%，达到了化工用萤石要求，按年产尾矿量6万吨计，每年可回收萤石4500余吨。

4.2.2.4 从铅锌尾矿中回收硫

广东粤西和粤北地区多处铅锌浮选尾矿采用螺旋溜槽重选回收尾矿中的黄铁矿。粤北、粤西铅锌浮选尾矿的矿物组成、硫铁矿单矿物分析、铅锌尾矿多项分析、筛分分析分别见表4-49~表4-52。

表4-49 矿物组成

粤北铅锌尾矿	粤西铅锌尾矿
黄铁矿及少量方铅矿、闪锌矿	黄铁矿及少量铅锌矿物及赤、褐铁矿
脉石以绢云母、石英、方解石、绿泥石为主，次有白云石等	脉石矿物为石英、长石、高岭土、绢云母、白云石、方解石等

表4-50 粤北硫铁矿单矿物分析 （%）

名 称	S	Fe	Pb	Zn	Cu	合 计
质量分数	52.73	43.35	0.49	0.071	0.005	96.85

表4-51 粤北铅锌尾矿多项分析 （%）

名 称	S	As	SiO₂	Al₂O₃	CaO	Ag/g·t⁻¹
质量分数	30.5	0.21	16.33	2.80	7.21	64.0

表4-52 筛分分析结果

粒级/mm	粤 北			粤 西		
	产率/%	品位/%	分布率/%	产率/%	品位/%	分布率/%
+0.2	7.06	14.85	3.73	—	—	
-0.20 +0.10	27.00	23.22	22.31	7.16	2.32	0.71
-0.10 +0.076	12.25	33.54	14.62	30.18	14.37	18.68
-0.076 +0.043	18.87	35.92	24.12	24.55	31.85	33.68
-0.043 +0.030	6.08	38.85	8.41	17.65	32.85	24.96
-0.030	28.74	26.21	26.81	20.46	24.93	21.97
合 计	100.00	31.46	100.00	100.00	23.22	100.00

经试验，铅锌尾矿经螺旋溜槽一次选别（流程见图4-33）可获得品位39.75%~44.80%、回收率58%~74%的硫铁矿精矿。

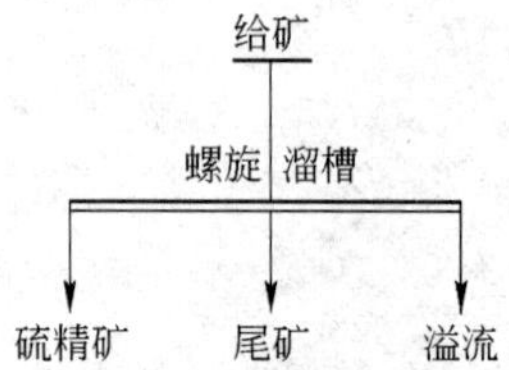

4.2.2.5 从铅锌尾矿中回收重晶石

高桥铅锌矿是中国有色金属工业总公司扶持的地方小型有色企业，该矿经改建，目前日采选铅锌原矿石的能力为200t，属中温热液充填矿化矿床，现以回收铅、锌两种金属为主，年产尾砂6万吨左右。经考查尾矿中重晶石的含量为7.4%，且已基本单体解离。选厂采用重、浮流程对尾矿进行再选，回收重晶石，同时，铅锌在重晶石精矿中也有明显富集，故通过二

图4-33 粤北铅锌尾矿试验流程

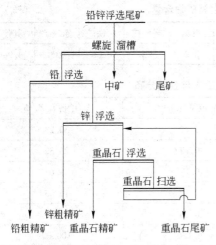

图 4-34 重晶石回收生产流程

次回收，达到了资源综合利用的目的。回收重晶石的生产流程如图 4-34 所示。通过再选高桥铅锌矿每年可从尾矿砂中获重晶石精矿约 3000t，回收的重晶石精矿含 $BaSO_4$ 为 97.8%，符合橡胶填料 Ⅱ 级产品要求。目前重晶石主要用于石油钻井的泥浆加重剂，也可作为橡胶、油漆中的锌钡白原料以及生产金属钡和各种钡盐的原料，产销前景乐观。

青海某铅锌尾矿试样中有用矿物主要是重晶石，占 65.58%。脉石矿物主要为方解石和石英，分别占 19.72% 和 7.08%。陕西省地质矿产实验研究所崔长征根据尾矿性质分析结果，对该矿样采用浮选—重选联合工艺流程回收重晶石，试验流程如图 4-35 所示。浮选工艺中，通过加入抑制剂 Na_2SiO_3，主要除去石英等脉石矿物，同时亦可除去部分重晶石-石英脉石矿物连生体。通过试验确定浮选药剂制度为硅酸钠用量 2000g/t，捕收剂十二烷基硫酸钠用量 150g/t。又根据方解石等脉石矿物与重晶石的密度差异，依靠重选来达到两者的有效分离。浮选—重选联合工艺流程试验获得了 $BaSO_4$ 品位 90.18%，回收率 52.45% 的重晶石精矿，选矿指标较好，达到了对该铅锌尾矿中重晶石的回收目的。

国外，俄罗斯别洛乌索夫铅锌选厂的锌浮选尾矿含有锌、铅、铜、铁的硫化物及重晶石，采用浮选再选，产出含铜、锌、铅的硫化物混合精矿；含铁 39% ~ 40%、回收率 87.8% 的黄铁矿精矿以及含 88% ~ 90% $BaSO_4$、回收率 48.2% ~ 61.6% 的重晶石精矿。

4.2.2.6 从铅锌尾矿中回收银

八家子铅锌矿选矿尾矿堆存量 300 万吨以上，其中银含量较高，达 69.94g/t，将其再磨至 -0.053mm 占 91.6% 解离银，用碳酸钠作调整剂（3000g/t），丁铵黑药（53g/t）和丁黄药（63g/t）作捕收剂，2 号油（8g/t）作起泡剂，栲胶（100g/t）作抑制剂，浮选出含银精矿，品位达 1193.85g/t，回收率 63.74%。按尾矿处理量 800t/d，年生产天数 250 天计，每年可回收银 8.92t。

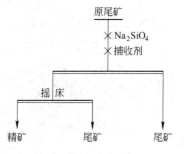

图 4-35 重晶石回收工艺流程

4.2.2.7 从铅锌尾矿中回收钨

宝山铅锌银矿为一综合矿床，选矿厂处理的矿石分别来自原生矿体和风化矿体。矿石中的主要有用矿物为黄铜矿、辉钼矿、方铅矿、闪锌矿、辉铋矿、黄铁矿、白钨矿、黑钨矿等；主要脉石矿物为钙铝榴石、钙铁榴石、石英、方解石、辉石、角闪石、高岭土等。选厂硫化矿浮选尾矿中含有低品位钨矿物，主要是白钨矿。原生矿浮选铅锌后的尾矿中含 0.127% 的 WO_3，其中白钨矿约占 81%，黑钨矿占 16%，钨华占 3%。白钨矿的粒度 80% 集中在 -0.074mm + 0.037mm 内；黑钨矿的粒度 65% 集中在 -0.037mm + 0.019mm 内。原生矿浮选尾矿中的主要矿物含量及粒度组成分别见表 4-53 和表 4-54。

表 4-53　原生矿浮选尾矿主要矿物含量　　　　　　（%）

矿物名称	钙铝榴石	钙铁榴石	钙铁辉石	方解石	白云母	石英	褐铁矿	白铁矿	赤铁矿	其他
质量分数	39.2	7.1	13.1	12.5	11.4	8.2	3.2	0.06	0.3	4.98

表 4-54　原生矿浮选尾矿粒度组成与金属分布

粒度/mm	产率/%	品位 WO$_3$/%	WO$_3$ 占有率/%
+0.074	31.74	0.12	30.23
-0.074 +0.037	22.61	0.13	23.32
-0.037 +0.019	8.34	0.13	8.6
-0.019 +0.010	12.97	0.12	12.35
-0.010	24.34	0.13	25.50
合　计	100.00	0.126	100.00

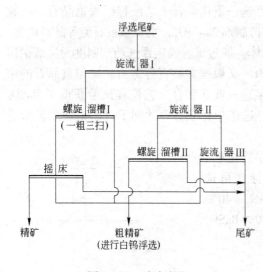

图 4-36　试验流程

风化矿石浮选尾矿的性质与原生矿类似，WO$_3$ 质量分数为 0.134%，但黑钨矿的质量分数比原生矿稍高，约占 25%。白钨矿的粒度较细，大部分集中在 -0.074mm + 0.019mm 之间。脉石矿物以钙铁辉石为主并有较多的长石和铁矿物。

试验研究表明，选用旋流器、螺旋溜槽及摇床富集浮选尾矿中的钨矿物，可减少白钨浮选药剂消耗和及早回收黑钨矿。即尾矿先用短锥水力旋流器分级后用螺旋溜槽选出粗精矿，粗精矿用摇床选出黑钨矿然后再浮选白钨矿（见图 4-36），可获得 WO$_3$ 含量为 47.29% ~ 50.56%、回收率为 18.62% ~ 20.18% 的精矿，同时选出产率为 26.95% ~ 34.027% 的需再进行白钨浮选的粗精矿，与单一浮选相比，浮选白钨的矿量减少了 73.05% ~ 65.97%，从而可大量节省药剂用量，降低选矿成本。

4.2.3　钼矿尾矿的再选

平均入选品位 0.2% 的钼矿矿山，每生产 1t 45% 钼精矿，会产生 250t 以上的尾矿，几乎与所处理的矿石相当。一个日处理矿石 1500t 的中小型选矿厂，年排放尾矿 30 万 ~ 50 万吨，治理尾矿所需建库、维护费用需数百万元，每万吨约 10 万元。因此，钼尾矿资源的再利用就尤为重要。

4.2.3.1　从钼尾矿中回收铁

金堆城钼业公司日处理原矿 2.1 万吨，采用优先浮钼、再浮硫、后丢尾，钼精矿集中再磨、多次精选，钼精选尾矿再选铜后再丢尾的原则流程，共有钼精矿、硫精矿、铜精矿三种产品，其中钼硫尾矿占原矿总量的 95%，矿浆浓度 28% ~ 32%，-0.074mm 占 50% ~ 60%。含铁品位 5.7% ~ 8.3%，MFe 平均为 0.8%，硫品位 0.4% ~ 0.6%，铁矿物物相分析见表4-55，粒度分析结果见表4-56。

表4-55 铁矿物物相分析结果 （%）

项　目	硫化铁	磁铁矿	赤铁矿	硅酸铁	全　铁
质量分数	2.51	0.77	0.84	3.78	7.90
分布率	31.77	9.75	10.63	47.85	100.00

表4-56 选铁原矿粒度分析结果

粒级/mm	产率/%	MFe/%	铁分布率/%
+0.28	17.40	0.453	10.97
-0.28+0.154	16.50	0.560	12.72
-0.154+0.098	8.05	1.013	12.22
-0.098+0.076	5.60	1.693	13.05
-0.076	52.45	0.707	51.04
合　计	100.00	0.727	100.00

为综合回收磁铁矿，金堆城钼业公司与鞍钢矿山研究所合作，采用磁选—再磨—细筛选矿工艺，成功地回收了钼硫尾矿中的磁铁矿，生产工艺流程如图4-37所示。采取的技术措施为：

（1）利用生产厂房场地空隙，将一段磁选机配置在选硫浮选机和尾矿溜槽之间，利用高差使钼硫尾矿自流给入磁选机选别，磁选尾矿再自流到尾矿溜槽，而将产率不到2%的磁选粗精矿用砂泵扬送到另一厂房再磨再选，可节省磁选原矿、尾矿流量约3000m³/h的扬送费用。

（2）借用闲置的φ2.1m×4.5m球磨机及厂房作为磁铁矿的再磨再选厂房，可节省投资70万元，缩短期6个月，工程总投资仅花230万元。

（3）为了减少中间产品砂泵扬送，将细筛改为选别的最后一道工序，安装在较高的位置，实现筛上、筛下产品自流，确保最终精矿品位。

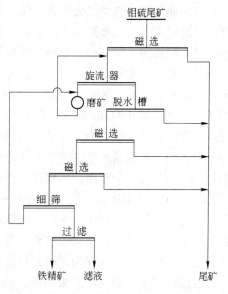

图4-37 铁精矿生产工艺流程

从1993年10月到1994年底，累计生产铁精矿1.5万吨，铁精矿品位累计平均为63.70%，回收率为50%~55%，其他各项含杂量符合国家标准。如果钼硫尾矿全部回收，年可产铁精矿4万吨。

4.2.3.2 从尾矿中回收钨及其他非金属矿

A 河南栾川某钼矿

河南栾川某钼矿属斑状花岗岩型，浮选钼后的尾矿还含有白钨矿和其他非金属矿，用磁—重流程再选，获得品位71.25%、回收率98.47%的钨精矿；再选钨后的尾矿中主要含钾长石和石英，它们分别占尾矿量的40%和33%，矿物质地很纯，经脱泥后，在酸性

介质中采用优先浮选工艺（见图 4 - 38）处理浮选尾矿，选
出产率为 45% 的长石精矿和产率为 33% 的石英精矿，再分别
采用磁选除铁后作玻璃和陶瓷原料。

  B 洛钼集团钨钼矿

  三道庄矿区矿石以矽卡岩型为主，属钼钨共生矿床，钼
易选、钨品位低、难选。2001 年以前，该矿区露天采矿场配
有选矿一公司（3000t/d）、选矿二公司（4500t/d）和选矿三
公司（2500t/d）回收钼，没有综合回收白钨。每年约有
5000t WO$_3$ 经采矿、破磨后又送入尾矿库堆存，使极具经济
效益的钨资源得不到回收，造成钨矿资源浪费。多年来曾多
次对该矿石选钼尾矿进行研究，试验过单一重选、重浮联合、
加温浮选等工艺流程，但白钨回收指标较差：单一重选回收
率仅 30%；重浮联合工艺 52%；加温浮选可达 66% ~ 82%，
但因能耗过高、成本太大而不能应用于工业。直到 2000 年，

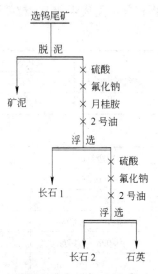

图 4 - 38 长石石英
分选流程

低品位白钨富集选矿技术取得了重大进展。2003 年洛钼集团
与厦门钨业合资在选矿二公司建成第一座 4500t/d 白钨回收厂，处理的原料来自洛钼集团
选矿二公司 4500t/d 选矿厂浮钼尾矿，选矿生产流程为先脱硫后选钨。脱硫为一粗二扫二
精，白钨粗选为一粗三扫三预精，所得粗精矿经浓密加温脱药后经一粗五精三扫得浮选白
钨精矿。脱硫作业和白钨粗选、扫选分为 3 个系列，白钨精选作业为一个系列（见图 4 -
39）。2005 年，随着选矿二公司 10000t/d 钼选厂的建成投产，4500t/d 白钨回收厂也于
2005 年底扩建成 15000t/d 白钨回收厂。由于受场地和厂房的限制，扩建工程在原厂房内
完成。选矿生产流程仍为先脱硫后选钨，但流程进行了较大简化。脱硫为一粗，白钨粗选
为一粗一扫，脱粗精矿经浓密加温脱药后经一粗三扫五精得浮选白钨精矿。硫作业和白钨
粗选、扫选分为 3 个系列，白钨精选作业为一个系列。

  2008 年，洛钼集团又新建成钨业一公司 6000t/d 白钨回收厂和钨业二公司 8000t/d 白
钨回收选厂，使得三道庄矿区钼钨资源得到了全面有效的综合回收。其中 6000t/d 白钨回
收厂处理的原料来自洛钼集团选矿一公司 4000t/d 钼选厂和三强钨钼公司 3000t/d 钼选厂
浮钼尾矿，选矿工艺流程为先脱硫后选钨：浮钼尾矿自流到白钨选厂分级再磨后先脱硫，
再进行白钨粗选。脱硫浮选为一粗，脱硫浮选后的矿浆（脱硫扫选浮选柱尾矿）进入白
钨粗选作业，经浮选柱一粗一扫一预精选后获得的白钨粗精矿泵扬至白钨粗精矿浓密机，
浓密机底流入加温脱药车间加温脱药搅拌槽进行脱药，脱药后的白钨粗精矿返回白钨精选
车间用浮选机进行精选，经一粗三扫五精后得浮选白钨精矿，浮选白钨精矿进入白钨酸洗
脱磷作业，脱磷后的合格白钨精矿用泵送至压滤机压滤，滤饼用空心浆液蒸汽螺旋干燥机
干燥，干燥后的白钨精矿用包装待外运。白钨粗选为两个系列，白钨精选作业为一个系
列，如图 4 - 40 所示。

  钨业选矿二公司主要是对选矿三公司（6850t/d）和大东坡钨钼矿业公司（3000t/d）
浮钼尾矿中的白钨矿进行回收，该工程于 2007 年 12 月开工，2008 年 7 月竣工。其选矿工
艺流程除了没有再磨外，其他设计生产流程与钨业选矿一公司相同。白钨粗选为 3 个系
列，白钨精选作业为一个系列。白钨回收选厂生产指标见表 4 - 57。

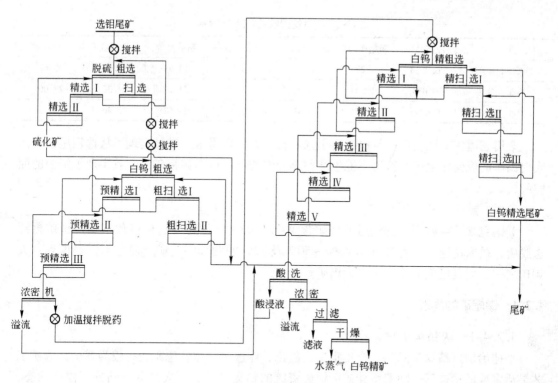

图4-39 4500t/d白钨回收选矿厂生产流程

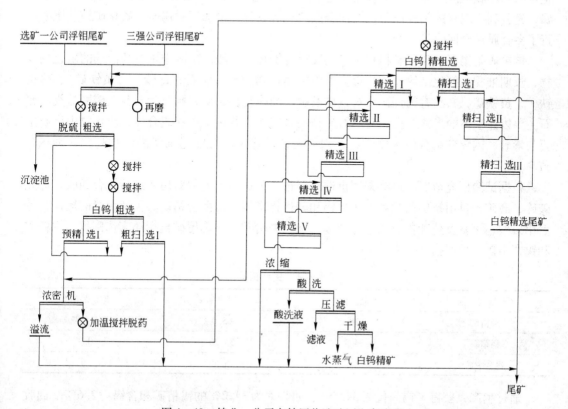

图4-40 钨业一公司白钨回收选矿厂生产流程

表 4-57 白钨回收选厂生产指标 　　　　　　　　　　　　（%）

选 厂	原矿品位	粗精矿品位	尾矿品位	粗选回收率	精矿品位	精选回收率	总回收率
4500t/d 选矿厂	0.0588	1.278	0.024	65.57	19.63	91.00	59.67
钨业一公司	0.053	1.304	0.012	77.48	24.79	94.30	73.06
钨业二公司	0.0713	1.291	0.015	79.70	23.52	92.46	73.69

栾川三道庄矿区在低品位白钨富集选矿技术方面取得重大进展实现了从选钼尾矿中回收白钨矿的规模化生产，获得了能生产仲钨酸铵的低品位白钨精矿，有效实现了资源的回收利用。

C 美国克莱马克斯钼矿

美国克莱马克斯钼矿选钼后的尾矿含 WO_3 0.03%，用螺旋选矿机预富集，精矿再浮选脱硫，摇床精选，获得含 WO_3 40% ~50% 及 72% 的两种钨精矿，使之不仅是世界六大钼矿之一，而且也成为美国第二大钨矿。

4.2.4 锡尾矿的再选

4.2.4.1 从锡尾矿中回收砷

平桂冶炼厂精选车间是一个集重选、磁选、浮选于一体，选矿设备较为齐全；选矿工艺灵活多变的精选厂。随着平桂矿区锡矿资源的枯竭，精选厂大部分时间处于停产状态，企业的生产和经济效益受到严重影响。为了充分地利用矿产资源，综合回收多种有用金属，充分利用现有的闲置设备，增加企业的经济效益，精选厂对锡石－硫化矿精选尾矿进行了多金属综合回收的生产。

该尾矿是锡石－硫化矿粗精矿采用反浮选工艺，在酸性矿浆中用黄药浮选的硫化物产物，长期堆积，氧化结块比较严重。其中金属矿物主要有锡石、毒砂（砷黄铁矿）、磁黄铁矿、黄铁矿，其次有闪锌矿、黄铜矿及少量的脆硫锑铅矿，脉石为石英及硫酸盐类。锡石主要以连生体的形式存在，与脉石矿物关系密切，并多呈粒状集合体，硫化物中锡石主要与毒砂、闪锌矿结合较为密切，个别与黄铁矿连生。粒度越细锡品位越高，含砷、含硫高。

根据试验研究情况，最终采用重选—浮选—重选原则流程对尾矿进行综合回收，即先破碎、磨矿，再用螺旋溜槽和摇床将锡和砷进行富集，得混合精矿，丢掉大量的尾矿，然后用硫酸、丁基黄药和松醇油进行浮选，选出砷精矿，浮选尾矿再用摇床选别得出锡精矿和锡富中矿。生产指标见表 4-58。

表 4-58 生产指标 　　　　　　　　　　　　（%）

产品名称	品位	回收率	原矿品位
砷精矿	28	65.0	As 14.82
锡精矿	34.5	35.20	Sn 0.97
锡富中矿	2.6	15.60	

通过生产，获得了锡品位为 34.5%、回收率为 35.2% 的锡精矿和含锡为 2.6%、回收率为 15.6% 的锡中矿及砷品位为 28%、回收率为 65% 的砷精矿的好指标，达到了综合利

用矿产资源，增加锡冶炼原料的目的，取得了良好的经济效益和社会效益。

4.2.4.2 从锡尾矿中回收锡

云南云龙锡矿所处理的矿石为锡石－石英脉硫化矿，尾矿矿物组分较简单，以石英为主，其次为褐铁矿、黄铁矿、电气石、少量的锡石、毒砂、黄铜矿等。尾矿含锡品位0.45%，全锡中氧化锡中锡占96.26%，硫化锡中锡占3.74%，铁3.71%，其他含量较低，锌0.051%、铜0.08%、锰0.068%，影响精矿质量的硫、砷含量较高，硫1.88%、砷0.1%。1992年云龙锡矿在原生矿资源已日趋枯竭的情况下，开始在100t/d老选厂处理老尾矿，为了在短期内取得更好的社会效益和经济效益，又提出在选厂基础上改扩建为200t/d，采用重选—浮选流程，于1994年4月正式生产，在生产过程中不断地改进工艺流程，最终确定的生产工艺如图4-41所示。为适应生产，其中筛分所用筛面前半部分为0.8mm，后半部分为1mm。分泥斗为φ2500mm分泥斗，利用该工艺可获得锡56.266%；含硫0.742%、含砷0.223%、锡回收率68.3%的锡精矿和含硫47.48%、含锡0.233%、含砷4.63%的硫精矿。

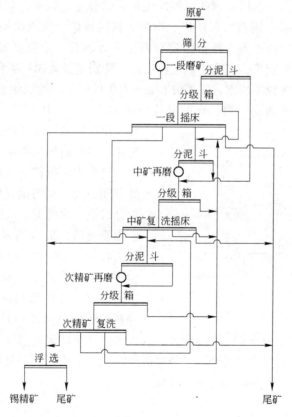

图4-41 云龙锡矿尾矿选矿生产流程

栗木锡矿用重选—浮选流程从老尾矿中回收锡。该矿积存尾矿650多万吨，尾矿中主要含锡、钨、铌、钽及硅质和长石等矿物。再选流程包括重选、硫化矿浮选和锡石浮选。经重选后得到的精矿含SnO_2 26.84%、WO_3 9.6%、Ta_2O_5 2.7%、Nb_2O_5 2.04%，重选回收率SnO_2 32.99%、WO_3 24.05%、Ta_2O_5 42.47%、Nb_2O_5 24.77%。硫化矿物浮选流程为一次粗选、二次扫选，精矿品位 Cu 10.8%、SnS_2 6.58%，回收率 Cu 78%、硫化物52.66%。硫化矿物经抑制砷浮铜产出含 Cu > 20%、Sn > 18%、As < 1.5% 的铜 – 锡精矿。锡石浮选产出的精矿含 SnO_2 6.107%，锡石回收率 63.11%。

东坡矿野鸡尾选厂建有 300t/d 规模的重选车间，从尾矿中回收锡石。尾砂含 Sn 0.2% ~ 0.25%，精矿品位 Sn 42.93%、回收率 18.66%，每年回收精矿锡量 40 ~ 50t。

大义山矿 1982 年建成日处理 70 ~ 100t 选矿厂，从可利用的 3.3 万吨老尾矿（含 Sn 0.297%）中一年回收锡精矿 31t，品位为 55% ~ 61%，回收率 34% ~ 35%。

国外，英国、加拿大和玻利维亚开展从含锡老尾矿中再选锡的工作。英国巴特莱公司用摇床和横流皮带溜槽再选锡尾矿，从含锡 0.75% 的尾矿获得含锡分别为 30.22%、5.53% 和 4.49% 的精矿、中矿和尾矿。英国罗斯克罗干选厂选别含锡 0.3% ~ 0.4% 的老尾矿获得含锡 30% 的锡精矿。加拿大苏里望选厂从浮选锡的尾矿，用重选—磁选联合流程选出含锡 60%、回收率 38% ~ 43% 的锡精矿。玻利维亚一个选矿厂再选含锡 0.3% 的老尾矿和新尾矿，产出含锡 20%、回收率 50% ~ 55% 的锡精矿。

广西南丹大厂矿区某选厂处理的原料是尾矿库的陈年老尾矿，属锡石多金属硫化矿，矿石中主要金属矿物有：锡石、黄铁矿、毒砂、铁闪锌矿、脆硫锑铅矿以及少量的白铅矿、铅矾、菱锌矿、异极矿等。脉石矿物有石英、方解石、矽质页岩、灰岩、风化灰岩等。由于尾矿堆存年限较长，矿物的氧化程度高，特别是脆硫锑铅矿和部分黄铁矿氧化程度较高，加上有用矿物粒度较细，主要分布在 – 200 目以下，所以给选别回收增加了很大的难度。尾矿中有用矿物锡、铅、锌的品位分别为 0.24%、0.13%、0.47%。经试验研究，尾矿回收工艺确定为脱粗—脱泥—重选法，工艺流程如图 4 – 42 所示。

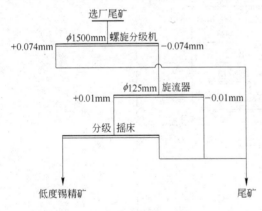

图 4 – 42　某选厂微细粒锡石回收工艺流程

流程中脱粗作业选用了分级效率较高、处理能力大、动力消耗较低的 ϕ1500mm 螺旋分级机，而脱泥、浓缩则采用了 ϕ125mm 水力旋流器，最后用云锡式微细泥摇床选别回收产出 3% ~ 5% 的低度锡精矿。由于粒度过细、含泥、含硫高，只经摇床一次选别难以直接产出高度锡精矿，而由低度锡精矿转化为高度锡精矿，只需再经脱硫浮选和摇床脱泥重选即可。

微细粒锡石回收工艺建成投产后，经多次测定，其平均指标为低锡精矿品位 4.17%、对原矿的回收率 3.33%，年产锡金属达 25t。

4.2.5　钨尾矿的再选

世界已探明的钨储量 290 万吨，我国钨储量 180 万吨，居世界首位。我国已探明的钨矿产地有 252 处，主要分布在湖南（白钨矿为主）和江西（黑钨矿为主），储量分别占全国总储量的 33.8% 和 20.7%。钨矿品位一般较低，为 0.1% ~ 0.7%，导致选矿过程中产生大量尾矿，约占原矿的 90% 以上。我国每年约排放 40 多万吨钨尾矿，大部分未被有效利用，目前堆存量已达 1000 多万吨。钨尾矿中主要含有萤石、石英、石榴子石、长石、云母、方解石等矿物，有些含有钼、铋等少量的多金属矿物，主要化学成分为：SiO_2、Al_2O_3、CaO、CaF_2、MgO、Fe_2O_3 等。从钨尾矿回收的有价金属主要为钨、钼和铋等，尾矿中有综合回收价值的非金属矿主要为萤石和石榴子石。

漂塘钨矿重选尾矿含 0.0992% MoO_3，磨矿后浮选获得含 47.83% MoO_3 的钼精矿，回收率83%，回收钼的产值占选厂总产值的18%，再选铋的回收率达34.46%。湘东钨矿选钨尾矿含 0.18% Cu，再磨后浮选铜获得含 Cu 14% ~ 15% 的精矿。荡平白钨矿选矿尾矿含 17.5% 萤石，经浮选产出含 CaF_2 95.67%、回收率64.93%的萤石精矿。九龙脑黑钨矿重选尾矿含 BeO 0.05%，占原矿含铍量的92.96%，采用碱法粗选、酸法精选，浮选产出含 BeO 8.23%、回收率63.34%的绿柱石精矿。

我国石英脉黑钨矿中伴生银品位很低，一般为 1 ~ 2g/t，高者也只有 10g/t 多，虽品位很低，但大部分银随硫化矿物进入混合硫化矿精矿中，分离时有近50%的银丢失于硫化矿浮选尾矿中。铁山垅钨矿对这部分硫化矿尾矿进行浮选回收银试验，可获得含银品位 808g/t、回收率为76.05%的含铋银精矿，采用三氯化铁酸溶液浸出，最终获得海绵铋和富银渣。

4.2.5.1　从钨尾矿中回收钨、铋、钼

钨尾矿扫选回收钨是提高钨矿回收率的有效途径。卢友中等采用选冶联合工艺从钨尾矿及细泥中回收钨，WO_3 回收率可达82.6%。该工艺采用粗浮选—钨粗精矿直接碱分解钨尾矿、细泥及浸出渣，将用于钨原矿的浮选方法推广于钨尾矿、细泥及浸出渣，并简化了其中的加温、重选等工序，得到 WO_3 品位 18% 的钨粗精矿，直接将粗精矿进行碱分解，并比较了传统浸出和微波浸出工艺，发现达到相同效果时微波浸出时间为传统浸出的25%，显著提高了浸出效率。黄光耀等利用微泡技术从白钨矿浮选尾矿中回收微细粒白钨矿，开发了 CMPT 微泡浮选柱，利用专家系统控制，确保浮选柱处于较好的工业状态。工业实验表明，精矿平均品位 24.52%、回收率43.41%，水析试验表明 5 ~ 38μm 粒级内的回收率达65%。周晓彤等采用高梯度磁选从白钨矿浮选尾矿中回收黑钨矿，经一次粗选、一次扫选、强磁选后表明，对含 0.20% WO_3 的强磁给矿，可获得 WO_3 品位 0.43% 的黑钨矿强磁精矿，钨回收率达到73.26%。杨斌清采用先分支串流混合浮选再分离浮选，处理含钼 0.018%、铋 0.029% 的钨尾矿，获得钼精矿品位 46.33%、回收率67.12%，铋精矿品位 14.80%、回收率86.70%。赣州有色冶金研究所以江西钨业集团有限公司所属钨矿山尾矿资源状况调查结果为依据，对江西钨业集团有限公司所属 13 个钨矿选厂的尾矿进行了综合利用选矿试验研究，采用浮选—重选和浮选—磁选—重选联合流程，可选得钨粗精矿平均品位 WO_3 20% 以上，回收率17% ~ 37%；得到硫化矿精矿中钼平均品位 4.19%，回收率67.60%，铋平均品位2.78%，回收率41.36%，为矿山企业保护和合理开发利用钨尾矿二次资源提供了技术支持和储备。

棉土窝钨矿是以钨为主的含钨铜铋钼的多金属矿床，在棉土窝钨矿每年选钨后所产生的磁选尾矿（选厂摇床得到的钨毛砂，经台浮脱硫、磁选选钨后的尾矿）中，含 Bi 20%、WO_3 10% ~ 20%、Mo 1.45%、SiO_2 30% ~ 40%，铋矿物以自然铋、氧化铋、辉铋矿及少量的硫铋铜矿、杂硫铋铜矿存在，其中氧化铋占70%；而钨矿物主要是黑钨矿的白钨矿；其他还有黄铜矿、黄铁矿、辉钼矿、褐铁矿以及石英、黄玉等。镜下鉴定表明，钨铋矿物互为连生较多，钨矿物还与黄铜矿、褐铁矿及脉石连生，也见有辉铋矿被包裹在

黑钨矿粒中,极难实现单体解离。尾矿取样测定的粒度组成和单体解离度见表4-59和表4-60。从表中可以看出,试样中 +0.074mm 的产率仍占75.55%,且三种主要矿物也主要分布在 +0.074mm 的粒级中。选厂根据小型试验结果在生产实践中采用重选—浮选—水冶联合流程(见图4-43)处理磁选尾矿,综合回收钨、铋、钼。考虑到磁选尾矿中含硅高达30%~40%,远远超过了铋精矿的含硅标准(小于8%),故在选铋作业前先用摇床重选脱硅,重选精矿经磨矿分级后,进入浮选作业,先浮易浮的钼和硫化铋,后浮难浮的氧化铋;为进一步回收浮选尾矿中的微粒铋矿物及铋的连生矿物,在常温下对得到的浮选尾矿(钨粗精矿)进行浸出,再通过置换而得到合格的铋产品和剩下的钨粗精矿产品。生产实践表明,通过该工艺可得到含铋分别为36%和71%的硫化铋精矿和氯氧化铋,铋的总回收率高达95%,还得到了含钨36%、回收率90%的钨粗精矿,使选钨厂的总回收率提高了2%。

表4-59 试样粒度筛析结果

粒级/mm	产率/%		品位/%			占有率/%		
	个别	累计	Bi	WO₃	Mo	Bi	WO₃	Mo
-0.63 +0.32	18.63	18.63	23.54	20.84	1.27	19.10	18.47	17.76
-0.32 +0.16	34.25	56.88	22.58	19.61	1.39	33.67	31.95	35.73
-0.16 +0.074	24.67	77.55	22.03	21.00	1.37	23.66	24.65	25.37
-0.074 +0.04	9.46	87.01	23.95	23.03	1.33	9.87	10.37	9.44
-0.04	12.99	100.00	24.22	23.56	1.20	13.70	14.56	11.70
原 矿	100.00		22.96	21.02	1.33	100.00	100.00	100.00

表4-60 试样单体解离度测定

粒级/mm	解 离 度	
	黑钨矿	铋矿物
-0.63 +0.32	59.9	69.4
-0.32 +0.16	62.8	71.5
-0.16 +0.074	82.2	82.0
-0.074 +0.04	91.5	89.8
-0.04	98.5	96.4

江西下垄钨业有限公司选矿厂处理的原矿为高温热液充填石英脉型钨矿床,主要金属矿物为黑钨矿,伴生金属矿物为黄铁矿、白钨矿、辉钼矿、辉铋矿、自然铋、磁黄铁矿、黄铜矿、锡石、方铅矿、闪锌矿、毒砂、磷钇矿等,脉石矿物主要为石英,其次为长石、萤石、方解石、绿柱石、磷灰石、云母、电气石等。现场选矿流程中有两种尾矿,重选尾矿及细泥尾矿,其中重选尾矿是原矿经手选后的合格矿经磨矿重选后丢弃的尾矿,浓度约为10%,粒度粗,最大粒度1.5mm以下,且金属矿物含量低,主要以石英为主;细泥尾矿是原、次生细泥经摇床选别后丢弃的尾矿,粒度基本上为 -0.074mm,浓度低,粒度细。两种尾矿的多元素分析结果见表4-61和表4-62。

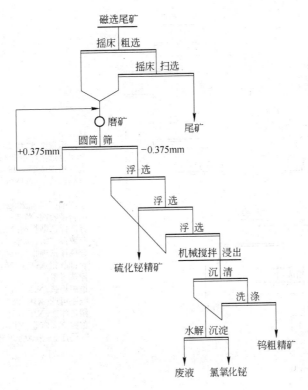

图 4-43 铋钨综合回收流程

表 4-61 重选尾矿多元素分析结果 （质量分数/%）

WO₃	Mo	Bi	S	Sn	Cu	Pb	Zn	Fe	SiO₂
0.092	0.024	0.019	0.076	0.049	0.004	0.008	0.005	2.28	78.65

表 4-62 细泥尾矿多元素分析结果 （质量分数/%）

WO₃	Mo	Bi	S	Sn	Cu	Pb	Zn	Fe	SiO₂
0.28	0.056	0.044	0.12	0.020	0.006	0.005	0.008	3.87	66.55

为有效回收钨尾矿中的钼铋，根据选矿流程中重选尾矿和细泥尾矿的性质，结合现场条件，选厂采用普通 XJK 型浮选机直接从重选尾矿中浮选回收钼铋的生产工艺，其流程及作业条件如图 4-44 所示。

该钼铋回收工艺流程投产后，通过初步调试，生产技术指标基本达到预期目标，作业回收率达到的总指标为：重选尾矿浮选：钼总回收率 39.83%，铋总回收率 30.82%；细泥尾矿浮选：钼总回收率 48.04%，铋总回收率 40.01%；重选尾矿和细泥尾矿钼和铋的综合总回收率分别为 41.34% 和 32.5%。

按调试测定生产技术指标预计，预计从尾矿中回收钼铋的精矿产量见表 4-63。

按照钼铋精矿销售市场价，钼金属 46 万元/t，铋金属 4.0 万元/t 计算，钼精矿和铋精矿的年销售收入合计 383.468 万元，年物耗及工资成本为 112.37 万元，年获利润 271.098 万元（含税）。

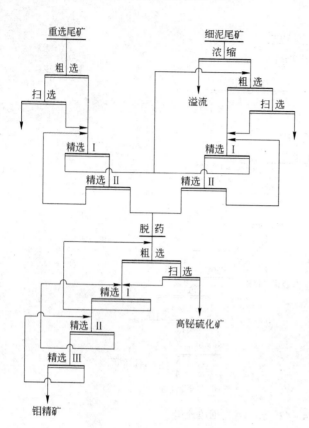

作业条件:
重尾粗选浓度:10.26%
细尾粗选浓度:8.14%
混合精选浓度:6.48%
分离精选浓度:18.36%
药剂制度:
起泡剂:2号油200g/t
组合捕收剂:黄药＋煤油760g/t
分离浮选调整剂:Na_2S 2800g/t
分离浮选组合抑制剂:NaCN+CaO 250g/t
分离浮选捕收剂:煤油210g/t
pH值:粗选:8.5　精选:9.0　分离:11.5
浮选设备:
重尾粗选:XJK-2.8
细尾粗选:XJK-0.62
精选作业:XJK-0.35
钼铋分离作业:XJK-0.13
脱药作业:ϕ1000mm搅拌桶

图4-44　重选与细泥尾矿回收钼铋工艺流程

表4-63　钼铋回收工程钼铋精矿产量预测

原料名称	处理量 /t·a⁻¹	品位/%		回收率/%		精矿品位/%		精矿金属量/t·a⁻¹	
		Mo	Bi	Mo	Bi	Mo	Bi	Mo	Bi
重选尾矿	65000	0.024	0.019	39.83	30.82	46.85	23.05	6.213	3.806
细泥尾矿	6300	0.056	0.044	48.04	40.01	46.85	23.05	1.695	1.109
合　计	71300	0.027	0.021	41.34	32.50	46.85	23.05	7.908	4.915

4.2.5.2　从钨尾矿中回收铜、钼

　　赣州有色金属冶炼厂钨精选车间建于1954年,1958年投产,主要采用干式磁选、重力抬浮、白钨抬浮、浮选和电选加工处理江西南部中小型钨矿及全省民窿生产的钨锡粗精矿、中矿,设计能力为30t/d,回收钨、锡、钼、铋、铜五种金属。经过九十多年的生产实践,每天都有大量的尾矿排入尾矿坝贮存,尾矿内仍含有多种有用金属矿物,为充分利用矿产资源,实现老尾矿的资源化,精选车间对尾矿坝的尾矿进行了综合回收铜、钨、银等有用金属的研究并在生产实践中获得成功。

　　尾矿中主要金属矿物有黄铜矿、辉铜矿、辉铋矿、黑钨矿、白钨矿、辉钼矿、黄铁矿、毒砂、磁黄铁矿等,非金属矿物有石英、方解石、云母、萤石等,尾矿含泥较多,矿物表面有轻微氧化。各矿物间铜铋连生且可浮性相近,黑钨和锡石、石英连生,贵金属银伴生在铅铋硫等矿物中。铜矿物以黄铜矿为主,呈致密状,部分解离。尾矿物料粒径在-

0.043mm + 0.010mm，有用矿物基本解离。物料松散密度 1.8g/cm³，密度 2.76g/cm³。尾矿多元素分析结果见表 4 - 64，物料筛析结果见表 4 - 65。由表 4 - 65 可看出，矿物粒度特性，细粒级较多，其中 - 0.104mm + 0.074mm 占 49.92%，且有用金属 WO₃、Cu 在该粒级中分别占 55.41%、56.08%，物料中含砷铁硫铋高且和铜矿物可浮性相近，以至于浮选铜品位难以富集提高。

表 4 - 64　尾矿多元素分析结果　　　　　　（质量分数/%）

Cu	WO₃	Sn	Zn	Bi	白 WO₃	As	Ag	Fe	SiO₂	S
2.02	5.47	1.06	3.67	1.35	2.22	2.15	0.025	8.9	30	24.08

表 4 - 65　物料筛析结果

粒级/目	产率/%		品位/%		金属分布率/%	
	个别	累计	WO₃	Cu	WO₃	Cu
+ 30	3.89	3.89	3.27	0.74	2.32	1.44
- 30 + 40	5.54	8.43	3.91	0.81	3.25	1.83
- 40 + 60	7.46	15.89	3.99	1.28	5.45	4.77
- 60 + 80	11.34	27.23	3.56	2.04	7.40	11.55
- 80 + 120	11.02	38.25	3.20	1.78	6.46	9.80
- 120 + 150	2.92	41.17	3.20	2.01	1.70	2.93
- 150 + 200	49.92	91.09	6.05	2.25	55.41	56.08
- 200 + 300	4.86	95.95	9.54	2.15	8.50	5.21
- 300	4.05	100.00	12.81	3.16	9.51	6.39
合　计	100.00		5.49	2.01	100.00	100.00

在小型试验和工业试验的基础上，确定尾矿再选的生产流程（见图 4 - 45）为尾矿进行脱渣脱药后进入分级磨矿，浮选中采用一粗二扫三精得出铜精矿，浮选尾矿经摇床丢弃石英等脉石后经弱磁除铁再送湿式强磁选机选别选出黑钨细泥精矿和白钨锡石中矿，黑钨细泥送本厂钨水冶车间生产 APT，铜精矿外销。

生产流程中的工艺条件见表 4 - 66。

表 4 - 66　生产测定工艺条件

作业名称	工艺条件（药剂用量单位为 g/t 原矿）
脱　药	硫化钠 3600
磨　矿	- 0.074mm 占 58%，石灰 3800，水玻璃 2000
浮选搅拌	浓度 30%，亚硫酸钠 1400，硫酸锌 1400，丁基黄药 120，丁黄腈酯 50
浮选粗选	煤油 30，松醇油 60，pH 值 8.5 ~ 9
浮选精选	亚硫酸钠 1600，硫酸锌 1600，石灰 1000
浮选扫选	丁基黄药 60，丁黄腈酯 20
重选丢尾	浓度 20%，冲程 12mm，冲次 310r/min
弱磁除铁	浓度 30%，磁场强度 1.15 × 10⁵A/m
湿式强磁选	浓度 28%，背景场强 11.19 × 10⁴A/m，磁间隙 1.45mm

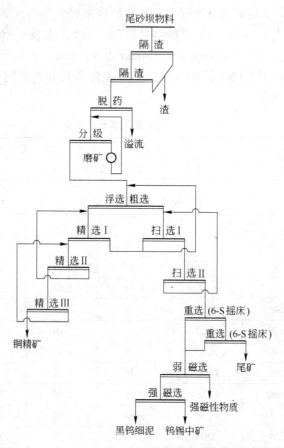

图 4-45 尾矿再选生产实践流程

生产指标见表 4-67。

表 4-67 生产指标 （%）

原矿品位			精矿品位			回收率		
			铜精矿		钨细泥精矿			
Cu	Ag	WO₃	Cu	Ag	WO₃	Cu	Ag	WO₃
1.99	0.032	5.57	13.41	0.1479	23.64	83.88	58.23	41.16

自 1994 年 7 月至 1996 年 7 月两年时间共回收铜金属 56.2t，钨细泥金属 47.6t，银 292kg。

4.2.5.3 从钨尾矿中回收萤石及石榴子石

2011 年 9 月及 11 月，湖南有色金属研究院朱一民、周菁分别进行了从黄沙坪钨浮选尾矿中回收萤石及石榴子石的试验研究。萤石的回收采用浮选流程，采用一粗二扫浮选回收、萤石粗精矿再磨、精选中矿再选、其余中矿顺序返回精选、精矿强磁选的工艺流程，得到最终萤石精矿，其中 CaF₂ 品位为 97.36%。回收率为 57.23%。分别采用单一磁选和重磁联合流程回收石榴子石，均可获得石榴子石精矿产品，其中磁选方法获得的精矿回收率高，可得到品位 76% 的石榴子石精矿，回收率为 87.78%。

柿竹园多金属矿床属世界级超大型钨、铋、钼、萤石、石榴石等多种有价值组分共生的复合矿床。其中伴生的萤石储量占全国伴生萤石储量的74%，占全国萤石储量的5%，浮钨尾矿的萤石含量一般为18%~22%，萤石量约14万吨；而石榴石是该矿床的主要造岩矿物之一，储量达5441万吨以上，约占该矿床矿石量的27%，资源十分丰富。对柿竹园浮钨尾矿中萤石及石榴子石的回收，我国多家研究单位和大学进行了大量的研究工作。2011年9月，柿竹园有色金属有限责任公司李纪针对柿竹园白钨浮选尾矿，采用733为捕收剂、硫酸为活化剂、水玻璃为抑制剂，进行了综合回收萤石的实验研究，最后采用一次粗选、两次扫选和五次精选工艺流程，获得了CaF_2品位94.31%的萤石精矿，回收率70.06%。2005年3月，湖南科技大学申少华等针对柿竹园多金属矿石榴子石资源特点，分别采用浮—磁浮主干流程和螺旋溜槽预选—预选中矿强磁和摇床从尾砂中回收石榴子石，可得到品位达89%的石榴子石精矿，回收率达40%以上。

4.2.6 钽铌尾矿的再选

江西省宜春钽铌矿选矿尾矿经浮选回收锂云母，重选回收长石，成为我国最大的锂云母产地，其尾矿再选的产品产值已占生产总产值的52.4%，产出的锂云母供全国不少地方生产锂及其他锂产品，获得多种应用，长石也用于玻璃、陶瓷。

4.3 金矿尾矿的再选

由于金的特殊作用，从选金尾矿中再选金受到较多重视。实践证明，由于过去的采金及选冶技术落后，致使相当一部分金、银等有价元素丢失在尾矿中了，据有关资料报道，我国每生产1t黄金，大约要消耗2t的金储量，回收率只有50%左右。也就是说，大约还有一半的金储量留在尾矿、矿渣中，国外的实践证明，金尾矿中有50%左右的金都是可以设法回收的。

在我国20世纪70年代前建成的黄金生产矿山，选矿厂大多采用浮选、重选、混汞、混汞+浮选或重选+浮选等传统工艺，技术装备水平低，生产指标差，金的回收率低。尾矿中金的品位多数在1g/t以上，有些矿山甚至达到2~3g/t；少数矿石物质组分较复杂的矿山或高品位矿山，尾矿中的金品位达3g/t以上。随着近年来选冶技术水平的提高，特别是在国内引进并推广了全泥氰化炭浆提金生产工艺后，这部分老尾矿再次成为黄金矿山的重要资源。选矿成本如按照全泥氰化炭浆生产工艺计算，在尾矿输送距离小于1km的条件下，一般盈亏平衡点品位为0.8g/t。因此尾矿金品位大于0.8g/t者，均可再次回收。

我国黄金矿产资源大多数为共（伴）生矿，许多黄金矿山尾矿中含有可供综合回收的多种伴生元素组分，特别是矿山初建阶段，大量伴生有价组分都随尾矿流失。由于在浮选过程中一些伴生矿物也会得到一定程度的富集，尾矿一般都有较高的品位。据调查，有些采用浮选—金精矿氰化工艺的选矿厂，浸渣中有价元素含量普遍高于最低工业品位，有的甚至是最低工业品位的两倍以上。例如：金矿石中常常伴生铜、锌、铅、铁、硫等，有相当数量的尾矿中铅品位大于1%，硫品位大于8%，铜品位大于0.2%，铁品位大于10%。因此，具有一定的回收价值。因此，金尾矿中的伴生组分，如铅、锌、铜、硫等的回收也应得到重视。

4.3.1 从金矿尾矿中回收铁

4.3.1.1 磁—重联合回收工艺

陕南月河横贯安康—汉阴两市县，沿河有五里、安康、恒口、汉阴4座砂金矿山，9条采金船，3个岸上选矿厂。月河砂金矿经采金船和岸上选矿厂处理后所得尾矿中共有21种矿物，矿物以强磁性矿物为主，弱磁性矿物为辅，夹杂有微量的非磁性矿物，目前可利用的只有4种：磁铁矿（42%）、赤铁矿（18%）、钛铁矿（18%）、石榴石（17%），其中石榴石以铁铝石榴石为主。以磁铁矿为主的铁精矿作为强磁性矿物，在砂金尾矿中含量最多，一般为60%，小于1mm粒级中含量达90%以上。

考虑到选厂尾矿中的粉尘已被重选（砂金矿山均采用重选法）介质——水浸洗过，故可采用干式分选工艺分选铁精矿，既可简化工艺设备，又可减少脱水、浓缩和过滤作业，减少占地面积和选矿用水。

安康金矿根据选厂尾矿特性，通过实践，采用 $\phi600\text{mm} \times 600\text{mm}$（214.97kA/m）永磁单辊干选机和CGR-54型（1592.36kA/m）永磁对辊强磁干选机顺次从尾矿中分选磁铁矿、赤铁矿（合称铁精矿）及钛铁矿与石榴石连生体的两段干式磁选工艺（见图4-46），在流程末还增加了两台 XZY2100mm×1050mm 型摇床，用来分选泥砂废石中的金。利用该工艺，安康金矿每年可从选厂尾矿中获得铁精矿1700t，回收砂金2.187kg。

陕南恒口金矿采用单一的 $\phi600\text{mm} \times 600\text{mm}$（87.58kA/m）永磁单辊干选机从选厂尾矿中分选铁精矿，精矿产率达31.2%，选得铁精矿的品位为65%～68%，从尾矿中可产铁精矿1100t/a，借助摇床从中可选砂金1.5309kg。

4.3.1.2 磁选—焙烧—磁选回收工艺

汉阴金矿依照尾矿性质，选择场强为135.35kA/m的湿式磁选机从尾矿中分选铁精矿，分选铁精矿后的尾矿再采用焙烧—磁选的工艺分选出钛铁矿和石榴石，生产工艺如图4-47所示。据初步估算，可年产铁精矿1700t、钛铁矿360t、石榴石468t和选铁时未选净的磁铁矿216t，从中分选金屑1.218kg。

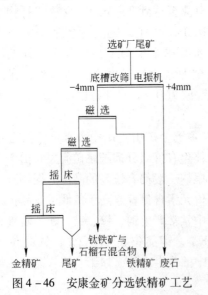

图4-46 安康金矿分选铁精矿工艺　　图4-47 汉阴金矿分选钛铁矿及石榴石等工艺

4.3.2 从金尾矿中回收金、银、硫等有用矿物

4.3.2.1 重选回收金

河南金源黄金矿业有限责任公司采用重选工艺处理浮选尾矿。其中，溜槽月产金精矿 450t，品位 3.5g/t；摇床月产金精矿 60t，品位 16g/t 以上。金精矿经细磨后用浮选法回收金，月回收黄金 2.5kg 以上。2004 年 11 月，该公司又新购置了 4 套螺旋溜槽和摇床设备。2005 年，该公司生产摇床精矿 1215.55t，品位 19.74g/t；溜槽精矿 3551.1t，品位 2.18 g/t。目前，尾矿品位降到了 0.17g/t，金总回收率达到 93% 以上。

黑龙江乌拉嘎金矿原每年产生氰化尾矿近 3 万吨。针对尾矿中微细粒金被黄铁矿包裹的特点，采用旋流器脱泥富集、压滤机压滤、干矿焙烧制酸、烧渣再磨氰化工艺流程进行处理，烧渣中金浸出率达 65% 左右，年回收黄金 91.8kg，生产硫酸 1.8 万吨，为企业带来了可观的经济效益。

4.3.2.2 用炭浆法从尾矿中回收金银

银洞坡金矿于 1981 年 100t/d 选矿厂建成投产，1985 年以后选矿工艺为炭浆工艺。在 1992 年新尾矿库建成之前，老尾矿库堆存了达 90 万吨左右含金较高的可回收尾矿资源，含金量约 1665kg，含银 25t。

选矿厂于 1996 年开始利用原有的 250t/d 的炭浆厂进行处理尾矿的工业实践，采用全泥氰化炭浆提金工艺回收老尾矿中的金、银。生产工艺流程为：尾矿的开采利用一艘 250t/d 生产能力的简易链斗式采砂船，尾矿在船上调浆后由砂泵输送到 250t/d 炭浆厂，给入由 $\phi1500mm \times 3000mm$ 球磨机和螺旋分级机组成的一段闭路磨矿。溢流给入 $\phi250mm$ 旋流器，该旋流器与 2 号球磨机（$\phi1500mm \times 3000mm$）形成二段闭路磨矿，其分级溢流给入 $\phi18m$ 浓缩池，经浓缩后浸出吸附，在浸出吸附过程中，为了扩大处理能力，更进一步提高指标，用负氧机代替真空泵供氧，采用边浸边吸工艺，产出的载金炭，送解吸电解后，产成品金。其选冶工艺原则流程如图 4-48 所示。

经过工业生产实践，主要指标达到了比较满意的结果。

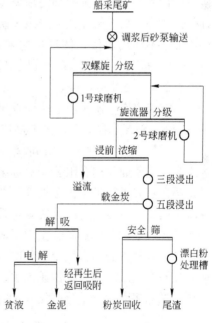

图 4-48 尾矿炭浆法提金选冶流程

生产能力为 250t/d 以上，尾矿浓度为 20% 左右，细度为 -0.074mm 占 55% 左右，双螺旋分级机溢流为 -0.074mm 占 75%，旋流器分级溢流 -0.074mm 占 93%，浸出浓度为 38% ~40%，浸出时间为 32h 以上，氧化钙用量 3000g/t，氰化钠用量 1000g/t，五段吸附平均底炭密度为 10g/L。各主要指标如下：浸原品位金 2.83g/t、银 39g/t，金浸出率为 86.5%，银浸出率为 48%，金选冶总回收率为 80.4%，银选冶总回收率为 38.2%。

据老尾矿库尾矿资源的初步勘察，含金品位大于 2.5g/t 的尾矿约 38 万吨，可供炭浆厂生产 4~5 年，按工业实践推测可从尾矿中回收金 760kg、银 5t，创产值 7000 多万元。

同时应指出，由于处理尾矿的直接成本较低，因而处理大于 1g/t 的尾砂也稍有盈利，它不仅增加了黄金产量，也可降低企业的生产费用，因此处理 1g/t 以上的尾矿也是有利的。

辽宁五龙金矿矿石类型以次生硫化矿物为主，金的嵌布粒度较细，当时采用的选矿流程为浮选工艺。由于工艺流程和选矿条件限制，尾矿品位偏高，金品位为 0.9g/t 左右。生产近 50 年来，尾矿堆存量大约 120 万吨。该矿建立了一座处理规模为 800t/d 的炭浆厂，对尾矿进行直接氰化提金，金的浸出率在 70% 以上，年获经济效益 200 多万元。

4.3.2.3 从金尾矿中回收硫

山东省七宝山矿石类型为金铜硫共生矿，金属硫化物以黄铁矿为主，另有少量黄铜矿、斑铜矿，含金矿物主要有自然金、少量银金矿；金属氧化物以镜铁矿、菱铁矿为主，矿石矿物主要有石英、绢云母等。选别工艺流程采用一段磨矿、优先浮选流程，一次获得金铜精矿产品。1995 年以来，从选金尾矿中回收硫精矿，最初采用硫酸活化法回收硫，但由于成本太高，于 1996 年下半年采用了旋流器预处理工艺，使选硫作业成本降低了 45%，取得了很好的效果。

对优先浮选的尾矿进行分析发现，矿浆不仅 pH 值高，而且含有许多的细小的石灰颗粒，同时由于矿石中黄铁矿的散布粒度粗，密度比脉石矿物大，因而采用旋流器对选金尾矿矿浆进行浓缩脱泥，丢掉细泥部分。φ350mm 旋流器安装在搅拌槽上方，沉砂进入搅拌槽，同时补加清水，选硫浮选中采用一次粗选、一次扫选流程，加黄药 60g/t、松醇油 40g/t。

该工艺不使用硫酸，使选硫精矿成本降低，获得的硫精矿品位达 37.6%，回收率 82.46%，且精矿含泥少，易沉淀脱水，可年增加效益约 120 万元。

4.3.2.4 金尾矿堆浸

三门峡市安底金矿对混汞—浮选尾矿进行小型堆浸试验，共堆浸 1640t 尾矿，尾矿含金品位为 4~5g/t，堆浸后取得了最终尾渣含金品位 0.7g/t，浸出率 80.56%，炭吸附率 99.30%，解吸率 99.30%，总回收率为 79.44% 的技术指标。

山东金洲矿业集团有限公司对选金尾矿和尾矿库堆存尾矿进行了综合回收利用研究，高品位尾矿首先进行堆浸提金处理，然后堆浸提金处理后的尾矿和低品位尾矿作为生产加气混凝土砌块、蒸压砖、多孔砖等建筑材料的原料。通过尾矿堆浸提金、尾矿生产建筑材料的方式充分利用尾矿资源，实现了矿山生产尾矿零排放。

尾矿中矿物主要为自然金，其次为银金矿，金属矿物以黄铁矿为主，偶见黄铜矿。脉石矿物以石英、绢云母、菱铁矿为主，次为长石、水云母，少量绿泥石、绿帘石、方解石等。尾矿样品多元素含量分析见表 4-68，尾矿粒级分析见表 4-69。

表 4-68 尾矿多元素分析结果 （%）

名 称	Au	Ag	Cu	Fe	Pb	Zn	SiO$_2$	MgO	CaO	Al$_2$O$_3$
质量分数	0.28	2.9	0.0122	3.0138	0.0016	0.002	68.1	2.6	4.9	10.482

表 4-69 尾矿筛析结果

粒级/目	产率/%	品位/g·t^{-1}	金属分布率/%
+200	53.52	0.12	23.50
-200 +400	15.61	0.08	4.48

粒级/目	产率/%	品位/g·t^{-1}	金属分布率/%
-400	30.87	0.65	72.02
合　计	100.00	0.28	100.00

对尾矿进行多元素分析和粒级分析得出尾矿 +200 目粒级金品位 0.12g/t，-200 目粒级尾矿品位 0.46g/t，都具有回收价值。采用无制粒化学疏松法堆浸工艺进行尾矿堆浸，利用氰化物，在有氧化剂的条件下，从含金物料中选择性的溶解金、银，使金、银及其他金属矿物与脉石分离。尾矿首先需要进行筑堆，在尾矿筑堆过程中加入疏松剂。尾矿筑堆完毕后，在其上部架设喷淋管道。首先采用 15～30L/(t·d) 喷淋强度水洗，之后转入浸金。氰化钠浓度控制在 0.03%，喷淋强度在 15～20L/(t·d)，浸出的富液全程进行吸附。喷淋、吸附时间 30 天左右。浸出后，用清水喷洗一个循环，洗液作为下次堆浸的补加水，浸渣直接用于制砖，浸渣含水 10% 左右开始卸堆。对于吸附到载金炭中的金采用解吸电解的方法进行回收。

金洲矿业集团三个黄金生产矿山年排出的 27.7 万吨浮选尾矿，其中 10 万吨含金品位在 0.26g/t 以上，这部分尾矿在制建筑材料前，先采用无制粒化学疏松氰化堆浸提取金银后，再用于制砖和其他产品，可提高三矿山选金回收率 1.3%，年回收黄金 18kg，效益 60 万元。

4.3.2.5　国外从尾矿中回收金

南非是世界上最大的黄金生产国，也是最早开始大规模地从尾矿中回收金的国家。在南非估计有 34 亿吨含金品位在 0.2～2g/t 的金矿尾矿，同时每年还产出约 8000 万吨的尾矿，目前南非的 19 个浮选厂中有 12 个处理尾矿，其中 6 个处理回收老尾矿，6 个处理生产过程中的尾矿，从中回收金。南非于 1985 年建成了世界上最大的尾矿再处理工程（Anglo - American 公司的 Ergo 尾矿处理厂），每月能处理 200 万吨尾矿。

5 尾矿在建材工业的应用

金属矿山尾矿的物质组成虽千差万别，但其中基本的组分及开发利用途径是有规律可循的。矿物成分、化学成分及其工艺性能这三大要素构成了尾矿利用可行性的基础。磨细的尾矿构成了一种复合矿物原料，加上其中微量元素的作用，具有许多鲜为人知的工艺特点。尾矿是一种"复合"的矿物原料，它们主要由石英、长石、角闪石、石榴石、辉石以及由其蚀变而成的黏土、云母类铝硅酸盐矿物和方解石、白云石等钙镁碳酸盐矿物组成，化学成分有硅、铝、钙、镁的氧化物和少量钾、钠、铁、硫的氧化物，其中硅、铝含量较高，这是尾矿在建材业的广泛应用的前提条件。尾矿可以用来生产墙体材料、水泥、陶瓷、玻璃、耐火材料等，并可以用做混凝土粗细骨料和建筑用砂。近年来，研究成果较多的是利用尾矿生产墙体材料，这也是尾矿建材应用的主要发展方向。尾矿如何利用，主要取决于尾矿的化学组成、矿物组成和粒度特征组成以及现有的技术条件。

研究表明，尾矿在资源特征上与传统的建材、陶瓷、玻璃原料基本相近，实际上是已加工成细粒的不完备混合料，加以调配即可用于生产，因此可以考虑进行整体利用。由于不需对这些原料再作粉碎和其他处理，制造出的产品往往比较节能，成本较低，一些新型产品价值却很高、经济效益十分显著。工艺试验表明，大多数尾矿可以成为传统原料的代用品，乃至成为别具特色的新型原料。如高硅尾矿（$SiO_2 > 60\%$）可用作建筑材料、公路用砂、陶瓷、玻璃、微晶玻璃花岗岩及硅酸盐新材料原料，高铁（$Fe_2O_3 > 15\%$）或含多种金属尾矿可作色瓷、色釉、水泥配料及新型材料原料等。

各国都把无废料矿山作为矿山开发目标，广泛开展对尾矿的综合利用研究，尤其是在利用尾矿研制生产建筑材料方面取得很大成果。俄罗斯、美国、日本和加拿大等国尤为突出，俄罗斯选矿厂尾矿用于建筑材料约占 60%，除制造建筑微晶玻璃和耐化学腐蚀玻璃外，还研制生产各种矿物胶凝材料；美国除从废石中回收萤石、长石和石英等用于其他工业外，绝大部分用做混凝土骨料、地基及沥青路面材料；日本将尾矿与 10% 硅藻土混合成型，并在 1150℃煅烧，研制出轻质骨料，其密度为 1.77g/cm³，抗压强度 8.33MPa。

在尾矿资源化过程中，建材业必将会扮演越来越重要的角色。另一方面，我国建筑业目前仍处于不断发展之中，对建材的需求量有增无减，这无疑为利用尾矿生产建材提供了一个良好契机。

5.1 利用尾矿制砖

普通墙体砖是建筑业用量最大的建材产品之一，而国家为了保护农业生产，制定了一系列保护农业耕地的措施，因此制砖的黏土资源将愈来愈显得紧张，利用尾矿制砖则不失为一条很好的途径。利用尾矿制砖应从砖体结构和加工工艺上开展研究，尽早生产出大宗用量、经济、耐用、轻质的产品。

利用尾矿制砖除通常的建筑用砖外，还包括路面砖、墙面装饰用砖等，根据不同的工艺可以分为烧结砖、蒸压砖、蒸养砖和双免砖等。烧结砖属于烧结类建材，是以热力为形成动力的高温生成材料，它对尾矿成分的要求较低，只要尾矿的组成范围符合或者接近产品的设计成分，就可以作为烧结砖的主料或者配料使用。蒸压砖、蒸养砖属于水合型建材，一般的工艺过程是以细尾砂为主要原料，配入少量的骨料、钙质胶凝材料及外加剂，加入少量的水，均匀搅拌后在压力机上压制成型，脱模后标准养护。根据养护条件的不同又分为蒸压砖、蒸养砖。蒸压砖是经高压蒸汽养护硬化而成的砖，蒸养砖是在常温下经蒸汽养护硬化而成的砖。双免砖即免烧免蒸砖，此类建材属于胶结型建材，成型的原理与前两种有本质的差别，它是靠胶结剂在常温下或者低于 100℃ 环境下结合为一个整体的。但是，由于此类建材强度和耐久性主要是依靠水泥的水化作用，需要保持一定的温度和湿度，因此，在养护阶段有时需要采用湿热养护的方法，这种养护方式分为蒸汽养护和蒸压养护，从这一点看，这种建材制品并不是完全不用蒸养；同样，蒸压砖和蒸养砖的原料当中有时也会加入少量的胶结材料以增加产品的强度，因此，这几种产品并没有严格的区分。

5.1.1 铁尾矿制砖

铁尾矿是一种复合矿物原料，是铁矿石经加工、磁选后以泥浆状排放的矿物废料。其成分包括化学成分和矿物成分，其主要成分是石英，主要含 SiO_2、Al_2O_3、Fe_2O_3、CaO、MgO 等，还含有少量的 K_2O、Na_2O 以及 S、P 等元素。大部分铁尾矿中成分主要都是 SiO_2，而对于做建材原料的尾矿来说，主要是指其在 $Ca(OH)_2$ 溶液中所表现出的化学反应活性。虽然铁尾矿本身几乎没有水硬胶凝的特性，但是在加水后的铁尾矿粉末在常温或者水热养护条件下，与 $Ca(OH)_2$ 反应能够形成水硬胶结性能很好的化合物。而且按照颗粒增强复合材料的层次结构理论，矿质混合材料的作用主要是与胶凝材料反应生成凝胶或微晶矿物，以增加胶结相的数量，其原理与水化合成尾矿建材相似。

5.1.1.1 制作免烧砖及蒸压砖

免蒸免烧砖属于胶结型尾矿建材，是指在常温下或不高于 100℃ 的条件下，通过胶结材料将尾矿颗粒结合成整体，而制成的有规则外形和满足使用条件的建筑材料或制品。在这类材料中，尾矿主要起骨料作用，一般不参与材料形成的化学反应，但其本身的形态、颗粒分布、表面状态、机械强度、化学稳定等性质，却对材料的技术性能有重要的影响。主要原理为各原料混合与水反应生成水化硅酸钙 CSH 和水化铝酸钙 CAH 等物质（C 为 CaO，S 为 SiO_2，A 为 Al_2O_3，F 为 Fe_2O_3），两种水化产物将铁尾矿颗粒胶结在一起，同时也是铁矿尾矿砖强度的主要来源。

马鞍山矿山研究院采用齐大山、歪头山铁矿的尾矿，成功地制成了免烧砖。这种免烧墙体砖是以细尾砂（含 $SiO_2 > 70\%$）为主要原料，配入少量骨料、钙质胶凝材料及外加剂，加入适量的水，均匀搅拌后在 60t 的压力机上以 $19.6 \sim 114.7MPa$ 的压力下模压成型，脱模后经标准养护（自然养护）28d，成为成品，工艺流程如图 5-1 所示。齐大山、歪头山两种尾矿砖经测试，各项指标均达到国家建材局颁布的《非烧结黏土砖技术条件》规定的 100 号标准砖的要求。

大连理工大学与鞍钢大孤山铁矿合作，利用铁尾矿和石灰为主要原料，加入适量改性

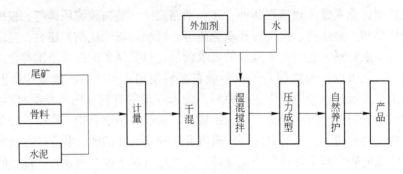

图 5 - 1　尾矿免烧砖生产工艺流程

材料及外加剂，研制成了蒸养尾矿砖，其物理力学性能比较好，标号可以达到 100 号以上标准砖的要求。

冯学远等利用张家口市赤城县龙关地区具有典型特征的高硅铁尾矿制成的免蒸免烧砖，在抗压强度和抗折强度等方面达到了 MU10 的国家标准要求，在最佳配比中，尾矿的利用率将近 50%。张锦瑞、贾青梅等人采用唐山石人沟铁尾矿加入部分粗骨料及水泥进行试验研究，制得 MU10 和 MU15 强度等级的尾矿砖，尾矿在原料配比中最高可达 70%。

用铁尾矿制备蒸压砖和免蒸免烧砖工艺基本相同，区别主要在于养护制度的不同。贾青梅、张锦瑞等也进行了唐山石人沟高硅铁尾矿制作蒸压尾矿砖的研究，取得了良好的效果。铁尾矿在添加部分校正材料，经配料、坯料制备、振动成型后蒸压养护 11h，最终制得的蒸压尾矿砖抗压、抗折强度均达到相关标准要求，尤其其中铁尾矿利用率较高，在原料配比中平均 50%。

5.1.1.2　制作墙、地面装饰砖

铁尾矿制作装饰面砖，工艺简单，原料成本低，物理性能好，表面光滑、美观，装饰效果相当于其他各类装饰面砖（如水泥地面砖，陶瓷釉面砖）。陈吉春等人利用低硅铁尾矿（武钢矿业公司程潮铁矿筛上尾矿）成功制得尾矿压制彩色路面砖，并且确定较佳配方是水泥：粉煤灰：尾砂 = 25∶10∶65、水灰比 8%；其后又就不同外加剂对产品性能的影响进行了研究，采用利用难度较大的低硅铁尾矿，配合湿排粉煤灰、425 号普通硅酸盐水泥、分别加以 TN、TH、TB、FN、TNC（市售的化学纯试剂）作为外加剂制成路面砖，确定影响路面砖强度等性能的外加剂增强效果依次为 FN > TNC > TN > TB > TH。张熠等利用安徽黄梅山铁尾矿为主要原料，采用反打振动工艺和压制工艺制备彩色地面砖，其抗压强度均高于国家标准，符合道路建设要求。其配比及相关数据见表 5 - 1。反打振动制备工艺生产的彩色地面砖具有美观、高强、防滑、耐磨等特点，且投资小、见效快、产品质量好，品种多，档次较高，附加值高。但是需求量、交通运输费用高。压制工艺自动化程度高，单位产量大，工艺流程简单，生产效率高，具有防滑、耐磨、抗冻、泄水、易铺、易拆、易补、易修等许多优点。这种砖在公园、道路、广场应用广泛，需求量极大，具有很大的发展前景。

马鞍山矿山研究院利用齐大山和歪头山铁矿的细粒尾矿，加入少量的无机胶凝材料、普通硅酸盐水泥、白色硅酸盐水泥和适量的水，经均匀混合、搅拌后，采用两层（基层、面层）做法，加工成装饰面砖，其生产工艺如图 5 - 2 所示。产品经测试证明，其抗压

表 5-1　试块配比及抗压强度检测

技术方案	尾矿/%	水泥/%	碎石/%	抗压强度/MPa
反打振动工艺	46.2	38.5	15.3	31.15
压制工艺	40	13.3	46.7	24.9

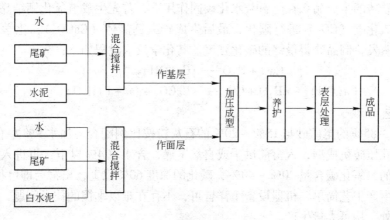

图 5-2　装饰面砖生产工艺流程

强度平均为 19.6MPa；抗折强度为 5.0MPa，耐碱性、耐腐蚀性均较强。铁尾矿制作装饰面砖，工艺简单，原料成本低，物理性能好，表面光洁、美观，装饰效果相当于其他各类装饰面砖（如水泥地面砖、陶瓷釉面砖）。

同济大学与马钢姑山铁矿合作，利用粒度为 0.15mm 以下的尾矿粉为主要原料，掺入 10%~15% 的生石灰粉，压制成各种规格和外形的砌墙砖、地面砖。生产的砖块在不加任何颜料的条件下为褐色，色彩均匀，且不褪色，适宜于砌筑清水墙。如采用硅酸盐水泥作胶合料，则效果更佳，可进一步简化工艺。生产的装饰面砖，更适合作外墙贴面砖，也可在已制成砖的表面采用不饱和聚酯树脂处理，调入不同色彩的颜料，做成单色或仿天然大理石花纹的彩色光滑面砖，也可不加任何颜料，单用树脂或其他涂料做成深褐色的光面砖，可代替普通瓷砖、人造大理石等作室内装饰用。采用常压蒸汽养护处理的尾矿砖，测其抗压强度为 12.4MPa；抗折强度为 3.0MPa。当混合料中加入适量的粉煤灰及少量石膏后，强度可提高到 20.0MPa 以上。而且，经测试该种尾矿砖还是一种能耐大气作用的材料。

5.1.1.3　制作机压灰砂砖

金岭铁矿选矿厂结合矿山的特点，利用尾矿生产机压灰砂砖。该砖是以铁尾矿为主，加入适量水泥，经干搅拌均匀，再加入少量胶结材料进行碾压，提高其表面活性，经压力机压制成型后，自然养护而成。该工艺流程简单，不用火烧，不用蒸养，既节约能源（每万块砖比黏土砖节约能耗（标煤）约 0.16t），又无污染；所生产灰砂砖尺寸准确，棱角分明，外观齐整，砖体平直，可节省抹面灰浆用量，提高工效，降低造价。该矿于 1989 年 10 月建成了生产线，所生产的灰砂砖经测试，其各项物理性能指标均达到机压灰砂砖 100 号标准的技术要求。

5.1.1.4 制作碳化尾矿砖

玉泉岭铁矿从 1986 年研制利用尾矿作碳化砖，已经取得成果。碳化尾矿砖，是以尾矿砂和石灰为原料，经坯料制备，压制成型，利用石灰窑废气二氧化碳（CO_2）进行碳化而成的砌体材料。

A 原理

碳化灰砂砖的半成品系在生石灰水化硬固作用下，首先生成氢氧化钙结晶，再利用石灰窑废气二氧化碳（CO_2）进行碳化，最后生成碳酸钙晶体（$CaCO_3$），化学上的结合水从水化物中蒸发，制品获得最终的碳化强度。其化学反应过程如下：

$$CaO + H_2O \longrightarrow Ca(OH)_2$$
$$Ca(OH)_2 + nH_2O + CO_2 \longrightarrow CaCO_3 + (n+1)H_2O$$

B 工艺

将 80% ~85% 的尾矿砂与 15% ~20% 的石灰粉按比例配合，加水 9% 左右搅拌溶解，然后，用八孔压砖机成型，入窑前烘干或自然干燥，含水率 4% 以下，再进入隧道窑进行碳化，碳化的二氧化碳含量 20% ~40%，碳化的深度 60% 以上，出窑后即可得成品。

这种砖生产工艺简单，机器设备土洋皆可，不存在难以掌握的技术问题，凡是有尾矿砂和石灰岩处，均可大量生产。

5.1.1.5 制作蛇纹石釉面砖瓦

威海市铁矿排放的尾矿主要是蛇纹石矿渣，年排放量为 10 万~15 万吨，为解决蛇纹石矿渣的综合利用，1987 年 5~7 月进行了蛇纹石矿渣釉面砖制作工艺可行性试验。蛇纹石矿渣的主要矿物成分为蛇纹石、橄榄石、透辉石、透闪石、角闪石等硅酸盐类矿物。其磨矿粒度细而均匀，一般 -0.256mm 占 85%，就其矿渣的矿物成分、化学成分、粒度等物理化学特性而言，可直接用于制作砖瓦等普通民用建筑饰面材料的主要原料。

A 蛇纹石矿渣釉面砖瓦制作原理

蛇纹石矿渣釉面砖瓦制作原理主要是根据其矿物的熔融—结晶特性。矿物由固相转化成固液相的高温熔融过程中，物料中各分子间的斥力增加，分子间键的结合力减小；而由固液相转化成固相的结晶过程中，物料中分子间的吸引力增加，分子间键的结合力增强。富含 SiO_2、Al_2O_3、CaO、MgO、Fe_3O_4 为化学特性的蛇纹石矿渣釉面砖瓦型坯，经高温熔融结晶，完成固相→固液相→固相的物理化学反应过程，使其物料分子间的结合力增强。导致烧成的砖瓦在硬度、强度、耐蚀性、浸水性等方面发生变化，改善了原有的各种物理性能。

B 制作工艺

蛇纹石矿渣釉面砖瓦的主要制作工艺是：原料配备、毛坯成型、釉面加工、热气干燥、熔融结晶。

（1）原料配备。主要根据矿渣化学成分及物理特征，制备出高于普通砖瓦耐火度及细度的制坯原料。制坯原料一般应满足下列要求：化学成分为 SiO_2 60% ~70%、Al_2O_3 10% ~25%、$CaO + MgO$ 0% ~25%、Fe_2O_3 3% ~15%，粒度大于 0.25mm 的占 2%，0.25~0.05mm 的占 40%，0.05~0.005mm 的占 45%，小于 0.005mm 的占 12%。可塑性指数小于 7（按液限塑限），干燥收缩小于 12%，烧成线收缩小于 8%。

（2）毛坯成型。制备好的原料经搅拌机调配成可塑状，并切割成坯料，将坯料送入模具用压力机压制成毛坯，再送干燥室干燥。

（3）釉面加工。近干毛坯经表面光洁度处理后，喷涂釉料，即根据需要喷涂基釉、彩釉等。经干燥室热气干燥，使其水分含量低于 1% 后入窑。

（4）熔融结晶。干燥好的毛坯入窑，一般采用耐火材料特制多孔窑、隧道窑等。第 0 ~ 14h 可平均每小时升温 50℃，第 14 ~ 20h 可平均每小时升温 30℃，恒温烧至 25 ~ 28h，窑内温度达 1000 ~ 1050℃，物料呈固溶态时，停火 4 ~ 6h，降温结晶。

这种釉面砖制作工艺简单，原料广泛，成本低廉，具有广阔的利用前景。

5.1.1.6 制作三免尾矿砖

鞍钢以铁矿尾矿粉为主要原料制作出了免压、免蒸、免烧的三免尾矿砖，这种砖经测试完全符合 IC153—75 MU10 标准的要求，已通过省级技术鉴定。

A 主要原料及质量要求

该砖以铁尾矿粉为主要材料，石灰为固化剂，水泥为黏结剂。

（1）铁尾矿粉：为鞍山地区三烧选矿厂生产的铁尾矿，其化学成分、物理性质及颗粒级配见表 5-2 和表 5-3。密度为 2.85g/cm^3，堆积密度为 1480kg/m^3，含泥量不大于 3%，含水量不大于 2%。

表 5-2 铁尾矿粉化学成分

化学成分	SiO$_2$	FeO	MgO	Al$_2$O$_3$	CaO	FeCO$_3$	S	P	其他	烧失量
质量分数/%	70.53	4.07	2.74	1.06	2.44	8.17	0.1	0.033	3.11	3.68

表 5-3 铁尾矿粉颗粒级配

筛孔尺寸/mm	0.6	0.4	0.3	0.15	0.1	0.08	+0.076	-0.076
分计筛余/%	0.26	1.6	9.0	33.8	26.5	0.43	10.01	18.41

（2）石灰：生石灰为固化剂，其有效 CaO 的质量分数不小于 65%，松散密度 1100kg/m^3，其颗粒级配见表 5-4。其适合的掺量为 10% ~ 20%。

表 5-4 生石灰粉的颗粒级配

筛孔尺寸/mm	0.6	0.3	0.08	+0.076	-0.076
分计筛余/%	14.6	27	25.6	0.25	32.51

（3）掺和料粉煤灰：粉煤灰是来源广泛的工业废渣，其密度为 2.2g/cm^3，松散堆密度 1000kg/m^3、细度 0.08mm 方孔筛的筛余不大于 8%，烧失量不大于 7%，三氧化硫的质量分数不大于 3%。化学成分见表 5-5。其合适的掺量为 15% 左右。

表 5-5 粉煤灰化学成分

化学成分	SiO$_2$	Al$_2$O$_3$	Fe$_2$O$_3$	CaO	MgO	S
质量分数/%	48.74	35.76	5.30	3.06	1.19	0.26

（4）激发剂与复合外加剂：激发剂为半水石膏（CaSO$_4$·0.5H$_2$O），复合外加剂为自配的 K 剂。其掺量为 0.5% ~ 1.0% 为宜。

（5）水泥：325 号或 425 号水泥，普通硅酸盐水泥或矿渣硅酸盐水泥均可。其掺量由造价控制，一般水泥掺量不大于 15%。

B 机理

实现尾矿粉砖三免（免压、免蒸、免烧），必须以其原料在常温下形成硅酸盐、铝酸盐及水化硫铝酸盐水化物为前提。经光衍射分析表明：砖坯中含有较多 C—S—H 托勃莫来石凝胶或晶体，并有少量水化硫铝酸钙针状晶体存在。因为制砖中加入的复合外加剂为一种高效的表面活性剂，分散、吸附效应使水泥水化点增加，改善了水泥、石灰、尾矿粉、粉煤灰微粒的界面状况，水化反应得以加速，并在常温下硬化产生相当的强度。

制备三免砖主要水化反应包括（反应式中 C 为 CaO，S 为 SiO_2，A 为 Al_2O_3，F 为 Fe_2O_3）：

$$2C_3S + 6H_2O \Longrightarrow 3CaO \cdot 2SiO_2 \cdot 3H_2O + 3Ca(OH)_2$$
$$2C_2S + 4H_2O \Longrightarrow 3CaO \cdot 2SiO_2 \cdot 3H_2O + Ca(OH)_2$$
$$C_3A + 6H_2O \Longrightarrow 3CaO \cdot Al_2O_3 \cdot 6H_2O$$
$$C_4AF + 7H_2O \Longrightarrow 3CaO \cdot Al_2O_3 \cdot 6H_2O + CaO \cdot Fe_2O_3 \cdot H_2O$$
$$3CaO \cdot Al_2O_3 \cdot 6H_2O + 3CaSO_4 \cdot 2H_2O + 20H_2O \Longrightarrow C_3A \cdot 3CaSO_4 \cdot 3H_2O$$
$$xCa(OH)_2 + Al_2O_3 + mH_2O \Longrightarrow xCaO \cdot Al_2O_3 \cdot mH_2O$$
$$yCa(OH)_2 + SiO_2 + nH_2O \Longrightarrow yCaO \cdot SiO_2 \cdot nH_2O$$

水泥水化产生的 $Ca(OH)_2$ 进一步与尾矿粉粉煤灰中活性 Al_2O_3、SiO_2 反应，形成低碱性硅酸盐、铝酸盐水化物，促使砖坯结构致密，强度提高，并且具有良好的抗冻性，耐水性等其他优良特点。

C 工艺过程

工艺过程主要包括配料、搅拌、陈化、成型、养护。按尾矿粉：水泥：粉煤灰：石灰 = 6 : 1.5 : 1.5 : 1 或 7 : 1 : 1 : 1 的比例配料，再加入激发剂（石膏），干拌均匀。将水和 K 剂加入，人工搅拌均匀。其中用水量一般为尾矿粉重的 20%～30%。搅拌后静置 20～30min，陈化后装入模具，抹平表面，24h 后拆模，在空气或水中养护一个月即可。在水中其强度要比在空气中高约 20%～30%。

该种工艺制砖可大量应用工业废渣，有利于开辟材料资源、节约能源和生产成本。

5.1.1.7 制作玻化砖

制备玻化砖首先要求原矿中 SiO_2 和 Al_2O_3 的质量分数要高，同时含有一定量的 K_2O、Na_2O、CaO、MgO 等低熔点物质。在对国内外的陶瓷玻化砖化学组成及我国几种典型铁矿尾矿的化学组成对比之后可以发现，鞍山式铁矿尾矿基本可以满足成分要求，而有些铁矿尾矿通过添加石英砂也可以达到要求。值得注意的是，铁尾矿中含有一定量的 Fe_2O_3，在经过不同工艺处理后可以使烧结坯体呈现棕、黄、红、黑等不同颜色，是制备彩色陶瓷玻化砖的天然着色剂。

早在 20 世纪末我国就开始探索利用铁尾矿制备陶瓷玻化砖的可行性。1997 年，北京科技大学倪文等最先利用大庙铁矿尾矿或者添加一定量的黏土制备出陶瓷玻化砖，抗压强度 162MPa，抗折强度 62MPa，吸水率小于 0.1。近年来随着尾矿资源化受到重视，同时建筑材料的市场需求不断提高，对铁尾矿制备玻化砖的研究越来越多。2007 年，湖南有色金属研究院以本钢尾矿为原料进行玻化砖工作实验，产品颜色为灰色，吸水率 0.68%，抗压强度 65.3MPa，符合建材行业标准。2012 年，景德镇陶瓷学院石棋利用攀钢铁尾矿制备了黑色玻化砖，吸水率 0.1%～0.4%，抗压强度 46.2～48.7MPa，耐磨性 146～155mm。2013 年，北京科技大学焦娟等对程潮铁尾矿制备通体砖及陶瓷玻化砖进行了试验，研究表明程潮铁尾矿可制备黑色陶瓷玻化砖。

北京科技大学利用大庙钒钛磁铁矿型尾矿添加黏土制作玻化砖的试验研究。

A 原料

大庙铁矿尾矿的主要矿物为斜长石、辉石、绿泥石、绿帘石等脉石矿物。将尾矿磨细后做化学分析，其结果见表 5-6。

表 5-6 尾矿化学分析结果 （%）

化学成分	$Fe_2O_3 + FeO$	Al_2O_3	MgO	K_2O	Na_2O	CaO	TiO_2	P_2O_5	MnO	SiO_2
质量分数	16.48	16.26	3.62	1.02	3.02	6.79	4.28	0.62	0.15	43.02

黏土主要矿物成分为蒙脱石，化学成分如下：SiO_2 68.04%、Al_2O_3 16.46%、K_2O 0.22%、Na_2O 2.31%、CaO 0.29%、MgO 6.20%、Fe_2O_3 微量、烧失量 5.92%。其掺入量为 10%。

B 工艺过程

将尾矿按一定比例与黏土混合，混合物料磨至 -0.043mm 占 98% 以上，再将烘干后的物料加入 5% 水造粒，将此粒料在 38MPa 压力下制成湿坯，然后在 1145～1150℃ 煅烧，烧成的试样经抛光后即可得咖啡色玻化砖，经检测，其各项性能指标均符合商品玻化砖的要求。如在还原气氛下煅烧，即把砖坯与木炭粉放入同一匣钵中，密封起来，而砖坯与炭粉不直接接触，否则与炭粉直接接触的部分磁铁矿被还原成氧化铁和金属铁发生熔流现象。结果得到的是黑色坯体，抛光后为亮黑色。

利用大庙铁矿的原尾矿可以制成质量符合商品玻化砖标准的咖啡色玻化砖和黑色玻化砖。从生坯强度和烧成温度范围看，可以进行扩大实验和工业实验。

虽然我国对铁尾矿生产陶瓷玻化砖的研究较早，但目前仍未实现铁尾矿大批量工业化生产陶瓷玻化砖，如要实现工业化规模生产仍需解决技术问题、产品的推广及市场开拓等一系列问题。

5.1.1.8 制作烧结砖

烧结砖是一种应用历史悠久、用量也非常大的建筑材料。为了生产烧结砖，我国每年都要消耗大量的黏土，在取土的同时还毁坏了很多良田，所以我国政府已经明令禁止生产黏土实心烧结砖。烧结砖对原材料要求不高，但用量要求却很大，而铁尾矿恰好是一种产量很大、利用率很低的废渣，有很好的利用前景。以铁尾矿代替部分黏土，掺入适量增塑剂，完全可以烧制出普通黏土砖，而且可通过控制铁尾矿掺量，制成不同强度等级的尾矿砖。用铁尾矿生产烧结砖，可利用工厂现有条件，投资少，见效快，也为铁尾矿综合利用开辟了一条新途径，节能利废，保护环境。

王金忠利用本溪歪头山铁尾矿成功地研制出烧结砖。由于铁尾矿成分复杂，又无黏结性，在烧结砖中用多了，则降低可塑性；若少用，又达不到大量综合利用的目的。所以试验中分别掺入 30%、40%、50%、60% 的铁尾矿与黏土及适量增塑剂（自制）进行配料试验，结果表明完全可以烧制出普通黏土砖，而且可通过控制铁尾矿掺量，制成不同强度等级的尾矿砖，流程如图5-3所示。

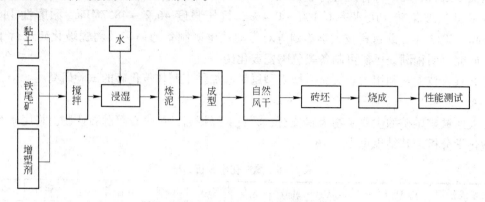

图5-3 铁尾矿制烧结砖工艺流程

在铁尾矿制备烧结砖方面，具有代表性的还有梅山铁矿，梅山铁矿联合西安建筑科技大学、山东工业陶瓷研究设计院等单位，先后利用梅山铁矿尾矿进行了实验室试验、半工业试验、工业试验的系统研究，尾矿利用率可达到80%~100%。通过工艺研究确定尾矿烧结砖的烧成温度范围为1050~1150℃。烧制过程中实心砖可竖码，多孔砖和大孔砖宜平码，在氧化气氛下可以烧制出颜色统一的红色制品，生产出的实心砖和多孔砖，抗压强度达到建筑烧结砖MU10的标准，完成了冻融试验、泛霜试验、抗石灰爆裂试验，抗冻融性及吸水率符合建筑烧结砖标准。2005年4月正式把尾矿作为制砖原料，生产的烧结砖应用于高层商品房。

5.1.2 铅锌尾矿制砖

5.1.2.1 制作耐火砖与红砖

湖南邵东铅锌选矿厂尾矿在利用分支浮选回收萤石的生产流程中，第一支浮选尾矿经水力旋流器分级的部分溢流的主要成分为二氧化硅和三氧化二铝，其耐火度为1680℃。利用该溢流产品，再配加部分黏土熟料（2.361mm）和夹泥，经混炼成型后自然风干，在80℃和120℃条件下烘干，然后在重烧炉中烧成即得到最终产品，其性能经测试可达到国家高炉用耐火砖标准。在回收萤石的浮选流程中精选产生的部分尾矿富含二氧化硅和氟化钙，若返回萤石浮选回路将会影响萤石精矿质量，故作为一部分单独尾矿产出。为使该部分尾矿得到合理应用，进行了烧制红砖试验。将尾矿与黏土按3:2的比例进行混合，然后经烘干（120℃，4h）、烧制（1000℃，3h），即可得成品。

5.1.2.2 制作蒸压硅酸盐砖

江西铜业公司下属的银山铅锌矿已建成一个年产1000万块砖的尾矿砖厂，利用尾矿生产蒸压硅酸盐砖，其生产工艺流程如图5-4所示。

工艺流程的技术要求：

（1）配比：尾矿85%，石灰15%；

（2）氧化钙质量分数：65%以上；

（3）消化温度：80℃以上；

（4）消化时间：6h；

（5）蒸汽压力：0.8MPa；

（6）蒸汽温度：170℃以上。

生产的成品砖强度高，色泽美观。经检测，其抗压强度为 18~21MPa，抗折强度为 3.7~5.5MPa，抗冻性能良好（17 次冻融合格），其他物理力学性能全部满足使用要求，测定结果为国标 150 号砖，比普通黏土砖标号要高，可在一般工业与民用建筑中广泛使用。

5.1.3 铜尾矿制砖

5.1.3.1 制作灰砂砖

月山铜矿每年生产排出的尾砂达 7.5 万吨。该矿铜尾砂是以石英为主的由十多种矿物构成的细砂，经技术分析，证明无综合回收价值。该矿进行了利用尾矿制砖的扩大试验，已取得成功。

A 原料性质

从国内灰砂砖厂用砂的资料看，其主要成分 SiO_2 质量分数一般不低于 65%，有害成分云母不宜过高。而该矿尾砂的主要化学成分为：SiO_2 60.43%、Al_2O_3 14.27%、Fe_2O_3 4.69%、CaO 6.22%、MgO 1.40%、K_2O 3.4%、Na_2O 3.86%，基本符合制砖用砂要求。

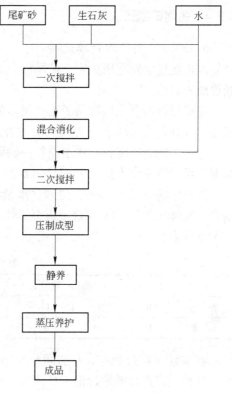

图 5-4 银山铅锌矿蒸压硅酸盐砖生产工艺流程

B 生产工艺

以尾砂和石灰为原料（可加入着色剂掺加料），经坯料制备、压制成型、饱和蒸压养护而成。

所制灰砂砖经检验，质量均达部颁标准，按外观指标为一等砖，其技术指标均超过红砖，其利用前景广阔。

5.1.3.2 制作蒸养标准砖

北京科技大学赵风清等利用铜尾矿、磨细矿渣、粉煤灰，在碱性复合激发剂存在的情况下，通过湿热养护工艺制成承重标准砖。试验采用的主要原材料是承德铜兴矿业公司铜矿尾矿、矿渣、周边电厂的粉煤灰、激发剂和碎石粉。原料配比中固体废渣用量最高可达全部固体原料的 95%（其中尾矿占 60%~70%）。试验采用模拟制砖配方，用 40mm×40mm×160mm 试模振动成型，24h 后脱模，进行蒸汽养护，蒸养温度 70℃、蒸养时间 6h，然后分别测定蒸养后和蒸养后再标准养护 28d 以后的抗压强度。采用正交试验法进行工艺参数优化，产品抗压强度达到 18.1MPa，抗折强度达到 3.6MPa，具有良好的抗冻融性和稳定性。

该工艺以低活性（低硅）尾矿为原料，采用碱激发粉煤灰-矿渣胶凝材料，通过温度较低的蒸养工艺试制出合格的承重标准砖，为低活性尾矿的资源化利用探索了一条新路。

5.1.4 金尾矿制砖

5.1.4.1 制作陶瓷墙地砖

山东建材学院利用焦家金矿尾砂，添加少量当地的廉价黏土研制出符合国家标准的陶瓷墙地砖制品。

主要原料为金尾砂和坊子土。尾砂为焦家金矿的尾砂，其主要矿物有石英、长石、绢云母、红柱石等。坊子土为当地的一种黏土，如其来源有困难时，可用其他同类黏土代替。生产工艺为：配料→加水搅拌→轮碾打粉→捆料→100t 摩擦压机成型→60min 辊道干燥器干燥→辊道窑素烧（90min）→素检→上釉→辊道窑釉烧（90min）→检选包装。

配料中坊子土占18%；尾砂含水量约为8%～17%，生产中可根据实际调整加水量。素烧与釉烧均采用50m煤烧辊道窑，烧成周期均为90min，烧成温度为1140～1180℃。釉料配方见表5-7。

表5-7　釉料配方　　　　　　　　　　　　　　　　　　　　　　（%）

名　称	长　石	石　英	高岭土	石灰石	萤　石	烧 ZnO	锆英砂	熔　块	烧滑石
底　釉	40	21	12	4	5	4	5	3	6
面　釉	46	11	5	5	3	3	10	11	6

在实际生产过程中，厂方可根据市场现状及用户的要求而选择不同的彩色釉和艺术釉，从而提高产品的附加值。经测试，烧成制品的物理力学性能符合有关的国家标准，外形尺寸及外观质量也符合有关国家标准。

用金尾矿生产陶瓷墙地砖产品，同生产水泥免烧砖相比，成本低、售价高，为尾矿的利用开辟了一条新途径。

5.1.4.2 制作蒸压标准砖、榫式砖

山东省教委科技发展计划课题 TM94J5 项目"利用选金尾矿开发系列新型墙体材料研究"于1996年5月通过了技术鉴定，该课题利用选金尾矿为主要原料研制生产出蒸压标准砖、榫式砖。

A　生产工艺

该项目选用的主要原料为岩金矿山的选金尾矿，生产蒸压标准砖的工艺流程如图5-5所示。蒸压选金尾矿榫式砖的生产工艺流程与图5-5相同，只是在压砖工序上，不是采用转盘式压砖机，而是采用 HQY 型液压地砖机，并应配备不同规格的制砖模具。

B　工艺条件

为了保证制品的强度，一般要求尾矿中可溶于水的 SiO_2 与石灰中可溶的 CaO 的摩尔比约等于1∶1。生产时的物料配合比为：

(1) 尾矿：89%～91%；

(2) 生石灰：8%～9%；

(3) 石膏：0.5%～1%；

(4) 晶坯：0.2%～0.5%。

在相同成型压力条件下，尾矿越粗，制品越致密，强度越高。其主要原因是由于物料在拌和时，必然会混入大量空气，当受压时，这些空气被迅速压缩，而压力退去后又会反

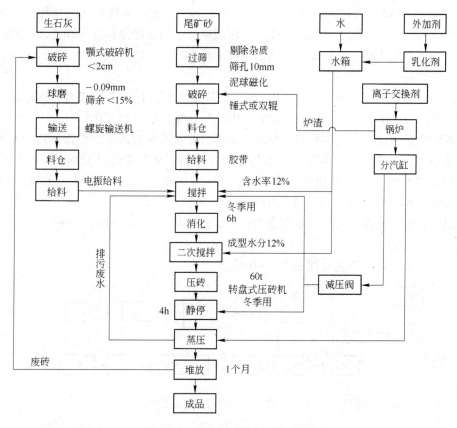

图 5-5 选金尾矿砖厂工艺流程

弹，致使砖坯结构受到损害。然而，当物料颗粒较粗时，部分空气可以通过颗粒间的空隙而逸出，从而使上述反弹效应减弱。

C 蒸养制度

所谓的蒸压养护制度，主要包括升温时间和升温速度、最高温度及恒温时间、降温速度以及后期堆放环境等。通过试验研究及经济技术比较，确定尾矿砖的制度见表 5-8。

表 5-8 尾矿砖最佳养护制度

养护过程	温度区间/℃	养护时间/h
静 停	25～45	4
升 温	25～191	0.5
恒 温	191	2.5
自然降温	191～120	2.5
降 温	120～60	1.5
常温养护	>0	720

生产的成品经测试满足 FB11945—89 质量标准。

5.1.4.3 制作饰面砖

丹东市建材研究所以金矿渣为主要原料，加入部分塑性较好、并显示颜色的黏土

（紫土）原料，经烧结而制成一种新型建筑装饰材料——废矿渣饰面砖。这种面砖可用于外墙和地面装饰，具有吸水率低、强度高、耐酸碱度、耐急冷急热性能和抗冻性能优良等特点，经小试产品性能达到并优于饰面砖的技术标准。

A 原材料

选用五龙金矿废渣，细度为 -0.074mm 占 97% 以上，其化学组成为：SiO_2 79.11%、Al_2O_3 8.92%、Fe_2O_3 3.5%、CaO 0.60%、MgO 3.16%、烧失量 2.0%。

因废矿渣塑性差，颜色不理想，采取掺加部分黏土来解决废矿渣作饰面砖的不足。选用喀左县小营子、华金沟及本溪火连寨的紫土作原料，来料需经球磨粉碎，使细度达到 -0.074mm 占 97% 以上，其化学成分如下：SiO_2 60.7%、Al_2O_3 15.5%、Fe_2O_3 6.02%、CaO 3.45%、MgO 1.21%、烧失量 9.67%。

经试验，废矿渣饰面砖的理想配方为：废矿渣：紫土 = (60~65):(40~35)。

B 生产工艺

废矿渣饰面砖试制工艺流程如图 5-6 所示。

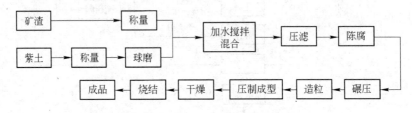

图 5-6 废矿渣饰面砖试制工艺流程

C 工艺条件

混合料必须要有合理的颗粒级配和密实性。颗粒细度控制在 -0.074mm 占 97%~98%，陈腐好的坯料经碾压后过筛，形成团粒，其大小为 0.25~2mm，团粒中粗、中、细的比例要适当。

加水量应控制在 5%~7%，并且水分要均匀分布。

合理控制成型压力和加压时间，必须保证空气的顺利排出。

干燥制度：干燥温度控制在 60~80℃，一般干燥时间 3~4h；坯体各部分在干燥时受热必须均匀，以防止收缩不均而造成开裂，坯体放置要平稳，防止产生变形。

烧成制度：在烧成阶段的低温阶段，升温速度可快些；在氧化分解阶段，为了使碳氧化和便于盐类分解，在 600~900℃采取强氧化措施和适当控制升温速度；在瓷化阶段，从 900℃到烧成温度（1100~1120℃）需低速升温，提高空气过剩系数，采用氧化保温措施；在高温保温阶段，保温时间为 1.5h；在冷却阶段，不过快冷却。

经烧结制成的饰面砖，堆密度为 2.19g/cm^3，吸水率为 6.07%，抗折强度为 26.85MPa，抗冻性、耐急冷急热性、耐老化等性能都超过规定标准。

5.1.5 钨尾矿制砖

西华山钨矿的钙化砖厂在 1989 年建成，1990 年投入批量生产，利用尾矿与石灰生产钙化砖，年生产砖达 1000 万块。

5.1.5.1 主要原料及质量要求

钙化砖又名灰砂砖，它的主要原料是尾矿和石灰。

尾矿为西华山钨矿生产的尾矿，其化学组成及粒度分布见表 5-9 和表 5-10。尾矿在钙化砖中占其总量的 80% 以上，必须保证尾矿中 SiO_2 的质量分数大于 65%，另外，尾矿中不容许含有成团的泥土块，均匀分散的细粒泥土含量应小于总量的 10%；水溶性钾、钠氧化物含量不得大于 2%；其粒度要求为 0.3~1.2mm 占 65% 以上，+1.2mm 占 5% 以下，-0.15mm 占 30% 以下。同时尾矿是绝不容许有大小卵石、炉渣、草根、树皮等杂物存在。

表 5-9 尾砂粒级组成

粒级/目	10	20	40	60	80	100	160	200	-200
质量分数/%	2.05	26.15	21.82	14.77	7.65	6.42	7.12	4.54	9.48
累计/%	2.05	28.2	50.02	64.79	72.44	78.68	85.98	90.52	100.0

表 5-10 尾砂的化学组成

元素	WO_3	Mo	Bi	Fe	Mn	CaF_2	CaO	K_2O	Na_2O	SiO_2	As	S	Sn
质量分数/%	0.04	0.01	0.01	1.69	0.09	0.53	0.53	3.14	1.88	71.16	0.01	0.108	0.004

石灰必须是新鲜（块状）的生石灰，且其中有效氧化钙的含量应大于 65%，氧化镁含量应是小于 5% 的低镁石灰，同时，生石灰中的过烧和欠烧石灰应分别低于 5% 和 15% 为最佳，其细度要求为 -0.097mm 占 95% 以上。

5.1.5.2 生产工艺

将石灰加工粉碎后与去除杂质的尾砂混合一起加水搅拌，入仓消化，压制成型，经蒸汽养护后成为成品。

在灰砂混合过程中，为使灰砂相互分散达到均匀混合，应采用机械充分搅拌以扩大灰与砂的接触面，控制好加水量，使石灰得到充分的消解，生成尽可能多的水化产物。理论加水量为有效氧化钙含量的 33.13%，在敞开容器中消化时，实际加水量为理论加水量的 1~2 倍；混合消解时间一般在 30min 之内，温度需控制在 55℃ 以上。

砖坯成型是保证钙化砖质量的重要手段，钙化砖是采用半干法压制成型，含水率仅 8%~10%。要保证砖坯质量达到 2.75~2.89kg/块，极限成型压力必须达到 20MPa 以上，填料深度 80~85mm，成品尺寸 240mm×115mm×53mm。

蒸压养护一般采用压力为 0.8MPa 的饱和蒸汽，蒸压 6h。

经检测，该成品各项指标均达国家 150 号标准砖的要求，符合国家建材放射卫生防护标准，可在建筑业上普遍使用。

5.2 利用尾矿生产水泥

众所周知，水泥是经过二磨一烧工艺（配料 $\xrightarrow{粉磨}$ 生料 $\xrightarrow{煅烧}$ 熟料 $\xrightarrow{粉磨}$ 水泥）制成的，水泥质量即强度的高低取决于熟料烧成情况及熟料中的矿物组成。熟料一般由硅酸三钙（C_3S）、硅酸二钙（C_2S）、铝酸三钙（C_3A）和铁铝酸四钙（Ca_4AlFe）四种矿物组成，其中对水泥早期强度起作用的是 C_3S、C_3A；后期强度起作用的是 C_2S、Ca_4AlFe 和 C_3S。

C_3S 是水泥熟料中的主要矿物（约占 40% ~60%）。

　　尾矿用于生产水泥，就是利用尾矿中的某些微量元素影响熟料的形成和矿物的组成，在水泥配料中加入大量尾矿，按照正常的水泥生产工艺，生产符合国家标准的水泥。由于尾矿一般已经经过一定程度的磨细，也可以与正常的生产工艺有所不同，可采用的工艺流程如图 5 - 7 所示。

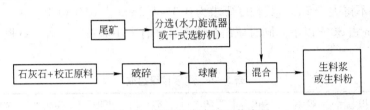

图 5 - 7　尾矿生产水泥工艺流程

　　一般来说，低硅尾矿比较适合生产水泥，因为石英含量高会导致大量使用校正原料，达不到大量使用废物的目的。尾矿用来制作何种类型的水泥，取决于尾矿的成分特点和工艺条件。

5.2.1　铁矿尾矿生产水泥

　　辽宁工源水泥集团 2500t/d 新型干法熟料生产线上使用铁尾矿作为硅质原料，每年可利用铁尾矿约 10 万吨。2004 年年底 2500t/d 新型干法熟料生产线进入试生产调试，生产初期按照事先设计的四组分进行配料，即石灰石、铁尾矿、粉煤灰、硫酸渣，原料配比及理论料耗见表 5 - 11。当铁尾矿的 Fe_2O_3 含量比较高时，可以去掉原有的铁质校正原料——硫酸渣，采用石灰石、铁尾矿、粉煤灰三组分配料。试验证明采取适当的措施，预分解窑完全可用铁尾矿替代传统的硅质、铁质材料生产出质量较好的熟料，可以稳定生产普通 52.5 级等高标号水泥，并且可以大幅度降低原材料成本。使用时需注意铁尾矿粉含水量大，应采取强制喂料保证下料顺畅；铁尾矿配料可能会有轻微结皮，窑尾预分解系统需加强防堵措施，多设空气炮，稳定煅烧制度；冬季生产用铁尾矿废石效果更佳。

表 5 - 11　原料配比及理论料耗

原　料	石灰石	铁尾矿	粉煤灰	硫酸渣	料　耗
配　比	85.25%	8.42%	6.03%	0.30%	1.4953t/t

　　王金忠等进行了利用铁尾矿作原料煅烧普通硅酸盐水泥的试验研究，其水泥生料热分析表明，适量的铁尾矿，使碳酸盐分解温度降低 10 ~30℃，熟料矿物开始结晶温度降低 10 ~25℃。适量铁尾矿和矿化剂复掺可使烧成温度控制在 1300 ~1450℃。

5.2.2　钼铁矿尾矿生产水泥

　　杭州市闲林埠钼铁矿研究了用钼铁尾矿代替部分水泥原料烧制水泥的生产技术，并在余杭县和睦水泥厂的工业性生产中一次试验成功，收到了明显的经济效益。按该厂年产水泥 3.5 万吨计，每年仅降低生产成本一项就可节约资金 24.8 万元，还可多增产水泥 4600 多吨。该地区尾矿中除含有大量的 SiO_2、Fe_2O_3、Al_2O_3 和 CaO 等氧化物外，还含有微量元素（如 Mo 等），如用作生产水泥的原材料，不仅可代替部分石灰石、黏土用量和全部铁质原材料用量，而且尾矿中的微量元素钼可促进熟料的形成，达到节能降耗的目的，为综合利用该尾矿提供了有效途径。

引入的微量元素钼促进水泥熟料形成，其作用机理为：能促进碳酸钙分解，使碳酸钙开始分解温度和吸热谷温度分别降低了 10℃ 和 20℃；通过改变熔体中的质点迁移速度，促进 C_3A 形成及 C_2S 吸收游离 CaO 生成 C_3S 的反应，使熟料易于形成；对水泥熟料矿物组成无不利影响，并可降低熟料中的游离 CaO，提高熟料的早期强度。

5.2.3 铜、铅锌尾矿生产水泥

5.2.3.1 作用机理

掺加铜、铅锌尾矿煅烧水泥，主要是利用尾矿中的微量元素来改善熟料煅烧过程中硅酸盐矿物及熔剂矿物的形成条件，加快硅酸三钙的晶体发育成长，稳定硅酸二钙β型晶体的结构转型，从而降低液相产生的温度，形成少量早强矿物，致使熟料质量尤其是早期强度有明显提高。

5.2.3.2 尾矿的矿物成分

国内外利用铅锌尾矿和铜尾矿煅烧水泥的研究比较多，这两种尾矿不仅可以代替部分水泥原料，而且还能起到矿化作用，能够有效提高熟料产量和质量以及降低煤耗。铅锌尾矿主要成分是 SiO_2、Al_2O_3、Fe_2O_3、CaO，此外还有一些 Ba、Ti、Mn 等微量元素。实验表明，使用铅锌尾矿、萤石作复合矿化剂烧制水泥熟料，其效果比石膏、萤石作复合矿化剂更为显著，能使液相温度降至 1130℃ 左右，使水泥熟料煅烧温度降至 1250 ~ 1300℃。

对于铜、铅锌尾矿，当尾矿中 CaO 含量较高，而 MgO 含量又较低时，则可用作水泥的原料，具体要求为：

当尾矿的矿物成分主要是由石英、方解石组成，钙硅比 CaO/SiO_2 大于 0.5 ~ 0.7，其中 CaO > 18% ~ 25%、Al_2O_3 > 5%、MgO < 3%、S < 1.5% ~ 3% 时可烧制低标水泥，当 CaO 含量 < 18%，而 CaO/SiO_2 < 0.5 时，可采用外配石灰或加石灰石的方案，以调节生料中 CaO 含量以满足上述技术要求。尾矿中 Fe_2O_3 是水泥的有益成分，适量的 Fe_2O_3 能降低熟料的烧制温度，而 MgO、TiO_2、K_2O、Na_2O 等化学成分则是水泥原料中的有害成分，其含量应控制在 MgO < 3%、TiO_2 < 3%、$K_2O + Na_2O$ < 4%、S < 1%。经试验，对满足上述技术要求的尾矿用来作水泥的混合材料时，其用量可达 15% ~ 55%，当掺入 15% 的尾矿熟料作混合材料时，水泥标号可达 600 号，掺入 30% 时，水泥标号可达 500 号，掺入 50% 时，水泥标号可达 400 号，且水泥性能良好，凝结、安全性正常。

河南省香山水泥集团用伊川县铅锌尾矿渣代替硫酸渣，用公司附近的烧石英尾矿代替黏土分别作为水泥生料的铁质和硅质原料，进行配料生产水泥熟料。为满足生料中 Al_2O_3 的要求，在生料中增加了粉煤灰。原料化学成分见表 5-12。配料方案为石灰石 90%、烧石英尾矿 6.5%、铅锌尾矿渣 2.0%、粉煤灰 1.5%。在 $\phi3.6m \times 70m$ 带余热发电的中空干法窑上按配料方案进行试生产。经过近 20 天的试生产证明，利用铅锌尾矿渣代替硫酸渣、用烧石英尾矿代替黏土配料可以煅烧出符合要求的熟料。铅锌尾矿渣中的 Pb、Zn 等微量元素对熟料煅烧具有矿化剂作用，促进了烧成反应，熟料产量由 18.5t/h 提高到 19.5t/h；铅锌尾矿渣代替硫酸渣还解决了生料下料堵塞问题，稳定了生料成分。每年可

利用铅锌尾矿渣 2 万多吨，仅此一项每吨熟料节约材料费 35 元左右，仅 2003 年节约材料费近 25 万元，经济效益显著。

表 5-12 原料化学成分 （质量分数/%）

名　称	烧失量	SiO$_2$	Al$_2$O$_3$	Fe$_2$O$_3$	CaO	MgO	合　计
石灰石	40.16	5.62	1.86	1.05	48.36	2.05	99.1
铅锌尾矿渣	-6.96	30.17	2.04	36.53	14.39	7.49	83.66
烧石英尾矿	1.97	79.83	3.16	1.64	3.82	1.47	91.89
粉煤灰	2.58	58.53	22.9	5.62	4.75	1.67	96.05

山东省昌乐县特种水泥厂用 5.32% 的铜尾矿进行配料后，熟料质量有所提高，能够满足高标号水泥生产要求，每吨熟料耗煤比标定指标降低 15.7%，代替复合矿化剂，生产成本降低 12%。利用铅锌尾矿代替部分原料生产水泥成功应用的例子还有辽宁省葫芦岛市林业水泥厂，生产实践证明，采用铅锌尾矿配料，可以显著改善生料的易烧性，降低熟料的热耗，提高机立窑的产量。一个年产 10 万吨的机立窑厂，每年可利用铅锌尾矿10000t 以上，创经济效益可达 100 万元以上。

陕西尧柏秀山水泥有限公司利用铅锌尾矿渣生产出低碱优质硅酸盐水泥，尾矿中含有的铅、锌和铜等微量元素可对熟料的烧成起催化作用，降低烧成温度，使单位产品煤耗明显下降，仅煤电两项合计每年便可为公司节约成本 500 余万元，年节约黏土 12 万吨，折合耕地 100 余亩（约 6.7hm^2）。实践证明，利用铅锌尾矿生产的水泥产品具有强度高、易性好、耐腐蚀、抗渗性好，加之低碱的特性，混凝土的可靠性和耐久性得到保证，产品具有广阔的市场前景。该技术总投资 2500 万元，年效益可达 1300 万元，企业仅两年就收回了成本，利润可观。利用尾矿制水泥不仅减少了尾矿占地、解决了尾矿大量堆积造成的环保和安全隐患，而且使废弃的资源得到利用，创造了巨大的经济效益。

宣庆庆等研究了铅锌尾矿和页岩配制的高 C$_3$S 硅酸盐水泥生料的易烧性及所得熟料的性能，设计了 18 个熟料组成并分别在 1350℃、1400℃、1450℃和 1500℃下进行煅烧，对所得熟料作游离氧化钙及 X 射线衍射测试。结果表明在 1500℃下，可以制备出 C$_3$S 含量达 74.52% 的熟料；在工业回转窑正常煅烧温度下，烧成了 C$_3$S 含量达 70.71% 的熟料。部分熟料中加入 4% 的石膏制得水泥，其性能符合强度等级 52.5R 的硅酸盐水泥标准要求。加入 20% 尾矿粉后，可满足普通水泥 42.5R 的强度要求；掺加 30% 尾矿粉后，水泥可达到普通水泥 32.5R 的强度要求。

5.2.4　其他尾矿生产水泥

其他成分尾矿用于生产水泥也备受研究者们的关注，如山东沂南磊金股份有限公司就利用金尾矿生产出了优质道路水泥和抗硫酸盐水泥。实践表明，含铁高、铝低的金矿尾砂，不但能生产普通硅酸盐水泥，尤其适宜生产道路水泥和抗硫酸盐水泥。据测试，每吨水泥尾砂利用量为 360~400kg。

5.3　生产尾矿人造石

人造石是 20 世纪 60 年代在美国首先出现的。它是用不饱和聚酯树脂加入填料、颜料以及少量引发剂，经一定的加工程序制成的。这种产品不仅合成方法简便，生产周期短，成本低廉，而且性能优良。这种产品具有足够的强度、刚度、耐水、耐老化、耐腐蚀等性能，已经广泛应用于各种建筑装饰。

由北京矿冶研究总院研制的尾矿人造石是一种以尾矿为主要骨料，以 $5Mg(OH)_2 \cdot MgCl_2 \cdot 8H_2O$（简称518相）为黏合剂，内掺憎水剂、活性剂等，在常温常压下先合成石材制品，然后根据石材制品的种类、性能和要求，选用外涂憎水剂对其表面进行处理后，获得的具有不同特性的石材制品。为了使镁质胶凝材料生成518相，也为了使518相在水中或湿度大的环境中不发生相变，一般需按照 $MgO/MgCl_2 > 4.27$、$H_2O/MgCl_2 > 4.98$ 配制样品。内掺一定的憎水剂，降低518相遇水或水蒸气时的相变速度；外涂憎水剂，进一步降低518相遇水或水蒸气时的相变程度，以提高石材的耐水性和质量。经测试尾矿人造石的各项主要性能耐水性、耐碱性等均达到合格，而且无论什么样的尾矿都能合成尾矿人造石，合成工艺简单，无三废，成本低，无毒、无味、强度高、造型随意，适宜作内外墙仿石装饰材料。

中国民航大学理学院侯艳艳以不饱和聚酯树脂和山西大同晋银矿业有限责任公司的尾矿为主要原料，在常温常压下浇铸制备了光泽度、力学性能符合行业标准的人造云英石板。

（1）原料。山西大同晋银矿业有限责任公司的尾矿作为填料，灰色，主要成分是 SiO_2，含有少量的 Al_2O_3、Fe_2O_3、MgO 等，粒度在 0.043 ~ 0.375mm 之间。

（2）试剂。191号树脂，工业级，天津开发区乐泰化工有限公司生产；过氧化环己酮，化学纯，上海阿拉丁公司生产；环烷酸钴，化学纯，大连第一有机化工有限公司生产；甲基硅油，分析纯，天津赢达稀贵化学试剂厂生产。

（3）工艺。将尾矿筛分成5个粒级，分别是： +0.167mm、-0.167mm +0.107mm、-0.107mm +0.074mm、-0.074 +0.043mm、-0.043mm，水洗、干燥之后待用。采用自制的聚乙烯醇脱模剂均匀地涂在模具内层，晾干。将191号树脂、过氧化环己酮、环烷酸钴、甲基硅油按比例混合，加入尾矿常温下搅拌并迅速注入准备好的模具中，抽真空，待完全凝固后脱模，将试样在80℃下进行后固化处理，根据不同使用情况进行打磨、抛光处理。人造石制备工艺路线如图5-8所示。

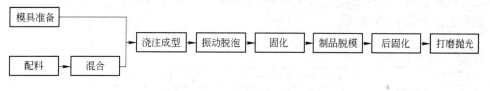

图5-8 人造石制备工艺路线

运用光泽度仪、蔡司偏光显微镜以及傅里叶红外光谱仪等对制得的人造石的结构、光泽度、力学性能、耐腐蚀性进行了测试及观察，研究了不同粒度的尾矿对产品性能的影响，对光泽度、抗弯强度、耐腐蚀性能进行了测试分析。试验证明尾矿作为填料成功地合成了光泽度、力学性能符合行业标准的人造石。红外光谱结果表明树脂与填料以黏结的方式结合在一起，在界面处发生了化学反应并生成了新物质。人造石的光泽度随着填料粒度的增大而增大，其抗弯强度随填料粒度的增大而增大。但是填料的颗粒越小，耐腐蚀性越强。该结果表明，颗粒减小对人造石性能同时具有积极作用和消极作用。

5.4 尾矿应用于陶瓷材料

据有关资料介绍，陶瓷瓷坯的化学成分为：SiO_2 59.57% ~ 72.5%、Al_2O_3 21.5% ~ 32.53%、CaO 0.18% ~ 1.98%、MgO 1.16% ~ 1.89%、Fe_2O_3 0.11% ~ 1.11%、TiO_2 0.01% ~ 0.11%、K_2O 1.21% ~ 3.78%、Na_2O 0.47% ~ 2.04%。建筑陶瓷种类很多，根据化学组成可以分为钙质陶瓷和镁质陶瓷。由于组成尾矿的常见造岩矿物，大都具备作为陶瓷坯体瘠性原料或熔剂原料的基础条件。因此，只要针对不同的生产工艺和产品进行合理的设计就能够制出性能较好的陶瓷。

5.4.1 钨尾矿制作陶瓷的试验

原南方冶金学院（现江西理工大学）进行了用稀土尾矿配以钨尾矿制作陶瓷的试验，所用钨尾矿为赣南某尾矿，尾矿中钨金属矿物占的比例很少，大部分为非金属矿物，主要为石英、长石，还有萤石、石榴石等，SiO_2 的质量分数较高；所用稀土尾矿为赣南地区的稀土尾矿，尾矿中 SiO_2 及 Al_2O_3 的质量分数均较高，两种尾矿的主要化学成分分别见表 5-13 和表 5-14。

表 5-13　某钨尾矿的主要化学成分　　　　　　　　　　　（%）

化学成分	SiO_2	Al_2O_3	Fe_2O_3	MnO	MgO	CaO	K_2O	Na_2O	TiO_2	P_2O_5	S
质量分数	83.51	5.46	1.54	0.93	0.23	1.55	0.34	0.30	0.05	0.29	0.79

表 5-14　某稀土尾矿的主要化学成分　　　　　　　　　　（%）

化学成分	SiO_2	Al_2O_3	Fe_2O_3	MgO	CaO	K_2O	Na_2O	TiO_2
质量分数	49.6	30.96	2.85	0.7	—	3.77	0.18	0.20

由表 5-13 和表 5-14 中数据知，尾矿的化学成分与陶瓷瓷坯的化学成分十分相似，可以通过加工制作成性能优良的陶瓷原料。

配方试验表明，以稀土尾矿 65% ~ 70%，钨尾矿 35% ~ 30% 的配方较佳。

制作工艺如图 5-9 所示。

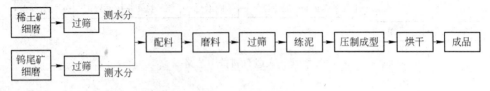

图 5-9　制作工艺

工艺中的烧成温度为 1100 ~ 1130℃，烧成率在 90% 以上，烧制成的瓷坯坯体产品表面光滑，有较强的玻璃光泽，颜色为暗红色，声音清脆，强度较大，充分利用了钨尾矿及稀土尾矿在成分上的互补性及稀土尾矿中某种元素的着色效果，烧成率也较高。该工艺为尾矿的开发和利用提供了一条有效的途径。

5.4.2 金尾矿生产窑变色釉陶瓷

福建省陶瓷产业技术开发基地陈瑞文等进行了利用福建省双旗山金矿尾矿生产窑变色釉陶瓷的工艺研究。黄金尾矿生产色釉陶瓷，其核心技术是色釉的配方及生产工艺流程。陶瓷色釉的原料是以精选后的黄金尾矿（长石的质量分数达 36% ~ 37%，高岭土 15% ~ 17%，石英 24% ~ 26%，白云石 14% ~ 16%，氧化铁 5% ~ 6%）为主，并添加适量显色矿物（如 Fe_2O_3、MnO_2）或直接以矿物原有的氧化铁、锰钛铁矿、金银、钨等微量元素作为着色（发色）矿。为了使坯料、釉料、浆料的物理性能稳定，选用永安黏土、大坪山瓷土淘洗泥、漳州黑泥等原料辅助使用。其中，在每 100 重量份色釉中所含的各金属氧化物原料的质量份之比是：Fe_2O_3 为 4 ~ 6.5，$K_2O + Na_2O$ 为 3 ~ 5，$CaO + MgO$ 为 7 ~ 11。尾矿在坯料中的加入量可达 20% ~ 30%，釉料中更可高达 50% ~ 85%。其烧成温度范围为 1100 ~ 1250℃，不同的烧成气氛可获得不同颜色的釉面效果。

（1）坯料工艺流程：黄金尾矿筛选→陈腐→配料→湿法球磨→过筛→除铁→入泥浆池→双缸泥浆泵→过筛→除铁→陈腐→注浆成型→干燥修坯（待用）。

（2）釉料工艺流程：黄金尾矿筛选（325 目）→陈腐→配料→球磨→过筛→施釉→烧成→产品。

（3）坯料工艺参数：泥浆细度过 200 目筛（0.074mm）筛余 1.0% ~ 1.8%；总收缩（干燥 + 烧成）12.5% ~ 13.5%；干燥强度 2.45MPa。

（4）釉浆工艺参数：釉浆细度过 200 目筛余 0.05% ~ 0.1%；釉浆相对密度 1.70 ~ 1.75；施釉方法为喷釉和浸釉；釉烧温度为 1210 ± 10℃；施釉厚度：0.7 ~ 1.0mm。

（5）烧成制度：烧成采用宽断面节能隧道窑，烧成温度 1200 ~ 1230℃，因原料中含有较多有机物、碳酸盐等，升温前期宜较慢，接近釉料熔化温度宜较长时间保温，以保证高亮度效果的釉面。

利用黄金尾矿研制的各种窑变色釉陶瓷，色彩丰富绚丽，釉面光亮平整，完全能够生产出艺术水平较高的窑变色釉艺术瓷。因为黄金尾矿具有促进烧结的作用，使得窑变釉陶瓷产品比传统烧成温度降低了 50 ~ 80℃，减少了陶瓷产品的生产能耗，具有较好的经济效益和社会效益。

5.5 尾矿生产新型玻璃材料

5.5.1 铁尾矿饰面玻璃

用铁矿尾矿熔制高级饰面玻璃材料是尾矿综合利用，企业可持续发展的一个有效途径。同济大学以南京某高铁铝型尾矿为主要原料进行了熔制饰面玻璃的试验研究。

5.5.1.1 原料

主要原料为铁尾矿，其颜色为浅粉红色，粉状，细度小于 0.589mm。主要矿物是石英、长石、硫化矿，含铁和氧化铝较高，各种氧化物的质量分数见表 5 - 15。铁尾矿在晒干后无需加工，可直接应用。

辅助原料有砂岩、石灰石、白云石。将砂岩、石灰石、白云石细磨，粒径小于 0.589mm，也可用石英砂或硅石代替砂岩。

表 5 - 15　铁尾矿的化学成分　　　　　　　　　　　　　　（%）

名　称	SiO_2	Al_2O_3	CaO	MgO	TFe	S
质量分数	30.28	10.80	9.59	2.51	15.76	1.43

5.5.1.2　工艺流程

工艺流程为：原料制备→熔制→退火→玻璃。

将铁尾矿与辅助原料按一定配比人工称量筛混制备，采用高温加料方式在 1000 ~ 1200℃将制备的配合料加满熔炉坩埚，剩余的配合料分期分批加入，加料间隔以坩埚中的配合料基本熔比为准。加完料后，将炉温升至 1400 ~ 1450℃，并保温。在保温过程中，通过炉前观测、挑料、拉丝等方式来确定坩埚中配合料的熔化情况。当挑料、拉丝发现坩埚中的配合料已完全熔融、玻化，且无浮渣、未熔砂粒和气泡时，再将炉温下降 100 ~ 250℃，并保持 10 ~ 20min 后取出坩埚浇注成型。成型模具为铁板，成型尺寸为 70mm × 70mm × 10mm、100mm × 10mm × 10mm。经过 2 ~ 3min 玻璃脱模并送入马弗炉退火，退火温度 520 ~ 620℃。玻璃在该温度保持 15min 左右后切断电源，在炉中自然降温至 50 ~ 100℃取出。也可将脱模后的玻璃直接放入膨胀珍珠岩中用自身的余热退火。

5.5.1.3　试验结果

通过反复试验，确定了铁尾矿玻璃的化学成分，其化学成分范围为：SiO_2 48% ~ 62%、Al_2O_3 9% ~ 10.3%、CaO 8% ~ 19%、MgO 2% ~ 3%、Fe_2O_3 18% ~ 20%。铁尾矿玻璃的主要工艺参数为：铁尾矿用量（占配合料质量）：70%；辅助原料用量：砂岩 10% ~ 30%；石灰石 5% ~ 25%；配合料熔成率大于 70%；玻化温度 1400 ~ 1450℃；成型温度：1000 ~ 1200℃；退火温度：520 ~ 620℃。

经退火后的铁尾矿玻璃漆黑光亮，均匀一致无色差，无气泡无疵点。表面可磨抛加工，磨抛后平整如镜，其表面光泽度不小于 115（不抛光的自然光泽度为 110）。与天然大理石花岗岩（光泽度为 78 ~ 90）相比，这种尾矿饰面玻璃更加庄重典雅。其理化性能甚至优于同类材料。经初步成本分析，铁尾矿饰面玻璃有较好的经济效益，附加值高，有开发应用前景。

5.5.2　铜尾矿饰面玻璃

同济大学以吉林地区高铝铁硫铜矿尾矿为主原料，在实验室研制的基础上，用某玻璃器皿厂的坩埚窑完成了铜尾矿饰面玻璃工业性扩大试验。

5.5.2.1　原料

铜尾矿饰面玻璃的主要原料为铜尾矿，其矿物组成为主要是石英、长石和硫化矿、外观灰色，粒度 - 0.589mm 占 100%，化学成分见表 5 - 16，铜尾矿的烧结性能见表 5 - 17。熔体急冷后，成为充满气泡、浮渣、未熔砂粒的铸石相和玻璃相的混合体，颜色为黑色。辅助原料为硅砂、方解石。

表 5 - 16　铜尾矿的化学成分　　　　　　　　　　　　　　（%）

名　称	SiO_2	Al_2O_3	CaO	MgO	K_2O	Na_2O	Fe_2O_3	FeO	SO_3	TiO_2
质量分数	60.40	13.24	3.79	1.18	2.40	2.48	6.00	2.46	3.90	0.45

表 5 - 17 铜尾矿烧结性能

烧结温度/℃	1200 ~ 1250	1250 ~ 1300	1300 ~ 1350	1350 ~ 1400	1400 ~ 1450
烧结情况	部分烧结	烧结	开始出现液相	大部分成液相	全部熔融，熔体很黏，充满气泡

5.5.2.2 工艺流程

配料比例为 60% 左右的铜尾矿与 40% 左右的辅助料混合。工业性试验的工艺流程与铁尾矿饰面玻璃的工艺流程基本相似：

原料制备→加料→坩埚熔制→浇注、压制、吹制成型→室式退火炉退火→切割磨抛

5.5.2.3 工艺参数

主要工艺参数见表 5 - 18。

表 5 - 18 铜尾矿玻璃熔制的主要工艺参数

配　料	配合料熔成率/%	熔化温度/℃	成型温度/℃	析晶温度/℃	退火温度/℃
铜尾矿：60% 左右 辅助原料：40% 左右	70	1350 ~ 1450	1100 ~ 1300	860 ~ 1000	580 ~ 640

铜尾矿饰面玻璃漆黑光亮，无杂质、气泡，可进行切割、磨抛等加工，磨抛后其表面光泽度不小于 100，与天然大理石相比，颜色更黑，而且均匀一致，具有高贵典雅、庄重大方的装饰效果；其理化性能均能满足有关饰面材料的技术性能要求，外观装饰效果优于天然大理石。经初步成本分析，生产铜尾矿饰面玻璃有较好的经济效益，附加值较高。

5.6 尾矿制取建筑微晶玻璃

微晶玻璃是由基础玻璃经控制晶化行为而制成的微晶体和玻璃相均匀分布的材料，具有较低的热膨胀系数、较高的机械强度、显著的耐腐蚀、抗风化能力和良好的抗振性能，广泛地应用于建筑、生物医学、机械工程、电磁等应用领域。建筑微晶玻璃最主要的组分是 SiO_2，而金属尾矿中 SiO_2 的质量分数一般都在 60% 以上，其他成分也都在玻璃形成范围内，均能满足化学成分的要求。

尾矿微晶玻璃的开发应用研究在国外早在 20 世纪 20 年代就已开始，50 ~ 60 年代以来，多个国家已成功地实现了尾矿在玻璃工业中的广泛应用。我国从 20 世纪 80 年代以来也开始加入尾矿微晶玻璃的研究行列，90 年代初步入了工业化试验阶段，在材料学研究方面领先的高等院校是其中的代表。在借鉴国外先进经验的基础上，我国的微晶玻璃装饰板生产技术取得了突破性进展，已成功地解决了基础玻璃的成分设计、玻璃的熔制、玻璃的粒化及玻璃颗粒析晶能力的控制等多项难题，掌握了采用各种尾矿生产微晶玻璃的关键技术，并在天津、广东、内蒙古以及河北等地实现了工业化生产。

尾矿微晶玻璃生产工艺有熔融法和烧结法，国内较多采用成熟度较高的烧结法，将玻璃、陶瓷、石材工艺相结合。该法制备微晶玻璃不需经过玻璃成形阶段，可不使用晶核剂，生产的产品成品率高、晶化时间短、节能、产品厚度可调，可方便地生产出异型板材和各种曲面板，并具有类似天然石材的花纹，更适于工业化生产。具体工艺流程为：原料加工→配料混匀→熔制玻璃→水淬成粒→过筛→铺料装模→烧结流平→晶化成型→抛磨→切割→成品检验。熔制工艺与玻璃熔制相似，水淬、晶化借鉴陶瓷的工艺方法，研磨抛光

和切割与石材工艺相同。助熔剂、着色剂、烧结剂等辅助化工原料，均采用化学纯试剂，直接使用。尾矿微晶玻璃常用晶核剂为 ZnO、TiO_2、Cr_2O_3 等；碱金属氧化物 Na_2O、K_2O、Li_2O 是十分有效的助熔剂，有些晶核剂本身也具有助熔作用，如 TiO_2 等；着色剂可根据所需颜色选用不同的无机物或金属氧化物；为提高烧结速度、降低烧结温度，亦可适当添加少量卤化物或多种无机混合物等作为烧结剂。

5.6.1 铁矿尾矿制取微晶玻璃

根据铁尾矿成分，尾矿微晶玻璃一般属 $CaO-MgO-Al_2O_3-SiO_2$（简称 CMAS）和 $CaO-Al_2O_3-SiO_2$（简称 CAS）体系。不同的硅氧比可以得到不同的晶相，当 SiO_2、Al_2O_3 含量低时，一般易形成硅氧比小的硅酸盐（如硅灰石），当 SiO_2、Al_2O_3 含量高时，易生成架状硅酸盐（如长石），玻璃结构稳定，难以实现晶化。为了使铁尾矿制备的微晶玻璃具有较高的机械强度、良好的耐磨性、化学稳定性和热稳定性，一般选择透辉石（$CaMg(SiO_3)_2$）或硅灰石（$\beta-CaSiO_3$）为所研制的微晶玻璃的主晶相。

我国目前对于铁尾矿只能制成深颜色的微晶玻璃，限制了使用范围；对于高铁含量的铁尾矿微晶玻璃的研究开发还处于实验室开发阶段，只有建筑装饰用铁尾矿装饰玻璃进入工业性试验；对铁尾矿的研究范围也很有限，基本上停留在高硅区，应该拓宽到中低硅区，以期开拓新的应用领域。

（1）北京科技大学以大庙铁尾矿和废石为主要原料制成了尾矿微晶玻璃花岗岩（微晶玻璃的一种）。其抗压强度、抗折强度、光泽度、耐酸碱性等性能均达到或超过天然花岗石材，可制成异型，花纹美丽，颜色可按市场需要人为调配，如可以配出天然石材所没有的蓝色等颜色，且色差小。

1）工艺流程。配料→熔化→水淬→升温晶化→切磨抛光→成品。

①配料：微波岩的化学成分最主要是 SiO_2，其次是 CaO、Na_2O、Al_2O_3，少量 MgO、K_2O、ZnO、BaO。主要晶相是硅辉石及少量透辉石。配方需针对尾矿的成分，通过试验确定最佳配方。

②熔样：熔样温度约 1450~1500℃，熔样时间 2~5h，要求搅拌均匀；熔化彻底，不留未熔的结石；气泡充分逸出。否则也将影响微玻岩质量。

③水淬：将熔化充分之原料倒入冷水中，水淬成 5mm 以下玻璃颗粒。

④晶化：将烘干的玻璃颗粒铺放在耐火模具中，升温晶化。700~800℃以前，升温速度可以快一些，每小时 300℃或更快。玻璃在 700~800℃时开始软化，析晶，升温速度不宜过快，否则析晶不充分，约每小时 120~180℃。升温至 1100~1200℃，玻璃材料呈半熔融状态，表面流平，保温 1~2h。然后开始缓慢降温，降温速度不宜过快，否则产品易炸裂。

⑤切磨抛光：晶华后的产品平面已经平整，但略有凹凸，用一般石材切磨成抛光设备，即可达到理想的抛光效果，而且比一般石材研磨厚度小，因而效率高。

2）产品性能。经测试，大庙铁矿尾矿微玻岩性能见表 5-19。由表 5-19 可见，尾矿微玻岩性能优良，是很有前途的新型人造石材。

（2）沈阳建筑工程学院与东北大学联合研制利用歪头山铁尾矿及新城金矿尾矿加入调整氧化物及适当晶核剂混匀后，在 1450℃ 温度下经熔炼，然后退火、核化、晶化热处理，在成核温度和析晶温度下分别保温 2h，然后自然冷却，可形成以透辉石为主晶相的建筑用微晶玻璃，尾矿掺量可达 65% 以上。经试生产，金属尾矿建筑微晶玻璃的最佳组成范围为 SiO_2 50% ~ 60%、Al_2O_3 6% ~ 9%、CaO 11% ~ 13%、MgO 3% ~ 5%、K_2O 3% ~ 5%、$FeO + Fe_2O_3$ 2% ~ 8%。

表 5 – 19 尾矿微玻岩性能

性　能	微晶玻璃花岗岩	性　能	微晶玻璃花岗岩
密度/g · cm^{-3}	2.7	光泽度	95
抗折强度/MPa	45	耐酸性[①]	无变化
抗压强度/MPa	240	耐碱性[②]	无变化
莫氏硬度	6.5	吸水率/%	<0.1

①15mm×15mm×15mm 的样品，在 3% HCl 中，25℃下浸泡 650h 后失重（%）。

②15mm×15mm×15mm 的样品，在 3% NaCl 中，25℃下浸泡 650h 后失重（%）。

（3）田英良等分析了北京市密云县某铁尾矿成分，发现其成分主要为 SiO_2、Al_2O_3、Fe_2O_3，并含一定量的 CaO、MgO、Na_2O、K_2O，且含铁量高，决定在铁尾矿中添加适量的 CaO、MgO，使之形成 $CaO - MgO - Al_2O_3 - SiO_2$ 系微晶玻璃；加入少量硫黄使部分铁转化成硫化亚铁，有助于晶化。采用配料→混合→熔制→水淬→过筛→铺料→晶化→抛磨→切割→成品的工艺流程制备微晶玻璃，铁尾矿的质量分数达到了 60% 以上，成品的抗折强度为 50.2MPa，显微硬度平均值为 675.4，而大理石和花岗岩的抗折强度只有 17 ~ 19MPa，显微硬度平均值为 153.6，因此，该研究为铁尾矿资源化利用提供了一条比较好的途径。

（4）张锦瑞等对利用唐山地区铁尾矿来制备微晶玻璃进行了研究，在分析铁尾矿成分的基础上探索了微晶玻璃的配方，确定了晶核剂的种类和用量，并选择了合理的热处理工艺。研究结果表明，铁尾矿微晶玻璃采用复合晶核剂效果较好，即添加 3% TiO_2 和 1% Cr_2O_3 的复合晶核剂；核化温度 770℃，核化保温时间 60min，晶化温度 870℃，晶化保温时间 60min，升温速率 5℃/min。得到的微晶玻璃主晶相为透辉石，次晶相为硅灰石和尖晶石。

5.6.2 钨尾矿制取液晶玻璃

中南工业大学与中国地质学院合作，经试验研制出了一种新型钨尾矿微晶玻璃，工艺简单，成本低廉。主要原料为钨尾矿，采用长石和石灰石作为辅助原料。将配料混合均匀装入刚玉坩埚，在硅钼棒电阻炉中进行熔制。采用 1% Sb_2O_3（质量分数，下同）和 4% NH_4NO_3 作为澄清剂，加料温度 1200℃，熔制温度 1550℃，保温 2.5h 后于 1580℃澄清 1.5h。玻璃液淬入水中制成玻璃粒料，然后在耐火材料模具中自然摊平。为了易于脱模，模具内表面涂有石英砂和高岭土泥浆，装模成型后送入炉中微晶化。按以上工艺可制得 100mm × 100mm × 10mm 的淡黄色微晶玻璃样品，其结构较致密均匀，且气孔极少，外观平整光亮无变形现象，表面呈现出类似天然大理石的花纹。经检测，该微晶玻璃的抗折、抗压、抗冲击强度以及抗化学腐蚀等性能指标均好，优于天然大理石和花岗岩。

匡敬忠等以钨尾矿为主要原料，用量为 55% ~75%，不添加晶核剂，采用浇注成型晶化法制备出钨尾矿微晶玻璃，其主晶相为 β - 硅灰石，其核化析晶机理属于表面成核析晶，工艺简单，成本低廉。

王承遇等以钨尾矿、长石、石灰石、芒硝和纯碱为主要原料，以萤石和磷矿石为晶核剂，采用熔融法制备了乳白色钨尾矿微晶玻璃，最佳核化温度为 680 ~700℃，晶化温度为 900 ~950℃，晶相为硅灰石和磷灰石。

5.6.3　金尾矿制取微晶玻璃

陕西科技大学高淑雅等以陕西汉阴金矿尾砂、方解石为主要原料，添加其他所需原料为硼砂、ZnO、Cr_2O_3、Sb_2O_3 等，采用熔融法制备 $CaO - Al_2O_3 - SiO_2$ 系微晶玻璃，通过探索实验确定配合料各成分的质量比为金矿尾砂 63.5%、方解石 27.1%、硼砂 4.7%、ZnO 1.6%、Cr_2O_3 0.8%、Na_2SiF_6 1.2%、Sb_2O_3 1.2%。

按配合料的质量比称取原料，混合后研磨，过 60 目（0.246mm）筛，得到混合料；采用硅碳棒电炉，将混合料在 1300 ~1350℃下保温 4h，使玻璃液充分熔化，无可见气泡；然后将熔好的玻璃液浇注在事先预热的不锈钢模具上，成形后将样品放入 600℃马弗炉中保温 1h 进行退火处理，冷却后的玻璃样品加工成尺寸为 10mm×10mm×100mm 的条状试样，利用马弗炉对条状玻璃样品进行晶化热处理，升温速率为 3 ~5℃/min，在成核温度 820℃保温 2h，然后升温至 890℃保温 3h，缓慢冷却到室温，得到金尾矿微晶玻璃样品。样品的测试结果表明，制得金矿尾砂微晶玻璃的主晶相为辉石和透辉石固溶体，制品的抗折强度为 119.2MPa，热膨胀系数为 $69.5×10^{-7}$/℃，体积密度为 2.81g/cm³。

山东省地质科学实验研究院刘瑄等以焦家金矿尾矿为基本原料，采用烧结法生产微晶玻璃，工艺技术简单易控，中试配方中尾矿最大利用率可达 60%。所用原料主要为金尾矿、石灰石、石英岩。其工艺流程为：原料加工→配料混匀→熔制玻璃→水淬成粒→过筛→铺料装模→烧结流平→晶化成型→抛磨→切割→成品检验。最终产品规格为 60 ~90mm²，其外观颜色显色正常、花纹明显、呈浅黄色，样品表面无密集开口气孔。经理化性能及耐酸、碱等检测，样品各项指标均符合"建筑装饰用微晶玻璃"行业标准。

5.6.4　钼、镍等其他尾矿制取微晶玻璃

沈洁等以钼矿渣为主要原料，添加其他辅助原料利用熔融法制备出了性能优越的微晶玻璃。采用的主要原料为钼尾矿、硅砂、氧化铝（分析纯）、碳酸钙（分析纯）、氧化镁（分析纯）、碳酸钾（分析纯）、纯碱等，其中钼尾矿的掺入量为 30%。选择 TiO_2 作为晶核剂，晶化处理的温度制度见表 5 - 20。制备出了符合国家标准的微晶玻璃样品，样品检测结果见表 5 -21。

表 5 - 20　晶化处理温度制度

熔化温度/℃	退火温度/℃	核化温度/℃	核化时间/min	晶化温度/℃	晶化时间/min
1480	750	750	30	900	180

表 5 – 21 样品性能检测结果

检测项目	实测结果	国家标准（参考值）
抗折强度/MPa	35	≥30
抗压强度/MPa	128	118 ~ 540
莫氏硬度	5.5	5 ~ 6
耐磨性/g·cm⁻²	0.245	0.15 ~ 0.3
密度/g·cm⁻³	2.7	2.6 ~ 2.7
耐酸碱性	耐酸性质量损失率为 0.18%，外观无变化；耐碱性质量损失率为 0.15%，外观无变化	耐碱性质量损失率为 ≤0.2%，且外观无变化

李章大申请了"含钼尾矿制造的微晶玻璃及方法"专利，公开了一种综合利用含钼尾矿（Mo 0.01% ~ 0.02%）为原料制作微晶玻璃产品及其能够稳定生产产品的一种新方法。其利用含钼尾矿取代微晶玻璃用料配方中的尾矿、氧化钙及晶核剂添加剂生产含钼尾矿微晶玻璃，加入配比为 40.5% ~ 74.4%。含钼尾矿作为原料时，须进行预均化，其传统生产工艺不变，设备也不必改造，成本可降低 15% 以上，并提高产品性能及价值。

李泽林等探讨了利用镍尾砂为主要原料，以铁镁透辉石为主晶相，采用压延法制备纯黑色微晶玻璃的方法。所用尾矿为吉林吉恩镍业股份有限公司红旗岭镍矿浮选回收铜镍硫化矿后的含镍尾矿，尾矿主要化学成分详见表 5 – 22。通过试验最终确定镍尾矿砂微晶玻璃生产基本配方见表 5 – 23，合适的玻璃组成范围为（%）：SiO_2 37 ~ 39，CaO 13 ~ 15，Al_2O_3 15 ~ 18，MgO 13 ~ 15，FeO 7.5 ~ 9，（$K_2O + Na_2O$）3 ~ 6，TiO_2 2 ~ 3，成核温度与析晶温度分别为 780℃和 900℃。制备的微晶玻璃样品抗折强度 45.4 ~ 98.6MPa，表面硬度（莫氏）6 ~ 7，吸水率 0。

表 5 – 22 镍尾矿砂主要化学成分　（%）

项目	SiO_2	Fe_2O_3	Al_2O_3	CaO	MgO	SO_3	LOI	K_2O	Na_2O
质量分数	49.13	15.49	6.16	3.77	16.06	3.48	5.64	0.69	1.30

表 5 – 23 镍尾矿砂微晶玻璃生产基本配方

原料	镍尾矿砂	碳酸钙	硅砂	物料 A	物料 B	晶核剂
份数	55 ~ 65	5 ~ 8	7 ~ 9	14 ~ 16	6 ~ 8	2 ~ 4

俞建长以福建南平铌钽矿的尾矿为主要原料，加入天然粉石英和石灰石，采用烧结法研制了硅灰石为主晶相的微晶玻璃。根据试验分析，铌钽尾矿富含 SiO_2 和 Al_2O_3 及一定量的 Na_2O，适合制备以硅灰石为主晶型的 $CaO - Al_2O_3 - SiO_2$ 系的微晶玻璃。研究结果表明，尾矿的掺入量可达 50%，适宜的熔化温度为 1450℃，在温度 855℃下，核化 3h，在 920℃下晶化 2h，最后得到晶粒大小为 100 ~ 300nm 左右、分布均匀、晶相占 60% 的微晶玻璃，其理化性能优于陶瓷砖、天然花岗岩和天然大理石。匡敬忠也对利

用铌钽矿的尾矿为主要原料制备微晶玻璃进行了试验研究，利用钽铌尾矿制备的复合装饰板微晶玻璃结晶好，坯釉结合性好，烧结完全，表面无气孔，钽铌尾矿在微晶玻璃釉料中利用率可达 40% ~ 50%。

同济大学与上海玻璃器皿二厂合作，以安徽琅琊山铜矿尾矿为主要原料，以硅砂、方解石为辅助原料（配料比为铜尾矿 60% 左右、辅助料 40% 左右），经过工业性试验，已研制出可代替大理石、花岗岩和陶瓷面砖等，具有高强、耐磨和耐蚀的铜尾矿微晶玻璃材料。刘维平等用铜尾矿研制的微晶玻璃板材和彩色石英砂具有较好的理化性能，与天然石材理化性能相当。

5.7　生产加气混凝土

目前生产的加气混凝土产品多属于水合型建材和胶结型建材，其硬化原理与尾矿砖基本相同。加气混凝土是以硅质材料和钙质材料为主要原料，添加发气剂及其他助剂，加水搅拌、浇注成型，经预养切割、蒸压养护等工艺制得的微细孔硅酸盐轻质人造石材，是集保温、防火、隔声、施工方便等优点于一体的新型轻质墙体材料。用于生产加气混凝土的砂，一般要求 SiO_2 的质量分数大于 70%，并要求石英的质量分数大于 40%。

5.7.1　铁尾矿生产加气混凝土

利用铁尾矿可生产加气混凝土，主要原料为铁尾矿、水淬矿渣和水泥，此外还有发泡剂（铝粉）、气泡稳定剂和调节剂等。生产加气混凝土对铁尾矿的要求如下：$SiO_2 > 65\%$，游离 $SiO_2 > 40\%$，$Na_2O < 1.5\% ~ 2\%$，$K_2O < 3\% ~ 3.5\%$，$Fe_2O_3 < 18\%$，烧失量 <5%，黏土含量 <10%。铁尾矿中 SiO_2 有一部分以石英状态存在，称为游离 SiO_2，它在蒸压养护条件下与有效氧化钙反应。还有一部分 SiO_2 是以长石或其他矿物组分存在，这种化合 SiO_2 不能参加与有效氧化钙的有效反应。因此，对铁尾矿中 SiO_2 含量的要求主要是石英部分的含量。石英含量虽无法直接测得，但由于石英含量与 SiO_2 总含量有一定关系，故一般可通过估算来了解铁尾矿中石英的近似含量。如当铁尾矿中 SiO_2 含量为 75% 时，其中大约有 40% 的纯石英。

用铁尾矿制作加气混凝土，并生产加气混凝土砌块、楼板、屋面板、墙板、保温块等材料，在工业上获得了成功的应用。鞍钢矿渣砖厂利用大孤山选矿厂尾矿配入水泥、石灰等原料，制成加气混凝土，其产品质量轻、保湿性能好，该厂年产 10 万立方米的加气混凝土车间，尾矿用量约 3 万吨/a。其原料配比为尾矿 66%、生石灰 25%、水泥 8%、石膏 1%、铝粉 0.08% ~ 0.12%。生产工艺如图 5 - 10 所示。

2013 年 8 月 13 日，山西代县明利铁矿投资 1.8 亿元建设的新型产业转型项目——尾矿砂标砖和加气混凝土砌块投入试生产，可年处理尾矿砂 120 万立方米，提供就业岗位 150 ~ 200 个，年产 1.2 亿块铁矿尾矿砂标砖和 30 万立方米尾矿砂加气混凝土砌块，产值上亿元，实现利税 3000 多万元。

王砚等对武汉钢铁公司程潮铁矿尾矿进行了制备加气混凝土的试验研究。经对尾矿成分分析知，尾矿中的 SiO_2 含量约 50%，而且主要以长石形式存在，石英含量小于 10%，并含有约 10% 石膏类矿物。由于该尾矿中的 SiO_2 含量较低且石英含量较少，而

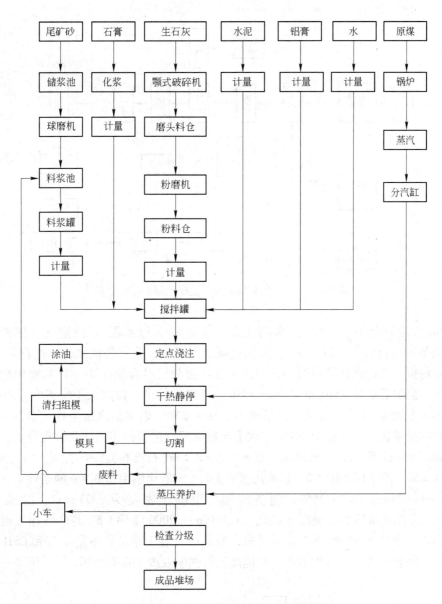

图 5 – 10 加气混凝土砌块工艺流程

石膏含量较高，决定加入水泥（425 号普通硅酸盐水泥）来提高硅质材料的含量，钙质材料采用石灰（有效 CaO 85%）。而尾矿中石膏含量较高，在研制加气混凝土时可以不必添加石膏。铁尾矿制备加气混凝土的原材料为铁尾矿、石灰、水泥及铝粉，制备工艺流程如图 5 – 11 所示。经试验验证，所用原料最佳配比为：外加硅质材料 11% ~ 20%，钙质材料与硅质材料之比为 3：7，铝粉用量为 0.08%，可生产 600 级的加气混凝土，其平均抗压强度约为 3.5MPa，最小为 2.8MPa，符合国家标准要求。

武汉科技大学韩晨等以湖北黄石金山店铁尾矿为主要原料进行了制备加气混凝土的试验研究。由于所采用的铁尾矿中 SiO_2 含量较低，为 35.43%，原料中添加 SiO_2 含量为 98% 的石英粉作为高硅材料。其他原料为石灰（采用市售生石灰，磨细至 200 目

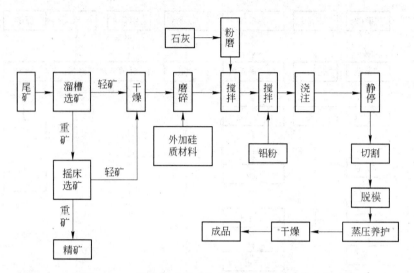

图 5-11　程潮铁矿尾矿加气混凝土制备工艺流程

(0.074mm）筛筛余小于 15%）、水泥（采用市售 32.5 级水泥）、发泡剂（铝粉，分析纯）及调节剂（石膏、氢氧化钠）。加气混凝土制备流程为：将铁尾矿、生石灰、水泥、石膏等原料按一定比例计量后混匀，加入水及添加剂后混合搅拌 5min；铝粉用少许水溶解后加入；混匀后浇注入 10cm × 10cm × 10cm 三联模具中，再放入干燥箱中于 70℃下静停预养 2h；再经切割脱模后送入蒸压釜中，在 1.2MPa 饱和蒸汽压条件下蒸压养护 6h，蒸压后的成品放置于干燥箱中于 105℃烘干至恒重后，进行性能测试及微观分析。具体工艺流程如图 5-12 所示。结果表明：在 m(尾矿)：m(石英粉)：m(石灰)：m(水泥)：m(石膏) = 50：20：18：10：2，铝粉用量 0.1%，氢氧化钠用量 0.4% 的条件下，对尾矿磨细至 -0.074mm 占 95.35%，制备的加气混凝土密度为 637kg/m³，抗压强度为 4.31MPa，符合《蒸压加气混凝土砌块（GB11968—2006)》A3.5、B07 级加气混凝土合格品的要求。通过 XRD 及 SEM 分析可知，制品中含有大量的托贝莫来石和 CSH 凝胶生成，水化产物相互重叠，结构紧凑，对提高制品强度发挥了重要作用。

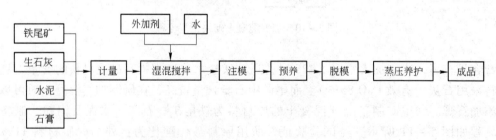

图 5-12　金山店铁尾矿制备加气混凝土砌块的工艺流程

　　广东省建筑材料研究院探索了用当地某硫铁矿选矿尾砂生产蒸压加气混凝土砌块的可行性，得出了尾矿砂生产蒸压加气混凝土砌块的最佳配比和最佳蒸养制度。所制得的尾矿砂蒸压加气混凝土制品平均密度为 716kg/m³，平均抗压强度为 5.20MPa。符合标准《蒸压加气混凝土砌块（GB/T 11968—2006）》中 A5.0、B07 级蒸压加气混凝土砌块的要求。

5.7.2　金尾矿生产加气混凝土

青岛理工大学夏荣华等利用山东某金矿自然粒级的尾矿制作加气混凝土，确定的最佳配比为尾矿 63%、石灰 25%、水泥 10%、石膏 2%，外加剂最佳掺量为 40g/m³，最佳水料比为 0.58；尾矿最佳细度为 0.074mm 筛余 1.75%；最佳蒸压制度为升温时间 3h，恒温时间 8h，最高蒸压温度 205℃，降温时间 2.5h。所制备出的尾矿加气混凝土平均密度为 697.8kg/m³，平均出釜抗压强度为 6.32MPa，符合 A5.0、B07 级加气混凝土合格品的要求。

山东焦家金矿投资 1700 多万元建成年产 30 万立方米的加气混凝土生产线，该生产线采用国内先进的加气混凝土砌块切割机和先进的蒸压釜，其配料系统采用计算机控制。产品采用先进的水泥—石灰—砂加气混凝土砌块技术，以尾矿砂、水泥、石灰、磷石膏和铝粉为主要原料，按一定比例经自动配料、搅拌、浇注、成型、切割、高温高压养护而成。生产的加气混凝土砌块具有质轻、保温、隔热、隔声、防水、阻燃、无放射、施工便捷等特点，是民用和公共建筑物的首选建筑材料。

由福建师大、福建省改性塑料技术开发基地与福建省万旗非金属材料有限公司共同完成的"综合利用瓷土尾矿及黄金尾矿制备加气混凝土砌块"项目，顺利通过了由福建省建设厅组织的鉴定。该项目综合利用万旗公司的三大主导产品，将生产过程中产生的黄金尾矿、瓷土尾矿（废渣）和低品位石灰石等工业废渣烧制加轻质气混凝土砌块，从而建立了矿山循环经济园区，具有很强的新颖性。该项目计划总规模为年产加气混凝土砌块 50 万立方米，项目计划分三期进行。首条年产 10 万立方米加气混凝土砌块生产线于 2007 年初投产，总投资 1182.79 万元，其中建设投资 988.37 万元。按售价 200 元/m³ 计算，年均产值可达 2000 万元，年均可实现利润总额 325.95 万元，上缴税收 107.56 万元，净利润 218.39 万元，具有很好的经济效益前景。

山东金洲矿业集团有限公司经多方考察论证后，投资 3000 多万元建设尾矿综合利用项目。该项目包括尾矿堆浸生产线、15 万立方米加气混凝土砌块生产线和 6000 万块蒸压砖生产线。先采用堆浸技术回收提取尾矿中的金、银，回收后的尾矿再用于制造加气混凝土砌块和蒸压砖，年利用尾矿量达到 15 万吨，年增加效益 1300 万元。生产加气混凝土砌块主要的原材料质量配比为 $m(尾砂):m(水泥):m(生石灰):m(石膏):m(铝粉) = 68:8:22:2:0.07$，水料比为 0.6；制品养护采用高温高压饱和水蒸气介质，蒸压养护制度为抽真空：$0 \sim -0.06$MPa，0.5h；升温升压：$-0.06 \sim 1.3$MPa，1.5h；恒温恒压：1.3MPa，8.0h；降温降压：$1.3 \sim 0$MPa，1.5h。生产的加气混凝土砌块性能达到《蒸压加气混凝土砌块（GB 11968—2006）》规定的质量要求。2008 年山东金洲矿业集团有限公司利用黄金尾矿生产加气混凝土砌块、蒸压砖工程获"山东省循环经济十大示范工程"称号。

山东省青岛双达新型建材有限公司引进先进工艺装备和技术，建设黄金尾矿资源化利用项目，项目共投资 1600 多万元。一期主要生产加气混凝土砌块，目前已进行试生产，年产加气混凝土砌块 50 万立方米，合 1736 万块标砖，可处理黄金尾矿 22 万吨。二期预留板材项目。

由山东省莱州市开发建设总公司投资兴建的年产 10 万立方米加气混凝土砌块生产线 2004 年 6 月投入试运行，成功地利用金矿尾矿砂生产加气混凝土，砌块产品已应用于该公司承建的开发项目。

5.7.3　铅锌尾矿生产加气混凝土

部分铅锌尾矿可以作为一种含硅较高的硅质材料，可替代粉煤灰和砂子用于生产加气混凝土。李方贤等针对浙江遂昌金矿有限公司提供的高硅质铅锌尾矿，进行了采用此类尾矿代替河砂制备加气混凝土的研究。研究表明，利用铅锌尾矿（SiO_2 质量分数 62% 以上）生产加气混凝土的较佳方案为浇注温度 40 ~ 45℃，配料质量比为水泥：混灰：铅锌尾矿：铝粉：外加剂：纯碱 = 1.0 : 1.5 : 3.06 : 0.005 : 0.005 : 0.0047 或 1.0 : 1.0 : 2.0 : 0.0036 : 0.0036 : 0.0034，膨润土的掺量为 2%。制备的加气混凝土的抗压强度和抗冻性能够满足 B06 级合格产品要求，导热系数和干燥收缩值满足国家标准要求。赵俊平等通过利用工业脱硫高硅质铅锌尾矿生产加气混凝土，该加气混凝土的强度、抗冻性、稳定性等指标都达到国家标准，不具天然放射性核素。

福建省有色金属华东地质勘查局尾矿公司经过近一年时间的研发，2013 年 3 月成功利用铅锌尾矿作为原料制得水泥瓦、蒸压硅酸盐砖、加气混凝土三类蒸压制品，制品的性能指标均符合国家标准要求，并申请专利一项。

5.7.4　低硅铜尾矿生产加气混凝土

钱嘉伟等进行了利用低硅铜尾矿生产加气混凝土的试验研究。所用铜尾矿为河北省承德市寿王坟铜矿尾矿，原尾矿磨到细度 -0.074mm 占 98.9%；因铜尾矿中 SiO_2 约为 44%（质量分数，下同），而且石英态的 SiO_2 极少，未达到生产加气混凝土对原料中 SiO_2 一般要求（用于生产加气混凝土的砂，一般要求 SiO_2 大于 70%，并要求石英大于 40%），因此，选用 SiO_2 占 80% 以上的硅砂以提供一部分硅质材料；钙质材料选用石灰和水泥（P·O 42.5 水泥）；发气剂为亲水发气铝粉，调节剂为天然石膏。铜尾矿制备加气混凝土工艺流程如图 5 - 13 所示。工艺条件为：55℃热水搅拌（料浆浇注温度 44℃左右），45℃恒温养护。

通过试验研究制备加气混凝土的原料最优配合比为：铜尾矿 32%、硅砂 34%、石灰 20%、水泥 8%、天然石膏 6%、铝粉 0.057%，水料比 0.53。经测试，按上述最优配合比制备的成型加气试件（100mm × 100mm × 100mm），平均密度为 619.1kg/m^3，平均抗压强度为 4.5MPa，符合《蒸压加气混凝土砌块（GB 11968—2006）》规定的 A3.5、B06 级加气混凝土合格品的要求。

5.8　利用尾矿烧制建筑用陶粒

陶粒，即陶质的颗粒，其表面是一层坚硬的、呈陶质或釉质的外壳，内部具有大量的封闭型微孔。陶粒不仅质轻、隔热保温、吸水率低，而且具有良好的耐火性、抗振性、抗渗性、抗冻性、耐久性和抗碱集料反应能力等性能。所以，陶粒被广泛应用于建筑、石油、化工、农业、填料和滤料等领域。传统的陶粒原料为黏土、页岩等天然矿物，但是黏

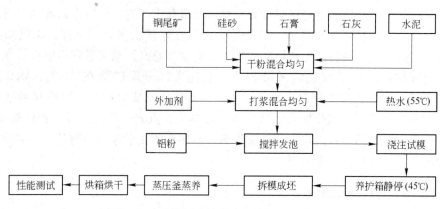

图 5 - 13 铜尾矿制备加气混凝土的工艺流程

土、页岩等天然矿物的大量使用会破坏耕地和生态环境。近年来随着环境问题的日益严峻和环保观念不断深入人心，国家出台相关政策来限制黏土、页岩等天然矿物的开采利用。因此，开发环境友好型陶粒，利用尾矿烧制陶粒来替代传统的黏土陶粒和页岩陶粒，成为近年来的研究热点。

5.8.1 尾矿烧制陶粒的可行性

陶粒内部具有大量的封闭型微孔，封闭型微孔结构是由生料球在高温条件下发生的一系列物化反应而形成的。一方面，原料中的发气物质在高温条件下释放出 CO、CO_2、SO_2、H_2O 等气体，使料球体积发生膨胀；另一方面，料球高温熔融时具有一定的黏性，产生表面张力。只有料球中气体膨胀力和料球自身表面张力达到平衡状态时，才会形成良好的封闭型微孔结构，从而烧制出质轻高强的陶粒。

为了达到上述条件，原料的化学成分、矿物组成和物理性能都必须满足一定的要求。

（1）化学成分要求，烧制超轻、普通和高强陶粒对原料的化学成分要求有所不同。烧制超轻陶粒时，一般化学成分范围如下：SiO_2 48% ~ 65%，Al_2O_3 14% ~ 20%，Fe_2O_3 2% ~ 9%，CaO + MgO 3% ~ 8%，$Na_2O + K_2O$ 1% ~ 5%，烧失量 4% ~ 13%；烧制普通陶粒和高强陶粒时，Al_2O_3 可分别增至 28% 和 36%，其他化学成分要求基本相同。

（2）矿物组成要求，原料的矿物组成以伊利石、水云母、蒙脱石、绿泥石、沸石等黏土矿物为主，总含量要大于 40%，否则无法烧胀。

（3）物理性质要求。

1）粒度：粒度越小越好；但随着粒度的减小，破碎、磨细等环节所消耗的能量将增大。一般要求原料 0.08mm 方孔筛筛余小于 5% 即可。

2）可塑性：塑性指数一般应不小于 8。

3）耐火度：耐火度一般以 1100 ~ 1230℃ 为宜，耐火度过高，则料球黏性太大，致使料球膨胀性差甚至破裂；反之料球易于黏结。

4）软化温度范围：越大越有利于烧胀。

据资料研究表明，镁铁硅酸盐型、钙铝硅酸盐型、长英岩型、碱性硅酸盐型、高铝硅酸盐型、高钙硅酸盐型尾矿以黏土矿物为主，均可作为烧制陶粒的主要原料；钙质碳酸盐型、镁质碳酸盐型、硅质岩型尾矿只含有少量或微量黏土矿物，故可作为辅助原料来调节物料的化学成分等，其效果有待进一步研究，而且在尾矿大宗利用方面，用钙质碳酸盐型、镁质碳酸盐型、硅质岩型尾矿烧制陶粒不具有现实意义。据文献资料统计，在化学成分方面，与陶粒原料的适宜化学成分相比，上述大部分尾矿除在 Al_2O_3、MgO、CaO、NaO、K_2O、Fe_2O_3 等化学成分含量偏差较大外，其他化学成分均与陶粒原料的适宜化学成分很接近或完全符合，因此加入辅助原料（如黏土、页岩、粉煤灰等）稍作调整即可。其中只有硅质岩型、钙质碳酸盐型和镁质碳酸盐型尾矿的化学成分与陶粒原料的适宜化学成分差异较大，只能用作辅助原料。

5.8.2 尾矿烧制陶粒的发展现状

我国在利用页岩、黏土等天然矿物和利用粉煤灰做陶粒的研究上已形成成熟技术，但利用各类尾矿烧制陶粒的研究仍尚处于起步阶段。已有研究者利用珍珠岩矿尾矿、萤石矿尾矿、磷石灰尾矿、铜尾矿、铁尾矿、钨尾矿、银尾矿等尾矿研制陶粒，并得到了比较理想的试验结果，烧制出符合 GB/T 17431.1—1998 要求的陶粒，由此可见，利用尾矿烧制陶粒具有可行性。

1973 年，沈阳市第一建筑工程公司和辽宁工业建筑研究院采用沈阳某地铁尾矿粉和煤矸石，不断改变原料配比，分别使用回转窑法和烧结机法在不同焙烧工艺条件下烧制出一系列满足国家标准的铁尾矿陶粒。北京大学环境科学与工程学院杜芳等以铁尾矿为原料，粉煤灰、城市污水处理厂剩余污泥为添加剂，进行了烧制建筑陶粒的研究。以陶粒吸水率和堆积密度为评价指标来确定最佳的原料配比和烧制工艺，研究表明，铁尾矿、粉煤灰、污泥的最佳配比为铁尾矿 40.3%，粉煤灰 44.7%，污泥 15%，在最佳烧结工艺下，可以烧制出满足 GB/T 17431.1—1998 的 700 级轻粗集料。

王德民等以某低硅铁尾矿为主要原料，对铁尾矿陶粒的配方进行了研究，并考察了尾矿陶粒作为轻质混凝土骨料的应用效果。结果表明：低硅铁尾矿陶粒原料铁尾矿、工业粉状废物与 KD 的适宜质量比为 75 : 18 : 5，成品陶粒用量为 920kg/m³、水泥用量为 220 kg/m³、水灰比为 0.37（不含预湿陶粒用水）情况下的铁尾矿陶粒混凝土密度等级为 1200、抗压强度等级为 LC5.0，满足《轻骨料混凝土技术规程（JGJ 51—2002）》中结构保温轻骨料混凝土的要求，产品保温性能良好。

山东科技大学与山东恒远利废发展有限公司合作，以鞍山式铁尾矿为主要原料，当铁尾矿 : 粉煤灰 : 造纸污泥 = 40% : 30% : 30% 时，采用公司自行研发的可有效处理多种工业固体废弃物的瀑落式回转窑，在适宜条件下，制得密度等级为 700 级的合格铁尾矿陶粒。武汉科技大学金立虎采用低硅铁尾矿，在添加黏土、造孔剂的条件下烧制出可以用于建筑和水处理的多功能陶粒。鞍钢集团采用细粒高硅铁尾矿，在添加煤矸石、粉煤灰、赤泥的条件下，制得符合国标的铁尾矿陶粒，并申请专利。

广西凤凰银业有限公司是一家专门开采银矿、进行选矿的企业，每年排放采矿废石（以下简称为废矿页岩）近万吨，选矿尾砂（以下简称尾矿砂）约有 12 万吨，该公司进行利用废矿页岩和尾矿砂生产高强陶粒的实验室试验和生产线中试。试验的主要原料是尾矿砂、废矿页岩和黏土，其中黏土是银矿当地的废弃泥土，作黏结剂用。另外，采用了 3 种外加剂，由广州华穗轻质陶粒制品厂提供，主要原料的化学成分见表 5-24。

表 5 - 24 主要原料的化学成分　　　　　　　　　　（%）

化学成分	SiO_2	Al_2O_3	Fe_2O_3	CaO	MgO	烧失量	合　计
尾矿砂	64.62	13.17	3.41	3.98	0.79	6.95	92.92
废矿页岩	56.92	18.94	8.87	0.68	3.28	5.25	93.94
黏　土	42.93	22.02	14.43	1.35	0.50	13.05	94.28

根据实验室试验的结果，中试中确定原料质量比为废矿页岩：尾矿砂：黏土 =7：3：2。尾矿砂预先搅拌均匀；废矿页岩、黏土分别先烘干除去水分，再用实验室磨机粉磨成粉。各组分分别按配比称量，混合均匀，再通过成球盘制成共 500kg、粒径 5~15mm 的圆球，自然风干约 15h，待料球强度提高后备用。中试工作在年产 20000m³ 陶粒的国产回转窑生产线进行，正常生产的陶粒窑停止入料约 5min 后开始加入中试料球，至试验陶粒完全出窑的总时间约为 1.5h，陶粒窑的转速为：干燥窑 3.3r/min；煅烧窑 3.3r/min。按《集料及其试验方法（GB/T 17431—1998）》中的规定，测定陶粒的筒压强度，试验结果表明，可成功生产出 700~1000 密度等级、筒压强度超过 10MPa 的高强陶粒。

从以上实例可以看出铁尾矿制备陶粒具有巨大的潜力，一旦投入市场，将会带来巨大的经济效益和环境效益。

5.8.3　存在的问题

利用废弃尾矿烧制陶粒，虽有大量成功实例，但也存在一些亟待解决的问题。

（1）缺乏相应的国家标准或行业标准。目前，陶粒行业成品质量要求和试验方法分别参照 GB/T 17431.1—1998 和 GB/T 17431.2—1998，但是这两个标准只涉及黏土陶粒、页岩陶粒和粉煤灰陶粒。而尾矿陶粒具有其自身的理化性能特点，需要制定新的标准。

（2）一种尾矿只烧制出一两种陶粒，制品种类单一。而陶粒种类较多，如普通陶粒、超轻陶粒、高强陶粒、滤料陶粒等，但目前绝大多数研究者仅限于能够使用某种尾矿烧制出其中一两种陶粒，而没有研究能否用其烧制其他种类的陶粒。

（3）绝大多数尾矿陶粒技术仅限于实验室研究，鲜有中试及规模化生产，尾矿陶粒技术推广应用有待进一步加强。据文献资料介绍，目前国内仅广州华穗轻质陶粒制品厂和湖北襄樊新襄陶粒有限公司利用广西凤凰银业有限公司的银尾矿烧制陶粒进行了中试。

（4）在烧制出合格尾矿陶粒的同时，应尽可能提高固废利用率，最大限度地满足固废减量化和资源化目标。一方面，提高尾矿掺量；另一方面，尽量减少使用黏土、页岩等传统陶粒原料，可用污水处理厂污泥、河道淤泥、煤矸石等代替。

5.9　利用铁尾矿制备轻质隔热保温建筑材料

随着建筑业的飞速发展，人们对住房品质的要求也越来越高，而建筑是否保温隔热是众多购房者关心的问题之一。为了满足客户的需要，不少住都采用了软木板等高价材料作为墙壁的隔热保温材料，这就无形中增加了房屋成本，同时，这些材料也不环保。所以，新型轻质隔热保温建筑材料的开发研究是当前社会的迫切要求。

对轻质隔热墙体材料的基本要求是：导热系数不大于 0.29W/（m·K），密度小于 1g/cm³，耐压强度大于 0.3MPa。王应灿等以马钢姑山铁矿铁尾矿、废旧聚苯乙烯泡沫为主要原料，42.5 级普通硅酸盐水泥为胶凝剂，进行了制备轻质隔热保温建筑材料的试验研究。经过预处理的尾矿和废旧聚苯乙烯泡沫与水泥、水按配比称量，用搅拌机搅拌混合均匀后注入模具、压实、振动、成型，在室内常温养护 48h 脱模，工艺流程如图 5-14 所示。通过试验确定的最适宜工艺条件为铁尾矿/（水泥+铁尾矿）为 40%，泡沫/（水泥+铁尾矿）为 4%，水/水泥为 0.48；该工艺条件下试块的各项性能参数为：7d 抗压强度 0.94MPa，28d 抗压强度 1.05MPa，干燥堆积密度 740.6kg/m^3，导热系数 0.109W/（m·K）。制作的轻质隔热保温材料不仅有良好的保温性能，变废为宝，在创造经济效益的同时，还保护了环境。

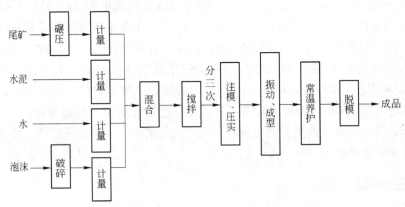

图 5-14　新型轻质隔热保温建筑材料制备工艺流程

尹洪峰等以邯郸铁矿尾矿为原料，采用淀粉糊化固化法进行了制备轻质隔热墙体材料的试验研究。淀粉糊化固化法利用淀粉作为造孔剂和结合剂，在合适的温度下，由于淀粉的糊化膨胀，混有淀粉的原料也随之胀大；烧结时，淀粉作为燃点低的有机物，在 300℃ 左右从坯体中被烧掉，从而使制品体中形成大量孔隙，成为轻质多孔隔热材料。制品制备过程为：粉料混合→加水搅拌→浇注→糊化固化→脱模→干燥→烧成。试验结果表明，在淀粉含量分别为 20% 和 30%、加水量均为 33%、烧成温度均为 1100℃ 时，均可制备出体积密度不大于 0.85g/cm^3、耐压强度大于 0.5MPa、导热系数不大于 0.18W/（m·K）的轻质隔热墙体材料。

江苏大学马爱萍等以镇江韦岗铁矿有限公司的铁矿尾矿、碎石为主要原料，以珍珠岩为骨料添加剂，以 32.5 级普通硅酸盐水泥为胶凝材料，进行了制备新型轻质保温砖的试验研究。制备过程为：

（1）按所定配合比备料，要求称量精确。

（2）加水人工反复均匀翻拌，要求过程中尽量少加水，翻拌直至充分混合颜色均匀为止。

（3）将干拌和料堆成堆，在中间做一凹槽，将适量水倒一半左右在凹槽中，然后仔细翻拌，并徐徐加入剩余的水，继续翻拌。从加水完毕时算起，至少应翻拌 6 次。

（4）将拌和好的原料加入到 QF335 型道路砖机中进行冲压成型。

（5）日常养护 28d。

通过试验确定各种原材料的最优配比为水泥∶尾砂∶矿石子∶珍珠岩 = 15∶60∶22∶

3，研制的轻质保温尾矿砖的质量比普通尾矿砖轻 20% 左右，而抗压强度等级也达到 9MPa，成本估算为 0.27 元/块（2012 年）。因此，该产品质量合格，成本适中，是一种理想的普通砖替代产品，市场前景广阔。

喻杰等以水泥为胶凝剂、铁矿尾矿为主要原料，进行了制备轻质保温墙体材料的试验研究。试验用原材料有铁尾矿（湖北黄石市灵乡铁矿铁尾矿）、水泥（42.5 级普通硅酸盐水泥）、膨胀珍珠岩（市售品）及铁尾矿活性激发剂（自配）。制备过程为：将试验原料水泥、铁尾矿、激发剂、膨胀珍珠岩按一定的质量比混合，添加一定量的水后在搅拌反应器中搅拌 8min，在 40mm×40mm×160mm 的模具中振实成型，试件在标准养护箱内养护 28d，依照 GB/T 17671—1999、GB 6486—85、GB 10294—88 分别检测各组试件的抗压强度、堆密度和导热系数。试验结果表明：试验用碱性激发剂对铁尾矿的活性有显著的激发作用，从而可提高铁尾矿的掺用比例、减少水泥用量；当水泥、铁尾矿、激发剂、膨胀珍珠岩的质量比为 1：2.5：0.25：0.63，水灰比为 0.8 时，试件 28d 的抗压强度大于 5MPa、密度小于 900kg/m³、导热系数小于 0.231W/(m·K)，满足轻质保温墙体材料的性能要求。

5.10 我国金属矿山尾矿生产新型建材实例

中国地质科学院早在 1992 年就开始尾矿生产新型建材技术开发工作，利用江西德兴铜矿尾矿、首钢铁尾矿、南京梅山铁尾矿制成紫砂美术陶瓷和砂锅、酒具等日用陶瓷，制成外墙砖和锦砖，以及 525 号水泥、325 号无熟料水泥和烧结砖、广场砖。有的矿山企业如山东龙头旺金矿将尾矿分成三部分处理，大粒矿渣作为铺路材料，细泥作为副产品出售，其余尾砂用作制砖材料，并于 1991 年建成一座年产 1700 万块砖的砖厂。山东焦家金矿于 1996 年投资 200 万元，引进国外"双免"砖生产技术，建成 4 条生产线，每年可利用尾矿 6 万吨。1998 年，北京首钢铁矿与中国地质科学院合作，"利用废石和尾矿生产空心砌块中试"项目尾矿综合利用量 62%，产品符合国家标准，获原地质矿产部科技成果鉴定，填补了北京该类成果空白。1999 年 9 月，首钢迁安铁矿引用该科技成果投资上线，国内第一条空心砌块、彩色铺地砖和建筑用砂石料生产线正式实现产业化，产品销往天津、河北、北京等地，效益显著。21 世纪开始，甘肃白银铜矿、承德寿王坟铜矿、南京梅山铁矿以及邯钢、鞍钢、辽宁凌钢、河北邢钢铁矿在中国地质科学院技术支持下，相继建厂生产小型空心砌块、彩色劈离砌块、多孔砖、实心砖、保温隔墙板、彩色铺地砖和混凝土添加剂。

2001 年 10 月，中国地质科学院尾矿利用技术中心提供技术转让，为承德寿王坟铜矿建成了利用尾矿年生产 3000 万块小型空心砌块、混凝土多孔砖、混凝土实心砖、彩色地面砖生产线。2002 年 6 月 6 日，由承德寿王坟铜矿注册的承德凯源新型建材有限公司利用尾矿、废石、煤渣生产的小型空心砌块产品通过了河北省建设厅产品鉴定（证书号为《冀建材备签字［2002］第 106 号》）。2003 年北京首钢铁矿"利用废石年生产 1500000m³ 建筑用砂石料产业化"项目，2004 年北京威克冶金矿山公司"利用废石年生产 3000000m³ 建筑用砂石料产业化"项目都先后投产，现运行正常，经济效益显著，实现了矿山排石场当年无废石堆积的治理目标。2006 年，鞍钢集团利用铁尾矿、废石建成了年生产 8000 万块标准实心砖（多孔砖、砌块）生产线。该项目所生产的产品市场价格坚挺，供不应求，极大地缓解了鞍山市在全面禁止使用实心黏土砖生产以后，全市建筑墙体材料市场出现供应缺口的急迫难题。2008 年，河北易县铁尾矿年生产 6000 万块灰砂砖生产线、年生产 8000 万块混凝土加气块生产线先后投产，该项目 70% 以上产品销往北京，经济效益显著。

2009 年，河北临城县南沟矿业公司铁尾矿生产彩色路面砖、承重砌块，建成了年产 100000m³ 砌块生产线，年产值可达 2300 万元；2010 年，辽宁凌源建筑商引入中国地质科学院尾矿中心技术，利用金尾矿年产 40000m³ 陶粒生产线，产品除供应当地业主自用外还可外销；陕西镇安县铅锌尾矿生产彩色路面砖、彩色屋面瓦等，产品销往周边县和西安市及比邻的湖北、河南等地。2011 年 5 月，中国地质科学院为安徽建晟纪元矿业投资有限公司编制完成的《池州尾矿综合利用示范项目可行性研究报告》，利用尾矿年产 300000m³ 加气混凝土砌块、30 万吨商品砂浆等新型建材产品生产线项目已经开始建设。2011 年 11 月，本溪清迈尾矿综合利用有限公司引进中国地质科学院技术，利用铁尾矿生产复合保温砌块、加气混凝土砌块、干粉砂浆等新型建材系列产品生产线开工建设，2012 年上半年一期工程投产运行，年可消耗尾矿 100 万吨，年利税约 3200 万元。

自 20 世纪 90 年代以来，中国地质科学院在国内首先提出并开始进行尾矿微晶玻璃生产技术研究，于 1994 年获得了中国新发明专利，承担《中国二十一世纪议程》的"尾矿的处置、管理及资源示范工程"，代表了国内尾矿整体利用最先进技术水平和新技术；2000 年，该院承担完成国家科技部"尾矿微晶玻璃生产工艺研究"国家重点科技攻关项目，成果通过国家科技部验收和国土资源部科技成果鉴定（鉴字［2001］第 05 号）。2001 年 11 月，国家发展和改革委员会、科学技术部联合发布的《当前优先发展的高技术产业重点领域指南》中第 101 项"工业固体废弃物资源综合利用"明确了近期高技术产业化的重点是"尾矿微晶玻璃，建立有代表性、技术起点高、综合效益显著并能达到一定规模的产业化示范工程，逐步形成适用、先进的资源化成套设备及工艺。"2007 年 2 月，国家发展和改革委员会、科学技术部、商务部、国家知识产权总局再次把该院开发的"尾矿微晶玻璃"列入我国"十一五"规划期间《当前优先发展的高技术产业化项目重点领域指南》。国家工业和信息化部、国土资源部、科学技术部、国家安全监察总局 2010 年 4 月发布的《金属尾矿综合利用专项规划（2010～2015 年）》，将尾矿生产微晶玻璃技术作为重点技术。

中国地质科学院在国内外首次把"尾矿微晶玻璃"专利技术成果在新疆、陕西、山西企业工程项目中成功实施转化。2007 年 5 月，新疆锦泰微晶材料有限公司"年产 200000m² 尾矿微晶玻璃"生产线在新疆率先建成投产，利用中国地质科学院 60% 稀有金属尾矿生产配方工艺成果成功生产出新疆红色微晶石。2009 年 8 月，君达（凤县）公司在陕西宝鸡新建我国第二家"年产 200000m² 尾矿微晶玻璃"生产线建成投产，利用该院 60% 铅锌尾矿生产配方工艺成功生产出君达黑微晶石。目前，产品销往我国西安、宁波、保定以及意大利、日本等国，产品供不应求。

6 尾矿在公路工程中的应用

近年来我国加大基础建设力度，公路工程建设得到长足发展，在以往的公路工程施工中基层骨料大部分采用河床沙砾或机制碎石。随着河床砂砾资源匮乏和机制碎石加工成本的增加，造成了在施工过程中原材料供应困难，并且挖采河床沙砾和开采山石对周边环境造成极大破坏。若把铁尾矿料用在路面混凝土、路面基层和路基回填上，可以大量消耗铁尾矿，为现有尾矿库腾出库容，减少周围环境的污染和少征用土地；还可以降低公路工程造价，实现其自身价值；并可以大量减少河沙和土石方的消耗量，避免破坏土地和环境。经测算，每利用 1000m³ 尾矿砂，可减少路基填筑取土（取土深 1.5m）用地 1 亩，可减少尾矿砂占地（尾矿砂堆积高度 3m）0.5 亩，代替石屑作基层可节约矿石资源 920m³，可降低工程造价 2 万元以上，社会效益和经济效益十分显著，在地方道路及乡村道路大有推广应用前景。

尾矿作为道路建筑材料用于道路工程中的研究还处于起步阶段，还没有大规模应用，但从尾矿的物理力学性质、颗粒组成、化学成分分析和已做过的有关成功试验和理论推理来看，尾矿在公路工程中的应用前景广泛，是今后利用废物修筑公路的较好材料。

6.1 尾矿砂作为路面基层材料

水泥稳定土基层在公路基层中应用广泛。其中，水泥稳定碎石基层需要使用大量的碎石填料。同时，尾矿料与机械轧制的碎石集料具有相似性，因此可以应用磁选尾碎石、尾矿砂代替碎石来配制水泥稳定尾矿料混合料。应用尾矿砂做路面基层，在一定程度上，可减少对环境的污染，利用矿山资源、节约土地资源，降低工程造价。

6.1.1 材料要求

采用石灰、粉煤灰或水泥稳定尾矿砂基层施工时，各种材料质量应符合《公路路面基层施工技术规范》的要求。白灰要符合 Ⅲ 级以上消石灰技术指标要求，并尽量缩短白灰的存放时间，如存放时间较长，则应采取覆盖封存措施，尽量现使现进。

（1）粉煤灰。粉煤灰中 SiO_2、Al_2O_3 和 Fe_2O_3 的总量应大于 70%，粉煤灰的烧失量不应超过 20%；粉煤灰的比表面积宜大于 2500m²/kg（或 90% 通过 0.3mm 筛孔，70% 通过 0.075mm 筛孔）。

（2）水泥。水泥应选用初凝时间在 3h 以上的强度等级 32.5 级的普通硅酸盐水泥、矿渣硅酸盐水泥和火山灰质硅酸盐水泥，不应选用快硬水泥、早强水泥和已受潮变质水泥。

（3）尾矿砂。尾矿砂在公路中应用一般选用硬矿石所选出的弃料，应洁净无杂质。用于二灰水泥加粉煤灰或石灰加粉煤灰稳定时，小于 0.075mm 颗粒含量不大于 7%；用于水泥稳定时，小于0.075mm颗粒含量不大于5%。

（4）水。采用饮用水。

（5）材料组成配比。材料组成配比除符合《公路路面基层施工技术规范》规定的颗粒组成范围要求外，水泥稳定碎石尾矿砂时，也可参考水泥混凝土材料组成设计方法即尾矿砂按砂率方法确定掺加比例（或参考贫水泥混凝土的设计方法）。石灰、粉煤灰稳定碎石、尾矿砂，7d无侧限抗压强度底基层、基层按二级公路标准控制在0.6MPa以上。水泥稳定碎石、尾矿砂做路面基层7d无侧限抗压强度控制在3.0MPa以上。

6.1.2　施工工艺及控制

6.1.2.1　拌和

采用具有电子计量装置的专用稳定土拌和设备集中厂拌，拌和时要符合下列要求：

（1）各种进厂材料要和配合比组成设计时提供的材料相一致。

（2）厂拌设备所有计量装置要通过计量检测标定合格后方可使用。

（3）按施工配合比进行试拌校正，分别计量确定各料仓出料比例。

（4）严格控制含水量，使混合料运到现场摊铺后碾压时的含水量接近最佳水量。

（5）拌和料要均匀，第一盘混合料应弃掉回收。

（6）雨季施工时，应采取措施保护集料不受雨淋，混合料运输车要加强覆盖。

（7）多风、干燥、气温高的天气施工时，及时调整含水量。

（8）混合料运输车辆要与拌和设备生产能力相匹配。

6.1.2.2　摊铺及碾压

采用稳定土摊铺机摊铺混合料。摊铺前对下承层进行清扫、放线，为有效控制宽度，可先在基层两侧按虚铺厚度培槽，宽度30~50cm；按间距5m测量高程，按虚铺厚度打桩挂钢绞线；摊铺宽度单机不大于7m，宜整路幅双机呈阶梯一次摊铺成型；摊铺速度一般控制在2~4m/min之间，摊铺机前应有足够的运输车辆，确保摊铺速度均匀，不间断；碾压宜采用18t以上振动压路机和胶轮压路机，压路机数量及碾压遍数应通过铺筑试验段确定，一般不低于3台压路机；碾压按初压、复压和终压三个阶段配备压路机，初压时采用静压，压路机紧随摊铺机后S形碾压停、倒车，碾压重叠1/2轮宽，压完路面全宽时即为一遍。一般需碾压6~8遍，路肩和基层同步碾压。碾压速度一般控制在1.5~2.5km/h；复压宜采用胶轮压路机进行碾压；严禁压路机在已完成的或正在碾压的路段上调头或急刹车，并严格控制初压、复压、终压区段，严禁在已成型并超过终凝时间的路段重叠振动碾压。

6.1.2.3　养生及交通管制

每一碾压区碾压结束经压实度检测合格后，即可保湿养生；白灰、粉煤灰或水泥稳定尾矿砂基层碾压完成检测合格后，用钢丝刷或其他工具将基层表面刷毛，即可养生，宜采用湿砂养生，养生期内保持砂处于湿润状态，养生7d结束后，将覆盖物全部清除干净；石灰、粉煤灰或水泥稳定碎石、尾矿砂，可采用洒水车进行洒水养生，养生期间保持基层表面湿润，保湿养生7d。如面层为沥青混凝土面层，则在洒水养生之前，将基层光滑表面采用刷毛办法进行处理，使其表面层具有一定粗糙度，利于浇洒透层油的渗入以及基层和面层之衔接，防止路面推移；为确保透层油渗透效果，宜在养生3~4d后浇洒透层油进行养护，并在养生期结束后进行面层施工，减少由于基层长时间暴晒造成基层干缩裂缝；养生期内，除洒水车外，严禁载重车辆通行。

6.1.3 应用效果

2009 年，河北省承德市隆化县交通局在韩郭线大修公路工程施工中，采用隆化县金谷矿业铁矿尾矿作为水稳基层碎石主要原料，实现了尾矿在公路基层施工中的成功利用，不但节约了水泥用量，而且保证了施工质量。

施工单位首先对尾矿进行了筛分试验和无侧限抗压强度试验，试验结果表明，尾矿颗粒粒径及水泥稳定碎石无侧限抗压强度等指标均符合现行公路工程标准规定的要求，尾矿料可满足公路基层用稳定材料。又通过试验最终确定水泥稳定碎石最佳含水量 5.0%，最大干密度 2.53g/cm^3。韩郭线大修工程中，每吨水泥稳定碎石基层配合比采用水泥：尾矿料：水 =45：905：50。混合料基层到达养生期后，进行了现场检测和钻芯取样试验，各项检测结果均满足基层施工规范要求，其中 7d 强度均值为 3152MPa，最高值为 5120MPa，最低值为 3143MPa。公路运营后，没有发生路面病害，运行状况良好，并且通过了省市质量监督部门的抽检，达到了规范要求。

本次工程使用尾矿料 32000 多吨，通过使用尾矿料节省材料费 40 余万元，创造了可观的经济价值。

河北省迁安市交通局在 2004 年至 2009 年先后在河北省迁安市 5 条农村公路施工中对尾矿砂应用进行了研究，共利用尾矿砂代替石屑做二灰稳定碎石基层 23420m/268364m^2。从基层检测结果看，强度满足设计要求。

辽宁建筑职业学院徐帅针通过试验数据分析，研究了铁尾矿应用于道路建筑材料中替代部分沙石的可行性。试验选用原材料为铁尾矿及石灰砂，铁尾矿砂为鞍山鞍钢齐大山铁尾矿，消石灰来自辽宁鞍山荣发石灰厂，等级为三级钙质石灰。根据材料的特性进行石灰稳定铁尾矿配合比设计，通过合理的配合比，对混合料进行击实试验、无侧限抗压强度试验、回弹模量试验及劈裂强度试验。试验结果表明，石灰稳定铁尾矿的适宜原料配比为石灰：铁尾矿 =30：100，最佳含水量为 14.89%，压实密度为 1.928t/m^3。其各项试验指标均满足《公路路面基层施工技术规范（JTJ034—2000）》要求，满足路面基层设计要求，可以应用于二级或二级以下道路基层中。

6.2 尾矿砂填筑路基

尾矿砂可以作为路基填料，施工采用包边培槽法，即在路基两侧各培宽度为 1.5 ~ 2.0m 土路基，高度不超过 30cm，和每层尾矿砂填筑路基高度相同，并顺路基纵向每间隔 20m 预留一宽度 30cm 泄水孔，内填透水材料，碾压与尾矿砂路基同步进行。在路槽内填筑尾矿砂，尾矿砂填筑路基表面层稍有扰动可呈松散状，每层路基填筑前，要先洒水湿润，填筑采用逆向施工法。尾矿砂采用推土机、平地机或装载机等机械整平稳压，振动压路机碾压。碾压时要严格控制含水量，含水量一般控制在大于最佳含水量 1 ~ 2 个百分点，含水量过小时压路机无法行走碾压。尾矿砂由于矿石含量和硬度不同，对尾矿砂路基压实方法也不同，对粉尘含量较多、含泥量较大的尾矿砂，可直接采用压路机进行碾压；对粉尘含量少、含泥量小的尾矿砂可采用水沉的方法，压路机配合达到压实效果。尾矿砂填至距路基顶面 15～20cm 时，采用黏性较大的土质进行封层碾压成型。一般将表面松散部分尾矿砂刮除，露出平整密实表面，采用灌砂法或水袋法检测压实度。

6.3 铁尾矿替代河沙用于水泥混凝土路面

水泥和混凝土是我国大量采用的两种主要路面材料之一，具有强度高、稳定性好、耐久性好、有利于夜间行车等优点，在我国南方地区大量采用。水泥混凝土路面中需要消耗大量的河沙。若铁尾矿能替代河沙用于混凝土中，将是我国工业废渣（废料）利用的一个重大突破。

2006 年鞍钢集团矿业设计院和鞍钢建设公司预制厂联合进行了铁尾矿替代普通河砂的混凝土试块试验。铁尾矿原料取自风水沟尾矿库，碎石为当地采场碎石，水泥为 C32.5 普通矿渣水泥，水泥、碎石、铁尾矿、水的质量比 1：2.82：1.26：0.45，经过机械搅拌后，做成两组 100mm×100mm×100mm C25 混凝土标准试块（每组各 3 块），经过实验室标准养护 28d 后进行抗压检测，结果见表 6-1。从表中看出，混凝土强度已达到 C35以上。

表 6-1 铁尾矿替代河砂混凝土试块抗压检测结果

受压面积/mm²	抗压强度/MPa				占设计强度/%
	1	2	3	平　均	
10000	27.4	27.6	24.3	26.4	106

7 尾矿在农业领域的应用

7.1 钼尾矿生产多元素矿质肥

钼选矿尾砂制多元素矿质肥料技术是代表我国环境学科发展的一项集矿山尾矿综合处理和清洁生产为一体的新技术。该技术通过类似于水泥生产的简单工艺，将钼尾矿加工为含有对农作物生长所必需的钾、硅等多元素矿质肥。钼尾矿砂制多元素矿质肥料不仅能够为土壤补充大量元素钾以及硅、钙、镁、硫等中量营养元素，而且也能有效补充铜、铁、锌、锰、钼等农作物必需的微量元素。利用这种矿质肥，还能有效促进氮、磷、钾化肥的吸收能力，提高化肥利用率，增强农作物抗灾能力，改善农作物品质、修复土壤肥力，保持和提高土地的可持续生产力。

钼尾矿多元素矿质肥料的生产工艺为：以钼尾矿和白云石或高镁石灰石为原料，在立窑或回转窑中煅烧生产，具体生产方法是：检验并计算出钼尾矿、白云石或高镁石灰石和无烟煤或白煤中酸性氧化物和碱性氧化物各自的总当量数；按照立窑水泥配热方法计算出1200℃以上窑温所需的配煤量；按酸性氧化物/碱性氧化物≈1.1~1.2计算钼尾矿和白云石或高镁石灰石的配入量，与煤混合，得到生料原则配方，用回转窑煅烧不加入煤粉成分；加入含碱金属离子煅烧助剂，碱金属离子占配料总量的0.2%~1%；将配料研磨成80目以上的细粉，加入到回转窑中，在1200~1350℃的温度下煅烧成硅肥熟料；或加入到成球机中，加水成球；成球物料在1200℃以上的温度下在立窑中煅烧成硅肥熟料；经冷淬后进行粉碎，即成为多元素硅肥。

这种技术以清洁生产方式为主导，把矿山冶金"三废"治理与农业土壤肥力修复进行统筹分析和研究，形成了用钼矿尾砂制造富含多种中微量元素矿质肥料的创新技术和工艺。通过采用煅烧工艺，避免了化学提取工艺生产肥料方式中的高能耗、高成本与高污染，从而实现无"三废"的清洁生产。

2007年沈宏集团涞源矿业公司以大湾钼尾矿为主要原料，完成1000t级矿质肥料（多元硅肥）的工业试验，产品以钙、镁、硅为主，同时含钾及铁、铜、锌、钼等微量元素，在黑龙江省获得"多元硅肥"肥料登记。在黑、吉、辽、冀、豫的水稻、玉米、冬小麦、果树、大棚蔬菜、大豆、花生多种作物上显现出增产、抗逆、抗病虫、提高品质的功效。2008年通过环境科学学会技术鉴定，并由中国科学技术协会发布为2009年全国推广的新技术。经过近3年的多种作物、300多个点次的田间试验结果表明，该肥料对农作物具备增产、提高品质以及抗病虫害和抗旱涝低温等良好肥效。目前，利用该技术生产的肥料还取得了在黑龙江省生产和推广销售的许可。据相关开发人员介绍，根据试生产的成本核算，对于一个年排放30万吨钼尾矿的企业而言，如果将其加工为50万吨多元素矿质肥，可实现年利润5000万元，此外还可以节约每年500万元的尾矿库建设、维护和植被修复等费用，相当于钼中等价位时钼矿山的采选矿利润，钼尾矿制肥等于再造了一个钼矿。

2012 年 3 月 26~27 日，工业和信息化部、中国工程院在河南开封联合主办"金属尾矿无害化农用研讨会"，由河南煤业化工集团有限责任公司和北京海达华尾矿资源利用技术有限公司共同完成的"南泥湖钼尾矿无害化农用产业项目工艺技术报告"通过专家论证。专家介绍，金属尾矿无害化农用，是指通过相关关键技术和设备，对金属尾矿进行无害化处理（再选回收有价元素或组分；消除有毒有害重金属和选矿添加剂危害；脱除水溶性钠盐），活化中、微量元素等，使其成为优质大宗农用产品原料，生产可控缓释肥料、土壤调理剂、栽培基质等新型农用产品，用于改善土壤理化性质，提高土壤质量和耕地等级，满足作物生长营养需求，保障粮食安全。"钼尾矿无害化农用产业"项目是河南煤业化工集团建设我国第一个特大型"有色金属（钼）循环经济新兴工业化基地"项目中的重点工程。钼尾矿无害化农用产业及其配套项目投资就达 91.5 亿元，整个项目建设投产后，预计将消纳并综合利用钼尾矿 2000 万吨/年，销售收入达 250 亿元/年以上，实现利税达 85 亿元/年以上，解决就业达 5500 人左右。

7.2 尾矿用作磁化复合肥

"七五"期间，马鞍山矿山研究院在国内率先进行了利用磁化铁尾矿作为土壤改良剂的研究工作，于 1984 年开始，利用南山铁矿磁选尾矿生产磁化肥料。用特定设计的磁化机对磁选厂铁尾矿进行磁化处理，生产出磁化尾矿，施入土壤。研究表明，磁化尾矿施入土壤后，可提高土壤的磁性，引起土壤中磁团粒结构的变化，尤其是导致土壤中铁磁性物质活化，使土壤的结构性、空隙度、透气性均得到改善。1985 年起，该院先后与马钢矿山公司和马钢综合利用公司合作，进一步开展了磁化肥料在农业上应用的试验研究。其中以马钢南山铁矿磁化铁尾矿为土壤改良剂的试验，经历了对多种农作物的盆苗、田间小区试验和大田示范试验以及不同类型土壤的试验。试验结果表明，土壤中施入磁化尾矿后，农作物增产效果十分显著，早稻平均增产 12.63%，中稻平均增产 11.06%，大豆增产 15.5%。"八五"期间，该院又将磁选厂铁尾矿与农用化肥按一定的比例混合，经过磁化、制粒等工序，制成了磁化复合肥，并在当涂太仓生态村建成一座年产 1 万吨的磁化复合肥厂，以加磁后的尾矿代膨润土作复合肥的黏结剂，既降低了成本，又增加了肥效，深受当地农民欢迎。

7.3 尾矿用作土壤改良剂

尾矿中往往含有 Zn、Mn、Cu、Mo、V、B、P 等维持植物生长和发育的必需微量元素，可用作微量元素肥料或土壤改良剂。如利用含钙尾矿作土壤改良剂，施于酸性土壤中，可起到中和酸性，达到改良土壤的目的；含有钙、镁和硅的氧化物尾矿，可用作农业肥料对酸性土壤进行钙化中和处理。目前用作肥料添加剂的矿物或岩石主要有：膨润土、沸石、硅藻土、蛇纹岩、珍珠岩等。

中科院地质与地球物理所的科研人员经过十多年的努力，自主研制出了一种能有效提高土壤综合肥力的新型微孔矿物肥料，其普适性和低成本使得大面积改善我国土壤肥力成为可能。邵玉翠等人利用 10 种不同天然矿物作为土壤改良剂，对矿化度 4~5g/L 的微咸水灌溉农田土壤进行改良效果试验。结果表明：改良剂 1 即 100% 膨润土施用量 2500kg/hm², 能够降低土壤堆积密度 12.23%, 提高土壤肥力 12.28%; 参试的改良剂均能够降低 0～5cm 土壤全盐量, 最大降幅 72.5%, 并能降低 0～40cm 土壤 CO_3^{2-} 和 HCO_3^- 离子, 最大降幅达 100%; 改良剂 4 即 100% 磷石膏施用量 2250kg/hm², 能够增加土壤中的 Ca^{2+}、Mg^{2+} 离子、降低土壤中的 K^+、Na^+ 离子。

2010 年广东万方集团以白石嶂钼尾矿为主要原料完成 500t 级工业试验, 成功制造出用于酸性红壤的土壤调理剂, 在水稻、蔬菜、热带水果、烟草等作物表现增加产量、提高品质、改良土壤等效果。以此为基础, 与华南农业大学、广东省农业科学院土肥所等院校合作, 进一步开发适合南方酸性红壤区各种作物的专用肥料。

2011 年北京海达华公司与河南煤业化工集团进行了钼尾矿无害化农业再利用产业项目, 利用南泥湖钼尾矿研发钼尾矿全价可控缓释肥和钼尾矿沙化土壤调理剂, 经山东农业大学小麦田间肥效试验与河南省农科院植物营养与资源环境所中低产类沙化土壤改良定位试验, 分别增产 27% 和 41%, 增产效果显著。

安徽凹山选厂除对尾矿进行再选回收硫磷等有价元素外, 还对未脱磷的磁选尾矿用来进行改良土壤的试验, 试验表明: 经添加尾矿的土壤对作物增产有显著的效果, 能使水稻增产 10%～15%。油菜增产 5% 左右, 对小麦和大豆等农作物的生长均有所改善。

8 尾矿在污水处理中的应用

8.1 钨尾矿制备生物陶粒

华中科技大学冯秀娟以江西大余下垄钨矿的尾砂为主要原料，以炉渣、粉煤灰、黏土为辅料，采用焙烧法进行了制备多孔生物陶粒滤料的试验研究。其所用尾矿的主要化学成分见表8-1。其他辅助材料为浓盐酸、炉渣、粉煤灰、黏土、造孔材料（木屑或泡沫塑料）、黏结剂（改性淀粉）、丙烯酸树脂型白色涂料、二甲苯溶剂等。

表8-1 钨尾矿主要化学成分 （%）

成 分	SiO$_2$	Al$_2$O$_3$	CaO	K$_2$O	Na$_2$O	Fe$_2$O$_3$	其他
质量分数	79.6	8.5	0.11	1.43	1.02	1.75	6.31

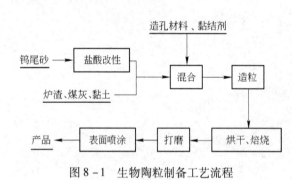

图8-1 生物陶粒制备工艺流程

钨尾矿制备生物陶粒工艺流程如图8-1所示。用20%的盐酸溶液对尾砂进行改性处理，使其具有大量的孔洞。将改性尾砂与炉渣、粉煤灰、黏土按一定比例混合搅拌均匀并添加少量造孔材料和黏结剂，在造粒机上制成球形陶粒生料。将陶粒生料放入电热恒温干燥箱于120℃下烘1h，然后转入马弗炉，在1h内逐渐升温至500℃，恒温10min，再将温度调至800~1200℃焙烧30min，出炉自然冷却至常温。将焙烧产品置于球磨机中以自磨方式打磨表面后，用喷枪喷涂经二甲苯稀释的丙烯酸酯型白色涂料，常温干燥后即得最终生物陶粒产品。喷涂丙烯酸酯型白色涂料时空压机压力为0.2~0.5MPa，喷枪雾化角度为30°~50°，喷枪口离陶粒距离为15~50cm，常温干燥时间为0.5~1.5h，涂层干膜厚度为20~30μm。

试验结果表明，在钨尾砂、炉渣、粉煤灰、黏土的体积比为4:1.5:1.5:1，焙烧温度为1100℃条件下，制备出的生物陶粒粒子密度为1.61g/cm^3、堆积密度为1.10g/cm^3、比表面积为9.7m^2/g、酸可溶率为0.17%、碱可溶率为0.33%、筒压强度为8.1MPa。用该生物陶粒处理COD$_{Cr}$（化学需氧量）为817mg/L的实际污水，挂膜速度快，微生物附着量大，易反冲洗，20天COD$_{Cr}$下降率达到93%以上。

8.2 铁尾矿制备生物陶粒

唐山学院张学董等以铁尾矿为主要原料，通过掺加炉渣、粉煤灰、石灰石、外加剂等辅料，进行了铁尾矿生物陶粒滤料的制备研究。

8.2.1 实验原料

铁尾矿：取自唐山迁安某铁矿的铁尾矿，是陶粒的主要原料，提供强度并可做黏结剂。

炉渣：取自燃煤锅炉废渣，可提供部分热值，也是陶粒的造孔剂。

粉煤灰：取自唐山发电厂，可改善成球性。

石灰石：为造孔剂，在煅烧过程中也可提高陶粒强度。

外加剂：主要成分为有机物，是造孔剂和黏结剂。

主要原料的化学成分见表 8 – 2。

表 8 – 2　陶粒原料的主要化学成分　　　　　　（%）

名　称	附着水分	烧失量	SiO_2	Al_2O_3	Fe_2O_3	CaO	MgO	K_2O	Na_2O
铁尾矿	4.32	2.85	57.56	10.77	13.73	4.43	4.10	2.58	2.11
炉　渣	1.56	0.16	4.04	15.47	19.93	38.21	11.60	0.74	1.05
粉煤灰	3.93	1.58	52.33	32.52	4.96	3.65	1.42	0.96	0.34
石灰石	0.80	42.12	2.15	0.42	0.27	53.04	1.32	0.20	0.19

8.2.2 制备工艺

按照一定的配比准确称取各原料于水泥净浆搅拌机中，加入 27% 的自来水搅拌均匀，采用手工成球的方式制得 3 ~ 5mm 的生料球，在 105 ± 5℃ 下烘干 3h 以去除自由水，然后置于高温电阻炉中，按设定升温程序升温至 1100℃ 煅烧 30min，陶粒产品在室温下自然冷却即得铁尾矿生物陶粒。

通过污水处理试验，确定原料配比为铁尾矿 86%、炉渣 7%、粉煤灰 5%、石灰石 1%、外加剂 1%，在煅烧温度 1100℃ 的条件下，可制得表面粗糙、粒径 3 ~ 5mm、吸水率 14.01%、孔隙率 31.07%、堆积密度 $1.12kg/m^3$、表观密度为 $1.92kg/m^3$ 的陶粒，30h 对生活污水的浊度去除率为 64.02%，COD_{Cr} 去除率高达 79.48%，效果显著。

武汉科技大学王德民等以某低硅铁尾矿为主要原料制备出了尾矿添加量达 77% 的多孔陶粒，并通过实验室曝气生物滤柱考察了所制备陶粒对模拟生活污水的处理效果，结果表明：该陶粒表面粗糙，内部多孔，表观密度、显气孔率和平均孔径分别为 $1.33g/cm^3$、54% 和 19.80μm，重金属浸出试验浸出液中的重金属浓度符合国家地表水环境质量标准。以该陶粒为滤料的曝气生物滤柱对模拟污水的处理效果良好，COD_{Cr}、$NH_4^+ - N$、TN 的去除率分别为 84.26%、84.01% 和 25.87%；滤柱内陶粒上附着的微生物种类丰富，进水端单位质量陶粒上的生物质磷总量可达 371.63nmol/g，陶粒表面和内部分别占 90.79% 和 9.21%。

8.3　铅锌尾矿制备生物陶粒

河海大学汪顺才等以铅锌矿浮选尾矿为原料，水玻璃和木质素作为添加剂，通过高温焙烧，制备了水处理陶粒，并用其对选矿废水进行了吸附处理实验研究。

试验中所用尾矿为南京银茂铅锌矿业有限公司的浮选尾矿。该尾矿中主要矿物为硅酸盐类矿物，还含有部分 Fe、Mn 和 Al 等氧化物，其烧失量为 18.93%。陶粒的制备过程为称取 30g 全尾矿置入烧杯中，量取一定体积的蒸馏水，搅拌均匀。利用圆盘造粒机将其制成小球直径为 5~10mm，放入电热鼓风干燥箱在 105℃下烘 2h，再放入高温箱式电炉控制箱，在一定的温度下焙烧 2h，关闭高温箱式电炉控制箱使陶粒在炉内冷却 12h，取出陶粒。

试验结果表明，利用全尾矿在 800℃下焙烧制备的陶粒对选矿废水的 COD_{Cr} 吸附效果较好，其最佳吸附时间是 30min，温度是常温，最佳投加量是 2g/100mL，最佳 pH 值为 8 左右，COD_{Cr} 去除率和吸附容量分别可达到 87.1% 和 17.85mg/g；为了减少尾矿的脱落，增加陶粒的强度，又进行了添加黏结剂的试验。通过不同黏结剂对吸附效果的影响试验，确定加入的黏结剂为水玻璃和木质素，加入量为水玻璃（2.5g）+ 木质素（2.5g）/30g 尾矿，在 800℃下焙烧时间 2h 后制成的水处理陶粒，在强度上不易被水流冲刷脱落，且其吸附容量达到了 22.84mg/g。

8.4 尾矿制备高效絮凝剂

8.4.1 硫铁尾矿制备聚合氯化铝铁（PAFC）

成都理工大学李智等进行了硫铁尾矿制备聚合氯化铝铁（PAFC）的试验研究，试验中以川南矿业有限责任公司选除硫铁矿后的尾矿高岭土为原料，进行煅烧后，再用酸溶出原高岭石结构内的 Fe_2O_3 和 Al_2O_3，从溶液中回收铝盐和铁盐，通过聚合反应可制得聚合氯化铝铁混合净水剂，而铁含量大大降低了的滤渣则可作为制造微晶玻璃的原料。工艺流程如图 8-2 所示。

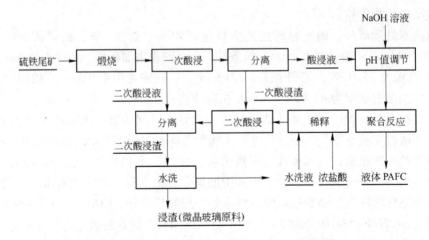

图 8-2 硫铁尾矿的资源化流程

将制得的聚合氯化铝铁（PAFC）用于去除废水浊度，表明它是一种新型高效絮凝剂。与絮凝剂 PAC 相比，PAFC 在凝聚—絮凝净水过程中，具有絮凝体形成快、致密、絮团粗大，而且沉降速度快的特点。水中的泥沙及其他物质被粗大的絮凝体吸附而一起沉降，使水质立即澄清，特别适用于高浊度原水快速除浊应用。

PAFC 应用于处理废水，不但处理效果好，易于操作，而且用药量少，絮体沉降性能好，净水中残余铝的比率低，是一种优越的无机高分子絮凝剂。

8.4.2 赤铁矿尾矿制备聚合磷硫酸铁（PFPS）

武汉理工大学李军以赤铁矿尾矿作为原料，进行了制备新型高分子絮凝剂聚合磷硫酸铁的过程研究。以武钢恩施赤铁矿磁选后的尾矿作为研究对象，通过酸浸、还原、聚合等一系列工艺，制备出高盐基度的聚合磷硫酸铁（PFPS），并利用制备出的聚合磷硫酸铁对模拟高岭土废水进行了处理。

通过试验确定了酸浸过程的较佳条件为温度 90℃，搅拌时间 1.5h，搅拌速度 400 r/min，酸过量系数 1.5；在还原试验过程中；还原过程的较佳条件为时间 2h，温度 50℃，铁屑过量系数为 1.4；PFPS 的聚合条件为 $n(NaClO):n(Fe^{2+})=0.16$，$n(Na_3PO_4):n(Fe^{2+})=0.075$，聚合温度 75℃，聚合时间 30min。

对高岭土模拟水样中投加自制 PFPS、PFS 和 PAC 等絮凝剂进行絮凝试验，考察了 pH 值、絮凝剂用量以及沉降时间对余浊和透光率的影响，结果显示，在絮凝试验中，自制 PFPS 的絮凝性能远优于 PFS 和 PAC。

9 尾矿在充填采矿法中的应用

9.1 概述

21世纪是现代工业高速发展的时期，对矿产资源的需求和开发利用规模都是历史上前所未有的。随着金属矿产资源开采深度的不断加大，开采对象由露天与浅部逐渐转向高应力环境下深部矿体、复杂条件下的难采矿体。符合科学发展观的充填采矿技术是绿色采矿技术的主体支撑技术。

充填是指用适当的材料，如废石、碎石、河沙、炉渣或尾砂等，对地下采矿形成的采空区进行回填的作业过程。充填采矿法具有许多优点：可以防止由采矿引起的岩层大幅度移动、地表沉陷；可以充分回收矿产资源，促进矿产资源的可持续发展；废石可以充填空区，减少提升费用；可以将大部分的尾砂回填到井下，减少因尾矿库发生的各种费用和潜在危害；可很大程度上解决深井矿山中高温、高应力所带来的一系列问题，保证井下有安全的生产环境；对于大水矿山可以通过减少岩移来降低涌水量和排水费用等。充填技术的快速发展为矿山实现安全、高效、绿色开采提供了强有力的技术支持。

9.1.1 国内外充填采矿技术的发展现状

9.1.1.1 国外充填采矿技术的发展现状

国外注重充填采矿技术的研究，充填采矿法的应用较广。20世纪80年代初，加拿大金属矿山地下开采矿山中，用充填法开采的比重为35%~40%；澳大利亚的地下有色金属矿山多用充填法开采；瑞典的布利登有色金属公司70%的矿山采用充填法开采；1981年，苏联24.2%的地下有色金属矿采用充填开采；1970年克里沃罗格铁矿区用充填法开采铁矿仅占地下采出铁矿石的1.8%，到1980年上升到61.4%。日本金属矿山采用充填法开采的比重从1956年的24.15%上升到1982年的43%。

A 加拿大充填采矿技术的发展

加拿大地下矿山充填技术从20世纪30年代开始，普遍采用冲击砂作为充填料，到40年代末广泛采用选矿厂冲积尾砂进行充填。50年代中期到末期，用尾砂胶结充填浇面作为扒矿底板，采用分层水砂充填代替劳动强度大且灵活性差的方框支架采矿法。加拿大在充填材料、充填工艺方面的研究取得了很大的成就。加拿大矿山相继采用块石胶结充填、高浓度管道输送充填、膏体充填等，不仅提高了矿山的综合生产能力，降低了充填成本，而且改善了井下的生产环境。加拿大已有12座矿山采用膏体充填工艺，其他几座矿山也正在考虑采用膏体充填工艺进行矿山充填。加拿大地下矿山主要采用的充填技术有三种类型：块石胶结充填采矿法、浆体胶结充填采矿法、膏体充填采矿法。

B 德国充填采矿技术

德国发展了不同的胶结充填采矿系统。其中比较典型的有：（1）拉梅尔斯贝格铅锌矿，采用了下向分层胶结充填采矿法结合风力充填，回采了高品位的铅锌铜矿，采用碎石和高炉炉渣水泥的混合物作充填料。建立了年开采约715万立方米的采石场和中央破碎站，将集料破碎到小于70mm块度后，转运到风力充填站，通过管道运送到各采场。（2）梅根铅锌矿，根据矿体各部位的情况不同，采用了不同的采矿方法（主要是分层充填法和巷道充填法）回采脉状铅锌矿，用带式抛掷充填车输送和抛放含水泥和飞灰的浆液块石充填料。带式抛掷充填车容量6m³，柴油驱动，可将充填料抛入采厂的水平距离达14m，垂直高度达8m，充填能力可达20m³/h。（3）格隆德铅锌矿，在20世纪60至70年代初，该矿采用无底柱分段崩落法采矿，由于矿岩不稳固，采矿条件差，矿石损失和贫化大，故改用分段充填采矿法，其比重占矿山60%，采场沿矿体走向布置，长度为100～200m，宽度随矿脉的厚度而异，阶段高度为50m，分段高度为6～7m。采用凿岩台车凿上向60°～70°的炮孔，步距3m左右，用铲运机出矿。同时工作的采场有8个。采空区用低标号混凝土充填，骨料为地表风化页岩和选矿尾砂，水泥用量为60kg/m³，充填强度为2～3MPa，充填骨料用下料管道送到井下，用2m³侧卸式矿车运送到采场充填井。闭坑前，格隆德铅锌矿采用下向分层进路式充填采矿技术，高浓度浮选全尾砂和重介质分选尾矿作为骨料，在地表制备成膏体混合物，用泵直接输送到井下采场进行充填。

C 南非充填采矿技术

南非的许多矿山，在20世纪80年代初期开始应用胶结充填工艺，整个80年代是南非充填工艺发展最快时期，主要有废石胶结充填、脱泥尾砂胶结充填等，同时开始进行高浓度管道充填和膏体充填的研究和应用。目前，南非许多矿山的开采深度已经达到2135m以上，其中Anglogold有限公司西部深水平金矿，采矿深度达3700m，有的甚至已经达到3800m，随着浅水平矿石储量的耗尽，可开采利用矿石储量的深度不断加大。进入深部开采阶段，最大的问题就是控制地压，防止和减少岩爆和岩层冒落等灾害性事故的发生，胶结充填可以有效地实现对开采区域的岩层移动控制，并同时具有环境保护和提高矿石回收率的综合功效。所以，充填采矿是南非许多深部开采矿山的既定工艺，也是支护矿体顶板围岩的主要方法。目的在于：改进矿山安全和工作环境；减少和取消稳定矿柱，提高金属回收度；废石留在井下，减少地表废石的处理量；减少采场支护材料的需要量；减少支护安装的劳动和设备需要量。

9.1.1.2 我国充填采矿技术的发展现状

我国的充填采矿技术经历了废石干式充填、分级尾砂水力充填、碎石水力充填、混凝土胶结充填、磨砂胶结充填、分级尾砂或天然砂充填、废石胶结充填、全尾砂胶结充填、赤泥胶结充填和膏体充填的发展过程。但中国矿山数量多，开发与应用的充填工艺与技术类型多，尤其是近年来，在新的充填技术的研究开发和推广应用方面均取得了长足的进步。综合起来，我国的充填采矿技术发展大体分以下几个阶段。

A 第一阶段（20世纪50～60年代）

我国金属矿山使用浅孔留矿法的鼎盛时期是20世纪60年代初，当时东北、内蒙古、山东、河北等60年代以前开发的矿山，几乎清一色使用此法开采，但到60年代末期出现充填采矿法。内蒙古红花沟金矿60年代初建矿，60年代末期，留矿采矿法采矿量只占矿山的一半，其余则为削壁与干式充填采矿法生产。该矿改变采矿法的原因是：由于围岩不稳固而使上盘与顶板经常冒落，造成大量贫化；矿体沿走向及倾向脉幅变化大，混采留矿采矿法出矿品位低；大放矿时围岩冒落堵塞漏斗，采下矿石不能放出而损失；回采过程中采场不安全，曾发生两起死亡事故。当时内蒙古4大岩金矿还有金厂沟、撰山子、东风金矿，各矿也于70年代初期开始使用干式充填采矿法。

招远金矿灵山分矿开采5号脉，矿脉最大厚度16m，平均品位15.94g/t，倾角55°。矿体和围岩节理发育，不稳固易冒落。上部中段使用浅孔留矿法，回采时损失、贫化严重，采空区陷落造成地表塌陷破坏农田，雨季洪水涌入井下。为解决此问题，于1967年试验与应用分级尾砂充填采矿法，这是我国岩金矿山最早使用的水力充填技术。但废石干式充填因其效率低、生产能力小和劳动强度大，满足不了采矿工业的发展，国内干式充填采矿所占比重逐年下降，几乎处于被淘汰的地位。

B　第二阶段（20世纪70~80年代）

开始应用尾砂胶结充填技术，由于非胶结充填体无自立能力，难以满足采矿工艺高回采率和低贫化率的需要。所以在水砂充填工艺得以发展并推广应用后，开始采用胶结充填技术。这一时期的细砂胶结充填料主要以分级尾砂、天然砂和棒磨砂等作为充填集料，胶结剂为水泥。

典型蚀变岩中厚矿床开采的焦家、新城金矿均于1980年投产。由于储量大、品位高、矿岩不稳固及地表不许陷落，所以利用上向水平分级尾砂充填法生产。这是我国岩金矿山首次应用立式砂仓自流输送充填技术，使充填技术提高到一个新水平。此技术有利于控制地压活动，防止地表大面积陷落；选矿厂分级尾砂得到充分利用，减少尾矿工程投资；使不稳固的蚀变岩矿体回采成为可能，并使矿山取得很大经济效益。

由此带动一大批矿山使用尾砂或尾砂胶结充填采矿法。比如，仓上、金城、强儿山、河东、河西、尹格庄、岭南等金矿均采用此法。在此期间，灵山分矿、大水清金矿试验成功下向胶结充填采矿法，东坪金矿试验成功上向块石胶结充填采矿法，使回采工艺适应矿床开采条件，充填技术更具多样性。20世纪80年代初期统计，岩金地采矿山空场采矿比例仅占67%，充填采矿法已高达31%。

C　第三阶段（20世纪90年代以来）

随着采矿工业的迅速发展，原充填工艺已不能满足回采工艺的要求和进一步降低采矿成本或环境保护的需要。因而发展了高浓度充填、膏体充填、废石胶结充填和全尾砂胶结充填等新技术。

20世纪80年代末期，我国开发出一种新型工程材料——高水速凝材料（简称高水材料）。它由甲、乙两种固体粉料组成；甲料包括铝酸盐或铅酸盐、缓凝剂及调整剂；乙料由石膏、石灰、黏土配以促凝剂组成。甲、乙料分别加入一定量的水制成灰浆，按1:1混合，30min后即可凝结成固体。其强度增长极快：1h强度达0.5~1.0MPa；1d为3.0~4.0MPa；2d终凝强度5.0~8.0MPa。此种新型材料首次在焦家金矿应用，并开展高水固结尾砂充填采矿新工艺研究，进行上向与下向进路回采试验并取得成功。在此基础上，又开发成功由生石灰、石膏、矾土和适量添加剂组成的一种固体粉料单管输送的新材料，并在鸡冠嘴等金矿进行充填采矿法试验研究。充填技术的发展历程如图9-1所示。

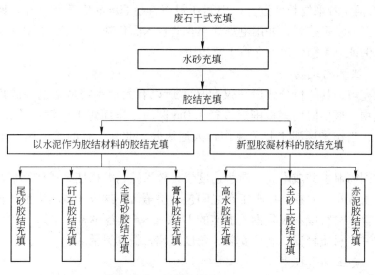

图 9 - 1 充填技术的发展历程

9.1.2 尾砂充填技术

随着回采工作面的推进，逐步用充填料充填采空区的采矿方法称为充填采矿法。有时还用支架与充填料相配合，以维护采空区。充填采空区的目的，主要是利用所形成的充填体进行地压管理，以控制围岩崩落和地表下沉，并为回采创造安全和便利的条件。随着现有探明的矿产资源的不断消耗，采深、地温、地压的增加，充填采矿法将会得到更大的发展。

9.1.2.1 采场隔墙技术

蚀变岩型中厚且矿岩较稳固矿床一般用分级尾砂充填采矿法。矿体平均厚度较大，采场垂直矿体走向布置，采场之间间隔回采，所以，采场之间须有足够强度的隔墙。其目的有三：一是使相邻采场回采成为可能，并减少矿石损失；二是尽可能提高后采采场作业的安全性；三是减少后采采场充填尾砂混入，降低矿石贫化，提高出矿品位。我国岩金矿山先后使用过下述几种隔墙技术：

（1）袋装尾砂隔墙技术。蚀变岩型矿床早期开采时，是用干式充填采矿法，其隔墙用块石与水泥砂浆构筑。当使用分级尾砂充填法时，是用尼龙编织袋来装尾砂垛筑隔墙。当采场充填一定高度时，清出需筑隔墙处尾砂，并装袋垛高，再充填，再垛高，直达设计要求。此种方式构筑简单，但需大量人力，并费时，也不能抗爆破矿石冲击。

（2）胶结充填隔墙技术。针对上述隔墙技术的缺点，有的矿山为了降低充填成本，在继续使用尾砂充填技术基础上，于先采采场每充填一定高度（如 1.0 ~ 1.5m）脱水后，工人进入采场在采场两侧用铁锹挖出 1.0 ~ 1.5m 宽、深度以见到底板（或胶结充填体）为止，再用 1:10 水泥尾砂胶结充填至原尾砂高度，如此循环，直到满足要求时，使采场分级尾砂包裹在高强度的胶结充填体中，形成隔墙。

（3）柔性隔墙技术。柔性隔墙是一种技术创新，在尹格庄、望儿山等金矿应用。此种隔墙在采场两侧帮，用直径 6.5m 钢筋编织成 0.25m × 0.25m ~ 0.3m × 0.3m 的网格，再挂上 1~2 层苇箔，若采场长度过大，中间还需用直径 50mm 钢筋作立柱，网格在上下帮用锚杆固定。钢筋横竖拉紧，并用电焊焊牢。此技术简化施工工序，有利采场脱水，且成本低，质量有保证，苇箔使用寿命达 1 年以上。

9.1.2.2 泄水构筑物

分级尾砂充填，其质量分数最高仅 65%，所以有大量水需从采场渗滤出去，采场必须有泄水构筑物。最早使用钢板围成直径 1.0m 圆筒，里面焊上角钢或圆钢，外面钻孔，并包裹麻袋片，当作采场泄水井并兼作行人通风井。此外，有的矿山用方木架设方形泄水井。

由于钢质圆筒泄水井成本高，泄水速度慢，效果差，尹格庄金矿研制成功增强塑料泄水桶外缠 2 层土工布，并在 2 层土工布之间包一层苇箔。这样，既增大泄水面积，又提高了泄水效果。其原材料成本仅是钢质成本的 1/9，经济效益显著，申请了实用新型发明专利。该种泄水井，材质轻便，利于安装，角度可调，机动灵活。

9.1.2.3 负压脱水技术

分级尾砂充填采场使用负压脱水，可大大加快脱水速度，减少密闭墙静水压力，提高充填能力和尾砂利用率。

此技术其原理是利用水射流过程，由于改变管径而形成负压，从而带动采场多余的水快速流出。负压脱水装置包括负压器、负压箱、渗滤管、水泵、供水管、压风管、排水管等。用水泵向负压器供水时，所形成的负压带动负压箱、渗滤管加速采场脱水；当停止供水，向负压器供高压风时，可把负压器与渗滤管吹洗干净，不因细泥堵塞而降低脱水速度。故此，该装置有 3 个功能：一是自然脱水；二是负压脱水；三是过滤材料清理。

此装置由长春黄金研究院研制，并在五龙金矿四道沟分矿应用。该装置具体应用介绍如下：来自选矿厂的质量分数 20% 左右的尾砂，经分级、浓缩并补充一定水量后，直接用管路输送到采空区。充填系统不设尾砂仓，原则上与选矿厂同步运行。采空区走向长度 58m，宽度 38m，高度 20m，倾角 50° 左右。在采空区设置了负压强制脱水系统以后，在充填初期，1~2d 开动一次，每次 1.5h 左右，充填料充填到一定高度以后，可以数天开动一次，每次 1~2h。一般情况下，在自然脱水状态下，脱水量为 7.88~11.27m³/h。为监测充填过程中充填料对空区底部和密闭墙的压力，考核脱水效果，试验中在采空区底部和密闭墙分别安装了压力监测仪器。压力监测结果表明，由于脱水效果好，空区底部和密闭墙的压力值分别为 41.4kPa 和 2.91kPa，远远低于密闭墙设计的最大承压能力（100kPa）。由此结果表明，最大脱水量可达 41.7~59.8m³/h，为自然脱水量的 3.7~7.6 倍，并申请了国家发明专利。

9.1.2.4 压缩空气清洗充填管道技术

高浓度砂浆自流输送充填在每次开始或停止充填作业时，都要注入大量的水进行引流和刷洗充填管道，以保证充填管道的畅通。通常这些水都被注入充填采场中，这样削弱了高浓度充填的意义。多数矿山充填过程中非正常停充次数频繁。根据部分矿山统计，平均不足 3h 停 1 次。为从根本上解决充填工艺中存在的问题，提高充填体的质量，金川二矿区研制了压风喷射器。该装置串联在充填管上，利用射流原理，使高压风以一定的方向作用于充填砂浆，在压风强有力的冲击下，砂浆获得动力而向前移动，使之达到引流和清刷充填管道的目的。喷射器主要由单向逆止阀、喷嘴、喷射管组成，其特点是：作用线路长，在平直水平管路上，每个喷射器的有效工作距离可达 200m 左右；工作风压小，一般为 0.3MPa 以上，启动风压仅为 0.08MPa；结构简单，工作安全可靠，可有效防止返浆；操作简单，喷射器间隔安装在充填管道上，只需开启总阀门便可使喷射器自动地顺序启动，检查维修方便。金川二矿区东部和西部充填管上安装了喷射器，在引流和刷管上取得了良好的效果，在处理充填堵管和砂浆助推方面也获得了满意的效果。

9.1.2.5 充填搅拌站造浆控制技术

近年来，计算机技术在充填搅拌站得到了广泛的应用。通过计算机的应用，可根据生产工艺的要求，对搅拌过程中的各参数进行调整，取得不错的效果。金川二矿区西部充填搅拌站采用了先进的计算机集散控制系统。该系统以计算机为主体、以智能化仪器仪表为骨干，操作人员通过 SCC—CRT 操作站上的键盘和显示器可对搅拌过程中的砂量、水量、灰量、制浆浓度、料浆流量、搅拌桶液位等工艺参数进行集中监视和控制，可根据生产工艺要求，对搅拌过程中的各参数进行调整。该系统除自动控制外，还配备有手动控制和用于事故处理的强制执行功能，并在表盘、操作站上分别配有声光报警系统，提高了搅拌系统运行的可靠性。

9.1.3 充填材料

9.1.3.1 充填材料的分类

国内矿山广泛使用的充填材料，可按不同的标准进行分类。

A 按充填材料粒级分类

根据充填材料颗粒的大小，可将充填材料分为块石（废石）、碎石（粗骨料）、磨砂（戈壁集料）、天然沙（河沙及海沙）、脱泥尾砂和全尾砂等几类。

(1) 块石（废石）充填料。块石（废石）充填料主要用于处理空场法或留矿法开采所遗留下来的采空区，如赣南各钨矿等；有时也用于中小型矿山和地方黄金矿山的水平分层充填采矿法，如东坪金矿、红花沟金矿等。对于削壁充填采矿法如撰山子金矿，其充填料也是块石。

块石充填料的粒级组成因矿山和岩性而异，难以进行统计分析。充填料是借助重力或用矿车和皮带输送机卸入采场的，在这过程中，由于碰撞、滚磨等原因，块石的颗粒级配将明显变小。

(2) 碎石（粗骨料）充填料。碎石（粗骨料）充填料主要用于机械化水平分层充填法，以及分段充填采矿法，用水力输送，也可加入胶结剂制备成类似混凝土的充填料。例如，锡矿山矿利用选矿厂手选废石（硅化灰岩）破碎成碎石，再加入 20% 的矿渣混合成充填料，其最大粒径 $d_{max} = 45mm$，平均粒径 $d_{av} = 14.94mm$，密度 $p = 2.52t/m^3$，堆密度 $P_堆 = 1.41t/m^3$，孔隙率 $\omega = 44\%$，渗透系数 $k = 960cm/h$。

会泽铅锌矿麒麟厂矿区利用地表剥离废石和井下掘进废石（白云岩和白云化灰岩）经破碎后用作碎石充填料，平均粒径 $d_{av} = 7.37mm$。

(3) 磨砂（戈壁集料）充填料。当分级尾砂数量不足时，可采用一部分磨砂（戈壁集料）补充。凡口铅锌矿的磨砂是井下掘进废石经破碎和棒磨而成。这类充填料与脱泥尾砂相同，用水力输送，主要用于分层或进路充填法采场。

(4) 天然沙（河沙和海沙）充填料。这类充填材料与磨砂一样，也是用于补充脱泥尾砂的数量不足或选厂尾砂不适合用作充填料。其输送方式及适应的充填采矿法均与磨砂相同。

（5）脱泥尾砂充填料。这是使用最广泛的一种充填材料，来源方便，成本低廉，只需将选矿厂排出的尾砂用旋流器脱泥。这种充填料全部用水力输送，既适合于各种分层或进路充填法，也适用于处理采空区。

（6）全尾砂充填料。选矿厂出来的尾砂不经分级脱泥，只经浓缩脱水制成高浓度或膏体充填料。目前，高浓度或膏体全尾砂充填料在添加水泥等胶结剂后，主要用于分层或进路充填采矿法中，采用泵压输送或自溜输送方法。

按照土力学或散体介质力学的粒级分类方法，例如我国原水电部《土工试验规程（SD 128—84）》中的规定，脱泥尾砂基本上介于沙粒范围，而全尾砂则介于细沙粒和粉粒范围之间。

B 按力学性质分类

根据充填体是否具有真实的内聚力，可将充填材料分为非胶结和胶结两类。

（1）非胶结充填材料。前面所述的各种充填材料均可作为非胶结充填料，但对全尾砂来说，由于含细微颗粒多，脱水比较困难，在爆破等动荷载作用下存在被重新液化的危险性，在目前的工程技术水平条件下，全尾砂充填料一般需加入水泥等胶结剂制备成胶结充填料。

除了干式充填的块石以及风力输送的砂、石充填料外，对于非胶结的水砂（尾砂）充填材料来说，其脱水性能即渗透系数是最重要的质量指标。在充填采矿设计中，一般推荐渗透系数不小于 100mm/h。

（2）胶结充填材料。一般情况下，块石、碎石、天然沙、脱泥尾砂和全尾砂均可制备成胶结充填材料或胶结充填体。对于不适宜用水力输送的块石或大块的碎石来说，可借助于重力或风力先将其充入采空区，然后在其中注入胶结水砂（尾砂）充填料，以形成所谓的胶结块石充填体。

固体质量浓度为 60% ~70% 的胶结脱泥尾砂充填料，由于加入了水泥，其渗透系数大为降低。因此，对胶结充填材料来说，渗透系数已无太大的实际意义，而充填体抗压强度才是最重要的质量指标。

20 世纪 80 年代末，我国开始研制与开发用于矿山充填的新型胶结材料，其中在高水材料、高炉矿渣、赤泥和灰煤等胶凝材料的研究与应用方面取得了较大的进展。

9.1.3.2 几种典型的充填材料

A 高水速凝全尾砂胶结充填材料

传统的尾砂胶结充填存在一些难以解决的问题，最突出的是灰砂离析严重，充填体强度难以达到采矿工艺的要求，造成大量资源损失。孙恒虎教授研究发明的高水速凝充填新材料能将自身 9 倍的水在 30min 内凝结固化成固体人工石，含水率达 87% ~90%，水固比为 (2.5~3):1。该材料是选用铝矾土、石灰和石膏为主要原料，配以多种无机原料和外加剂等，经磨细、均化等工艺，而配制成的甲、乙两种固体粉料。

高水速凝材料具有可泵性。甲乙两种固体粉料与水搅拌成甲乙两种浆液，输送或单独置 24h 以上不凝固，不结底。甲乙两种浆液混合后高水材料 5~30min 之内即可凝结成固体，1h 强度可达 0.5~1MPa，2h 强度达 1.5~2.0MPa，6h 强度达 2.5~3.0MPa，24h 强度达 3.0~4.0MPa，3d 强度达 4.0~5.0MPa，最终强度可达 5.0~8.0MPa。该材料无毒、无害、无腐蚀性。甲料，pH=9~10，为弱碱性；乙料，pH=10~12，为碱性，它们的有效保存期为 6 个月。

对于尾砂胶结充填来说，使用高水速凝材料做固化剂时，可将高比例的水凝固为固态结晶体，从而使充填料浆在宽范围浓度条件下不脱水而变为固体。基于高水速凝材料，孙恒虎教授发明了"全尾砂速凝固化胶结充填新工艺"。该工艺具有如下优点：

（1）使用全尾砂作充填骨料，避免了使用分级尾砂所需建筑的细粒级尾砂坝，既节省了投资，又有利于地表环境保护。

（2）可根据现场需要，任意调节全尾砂砂浆的浓度（0%~65%）和加入固化剂的比例（4%~28%）。固化剂分甲乙两种，使用时，分别按一定比例加入甲乙两种材料制成的两种料浆中，分别输送到采场附近，将其混合后充入采场，料浆便快速凝结为固体，从而这一新工艺不存在灰砂离析问题。

（3）充填体凝固速度快，强度也高，6~12h 即可在此作业，满足了采矿的要求，缩短了采矿生产周期。

（4）充填采场内不需平场、脱水和排水，减少井下作业环节，改善了作业环境。同时由于充填料浆凝固前流动性好，可达到良好接顶效果。

充填新技术——微机控制。采用全尾砂速凝固化充填材料及充填工艺后，要求能任意调节全尾砂砂浆的浓度和甲乙两种固化剂的比例，这就要求控制灵活、方便和准确。

北京科技大学矿机教研室研制成的充填站微机测量与控制新技术，已于 1992 年 5 月通过山东省黄金局鉴定。新城金矿采用该项技术后，具有显著经济效益和社会效益。

招远金矿 1989 年率先采用高水充填技术进行高水速凝全尾砂充填试验。该矿在高水充填中加入全尾砂，其工艺流程为：在选矿厂到尾砂库的输砂管上引出一根内径为 30mm 的尾砂分流管，将浓度为 30% 左右的尾砂浆输送到井下充填站的贮砂池中。充填时由 2PNL 渣浆泵将贮砂池中砂浆供给 ϕ1400mm×1400mm 单层叶轮式制浆桶，分别加入甲、乙两种高水固化材料搅拌制浆，由双活塞泵等量压送到采场充填。根据 1992 年玲珑金矿的充填试验，当全尾砂浆浓度为 25%、固化剂掺量为 250kg/m^3、充填料浆浓度为 39% 时，2h 后充填体强度达 0.35MPa，8h 后的强度达到 1.7MPa。充填成本为 20.76 元/t。高水充填料浆浓度低、输送方便，采场不脱水，不污染井下作业环境。

B 高炉矿渣胶凝材料

1994 年，济南钢铁公司张马屯铁矿为降低充填成本，进行了高炉矿渣取代水泥作胶凝材料的胶结充填试验研究。试验结果表明，采用尾砂：（水泥＋炉渣）为 7：1 的配比，用磨细的高炉矿渣替代胶结充填料中的部分水泥，充填体强度不仅不会降低，反而随着炉渣替代水泥量的增加，充填体强度提高。张马屯铁矿已建立了高炉矿渣充填系统。铜陵公司安庆铜矿和南京铅锌银矿推广应用了该技术。安庆铜矿采用以矿渣胶结剂全面取代水泥的胶结充填技术。矿渣胶结剂由磨细的矿渣和石灰组成。矿渣研磨粒度为大于 0.074mm 所占比例不超过 12%，矿渣胶结剂中的石灰作为激化剂，矿渣与石灰的最优配比为 0.825：0.175。安庆铜矿室内试验表明，矿渣胶结剂与尾砂结合能力强，在相同条件下，矿渣胶结剂与分级尾砂形成的试块强度是水泥的 1.5~2.5 倍。表 9-1 是用矿渣胶结剂与用水泥形成的充填体试块的强度对比。安庆铜矿高炉渣细磨采用工艺简单的湿磨方案。充填工艺：先用矿渣、尾砂、石灰 3 种组分各自造浆（造浆比例分别为：矿渣 72%，尾砂 68%，石灰 25%），然后按设计配比（料浆流量分别为：矿渣 5.83m³/h、尾砂 58.8m³/h、石灰 5.37m³/h）连续向搅拌桶给料浆，3 种料浆在搅拌桶内搅拌均匀后，浓度达 66% ~ 70%，流量 70m³/h，然后通过充填钻孔及井下管道输向采场充填。

表 9-1　矿渣胶结剂与水泥充填体试块强度对比

充填材料	灰砂比	质量分数/%	单轴抗压强度/MPa	
			R_{28}	R_{60}
矿渣胶结剂 + 分级尾砂	1:4	72	7.02	9
	1:8	72	3.80	4.07
水泥 + 分级尾砂	1:4	72	2.68	4.50
	1:8	72	1.08	1.54

C　超高水材料

超高水材料由甲、乙两种材料组成，以质量 1:1 使用，水体积可达 97%，初凝时间在 90min，终凝强度 1.0 ~ 1.5MPa，且生成的固结体适于在井下低温、潮湿的采空区使用，是一种很好的充填材料。

与其他充填技术相比，超高水速凝材料充填技术具有以下几大优点：

（1）超高水材料制浆系统可置于井下，也可置于地面，该系统能生产出连续浆液。

（2）超高水材料充填成本低，劳动强度低，充填工艺简单，初期投资低，机械化程度高，操作方便，充填与开采互不影响，适应性较强。

（3）充填浆液还可充填采空区冒落带上方岩层较小的间隙，减缓围岩下沉。超高水材料充填方法包括开放式冲填法、袋式充填法和混合式充填法，现以开放式充填法为例介绍。

超高水材料开放式充填工艺为：在地面两个浆液制备站分别制出甲、乙两种浆液，配料系统实行自动化。用柱塞泵将两种液体经管路输送进入工作面采空区。工作面布置为仰斜开采方式，由于浆液流动性很好，可自动流入采空区。

河北邯郸陶一煤矿充填试验面成功地进行了超高水材料试验，取得了良好的效果。不足之处在于超高水材料充填是依靠浆液自重而流入采空区的，因此采煤方法必须是仰斜开采，如果仰角太小，则充填能力小，接顶距离过大；而仰角过大，则不利于正常开采。

9.1.4　应用实例分析

9.1.4.1　概况

三山岛金矿井下采用的主要采矿方法有点柱法、分层充填法、进路法和混合法四种，其中进路法包括盘区进路法、分区进路法和单条进路法。各种采矿方法采场的充填均采用尾砂水力充填和尾砂胶结充填系统。采场的回采和充填，由下向上按水平分层进行，采场分层回采束后，进行分层充填。分层充填高度一般为 3.0m，其中，底部 2.6m 高，采用废石和尾砂充填，即先用井下开拓和采准工程的废石回窿充填至 1.5m 左右，再用尾砂充填，并找平；表层 0.4m 高，采用灰砂比为 1:4 的胶结充填，充填后形成采场下一分层的作业底板。点柱法和分层充填法采场充填后留有 1.0 ~ 1.5m 的爆破补偿空间；进路法采场接顶充填，其中盘区进路法采场中先施工的进路，其底部 2.6m 高，采用灰砂比为 1 : 10 的胶结充填。

1991 年，北京有色冶金设计研究总院与三山岛金矿合作，进行了点柱式机械化分层充填采矿法充填工艺试验研究。在试验研究成果的基础上，经多年实践，尾砂水力充填和尾砂胶结充填系统在三山岛金矿得到了改进与完善，从而满足了充填要求。

9.1.4.2　充填系统

尾砂水力充填和尾砂胶结充填系统包括地面充填料制备站系统和井下充填系统。地面充填料制备站系统集中在地面，进行充填料的制备和输送。该系统主要由尾砂的贮存和放出、水泥的输送和给定、灰砂浆的制备和输送及供水供风系统四部分组成。

（1）尾砂的贮存和放出。选矿厂的质量分数为 25% 左右的分级尾砂送到制备站吸砂池，经 4PNUA 型衬胶砂泵分别扬入 2 个半球形底的立式砂仓内贮存，并沉淀成饱和尾砂。饱和尾砂经过再造浆，通过砂仓底部 4 个放砂口等阻力放砂汇集于缓冲漏斗，经总放砂管放入高浓度搅拌筒内。另外，砂仓上部均布有 8 个溢流口汇集至溢流槽，经溢流管溢流出砂仓中多余的水。

（2）水泥的输送与给定。散装水泥罐车运来的散装水泥，用风力输送到 2 个水泥仓内。水泥经水泥仓底部的单向螺旋闸门及弹性叶轮给料机，按所需量将水泥经螺旋输送机送到 1.5t 稳料仓，然后，再经单向螺旋闸门及弹性叶轮给料机按给定数送到高浓度搅拌筒。

（3）灰砂浆的制备与输送。符合浓度要求的尾砂浆与按灰砂比 1 : 4 配比要求的水泥，直接在高浓度搅拌筒内混合，搅拌均匀，制成所需的灰砂浆。

（4）供水供风系统。砂仓环形喷管的喷嘴和造浆喷嘴的压力水、搅拌筒用水和充填管道冲洗及其他用水，均由 2 台离心式清水泵并联供给，根据用水需要可以单台工作或 2 台同时工作。水泥用风力输送和水泥仓顶脉冲喷吹袖袋除尘器及水泥仓仓底吹松管回风，均由矿山空气压缩机站通过气水分离器经减压阀供给。在地表搅拌站高浓度搅拌筒内将制好的尾砂浆或灰砂浆，先经充填钻孔下放至 −70m 中段，由 −70m 平巷到服务井，再到各生产分段巷道和采场联络道口，用增强聚乙烯软管从采场联络道引入采场，进行充填。尾砂浆及灰砂浆浓度和流量由安装在总放砂管中的 U 形管上和高浓度搅拌筒出口的管道上的 γ 射线浓度计和电磁流量计进行测定。水泥加入量通过安装在稳料仓下的弹性叶轮给料机与高浓度搅拌筒之间冲击式流量计来进行测定。

9.1.4.3　采场充填工序

采场充填工序主要包括废石回窿充填、采场安全检查、泄水墙的架设、泄水笼的安装、渗水坝的堆筑、充填管路的铺设、尾砂充填和胶结充填及污水处理等工序。

（1）废石回窿充填。采场分层回采结束后，先用井下开拓和采准工程的废石进行充填，充填高度约 1.5m，为废石回窿充填。废石回窿充填提供了采场尾砂充填和胶结充填的筑坝材料。这是因为废石充填渗水条件好，也能增加尾砂充填体的强度。

（2）采场的安全检查。尾砂充填和胶结充填前，必须对采场顶板和上盘进行检查，发现隐患，及时处理，以确保充填期间的施工安全。

（3）泄水墙的架设。在采场两翼通风泄水小巷上，一般采用方木支撑，并迎砂面敷设金属网和尼龙编织布的方法架设泄水隔墙。泄水墙的架设一方面便于充填料泄水，另一方面防止充填时充填料的流失。

（4）泄水笼的安装。为加强采场充填泄水，一般在采场两翼通风泄水井附近、采场联络道口附近或采场内面积较大的区域，安装预制泄水笼。泄水笼是用废旧锚杆焊接而成的，直径1.0m，高2.4m。泄水笼中的充填料泄水，一般采用钻孔或泄水管泄至采场两翼的通风泄水井内或采场联络道中。

（5）渗水坝的堆筑。在采场联络道口，一般采用废石堆坝，并迎砂面敷设尼龙编织布，以利于充填泄水。

（6）充填管路的敷设。采场联络道及采场内均使用100mm增强聚乙烯管，在采场联络道口处与分段巷道中，充填主干管用三通法兰盘连接；在进路法采场进行接顶充填时，还要将充填管吊挂在采场顶板上。

（7）尾砂充填和胶结充填。打开采场联络道口的三通法兰盘，放清水冲洗管路，清水直接排到分段巷道水沟中，看到充填料浆时，立即关闭排水口，料浆即从充填管进入采场。采场充填一般采用从采场联络道口向两翼前进式充填，在宽度方向上从下盘向上盘充填。3m高的分层一般分3次充填。第一次用废石和尾砂充填至1.5m高左右；第二次用尾砂充填至2.8m高，然后，进行平场找平；最后进行胶结充填，胶结充填厚度为0.4m。每次充填结束后，用清水冲洗充填管路，冲洗水直接排到分段巷道水沟中。

（8）污水处理。充填过程中脱出的含泥污水，一部分经采场两翼泄水隔墙渗滤到通风泄水井，流到下部中段风井联络道内，最后流到下部中段巷道水沟中；一部分经采场联络道渗水坝渗滤到本分段巷道水沟中，最后流到下部中段巷道水沟中。下部中段巷道内设置有沉淀池处理充填污水。

9.1.5　尾砂充填采矿技术发展趋势

9.1.5.1　创造新型采矿工艺

充填采矿技术要结合矿山特点，矿床开采技术条件，发明或创造一些与其他采矿技术相结合的新型采矿方法。

削壁留矿采矿法是针对0.4～0.7m厚急倾斜石英脉型矿床，在撰山子金矿研究成功的一种采矿方法。当时矿山需要扩大生产能力，又要降低采矿成本来提高企业经济效益。而该矿开采均为平均厚度0.2～0.5m矿床，为降低采矿成本只有使用留矿采矿法，而极薄矿脉开采只能使用削壁法。为此，在二者之间各取其特点而发明削壁留矿采矿法，即把掏槽落矿暂留在采场中作为继续上采工作台，而使工作面具有足够作业宽度需削下部分围岩从采场中运搬出去，采场采完放净矿石后，空区用废石或尾砂充填。此法试验成功，属国内首创，并申请了国家发明专利。

对于缓倾斜极薄矿脉开采，可用矿岩分掘，废石抛掷充填空区，即削壁充填与爆力运矿相结合的采矿法。对于厚大而矿岩较稳固矿体，可用浅孔或中深孔空场采矿法开采，采后空区用尾砂胶结、块石胶结或高水材料充填，即阶段连续回采快速充填采矿工艺，既降低成本，又增大效率，也做到空区及时处理。

9.1.5.2　加强低成本、高强度新型充填材料的研究

高水材料是一种新型支护材料，其质量水固比达（2.5～3.0）∶1，体积含水率90%，

高水材料的优点是可以使用尾砂，充填体固结速度快，充填料无重力水排出，因而避免了井下环境污染并节约了排水费用，充填料可以低浓度远距离输送，充填效率高。高水材料除在采矿工艺应用外，还可在楼房基础注浆加固、堵漏防渗、巷旁充填支护等工程中应用。

然而，这种新材料目前未能广泛应用。其原因如下：一是由于是专利产品，不能大批量生产，材料成本高；二是此种固结材料，形成人工面也好，或含有大量钙矾石、水化硅酸钙和水化氧化铝凝胶体也好，在地表应用极易风化，脱水后其强度有所降低；三是充填体强度不高，在矿山或其他工程应用中，没有长期稳固性证明其具有抵抗爆破振动性与冲击性，抵抗各种性质渗滤水腐蚀性，以及抵抗地应力作用变形破坏与地热作用、冰冻作用等特性。为此，需要加强高水材料长期性能研究，以求更广泛应用，推进采矿技术进步。

9.1.5.3 提高机械化作业水平及效率

矿山充填系统的自动化程度的高低，直接影响和制约矿山的发展，但是由于国产的相关设备技术性能稳定性差，遏制了矿山充填技术的发展。因此，必须加强研制高效浓密设备（如高效浓密机、陶瓷过滤机、真空过滤机、盘式过滤机等），为高浓度全尾矿浆的制备提供有效的保证；同时，研究减少或消除充填设备磨损和腐蚀的方法。更重要的是要研制高浓度输送设备，采用压排设备输送，目的调节各段输送压力，防止输送堵管现象；对于充填系统卸料浓度和物料流量的自动控制技术正常化，最为关键的是要研制和引进适合于矿山应用的自动化设备和仪表，建立真正意义上的自动控制系统，从而调节充填系统的全尾矿卸料、充填固化材料和清水等物流量来自动调节充填浓度。

在干式充填采矿法中，虽然进行过机械化开采试验研究并取得成功，但由于各种原因而未能继续使用。因此，今后在薄矿脉开采矿山有条件者，使用国产机械或微型无轨设备进行机械化作业研究，提高生产能力，促进技术进步。

在蚀变岩型矿体开采矿山中，除新城、焦家、三山岛金矿使用进口设备组织生产外，其他一些大型或特大型矿山机械化作业水平也较低；即使是上述矿山，其设备效能也未能充分发挥。同样为无轨设备生产，国外一个矿山全部雇员 610 人，日采矿石 6000t，年产金 13.581t，人均年出矿量 3770t；而我国某金矿有职工 2400 人，日采矿石只有 1400t，人均年出矿量仅 160~180t，两者相差 20 多倍。除各种客观因素外，说明我国无轨充填采矿机械化作业效率有待进一步提高。

9.1.5.4 深部充填采矿技术

随着矿床开采的不断延深，采场范围扩大，地压增高，尤其是高地压应力矿区，不仅增加了采场突变失稳的风险，而且潜在的危害也加大。所以，进行深部充填采矿可以解决采场不平衡应力的传递和调整，其结果可能导致原岩应力场再次处于平衡状态。

我国金属矿山石嘴子铜矿，从上部 25m 阶段到闭坑深达 950m，始终使用浅孔留矿采矿法。该采矿方法在中等深度（530m 以上）开采中，可获较好效果，但采深增加时，矿区压力大，作业条件日渐困难，相应改变矿块结构参数，由上部大矿房小间柱，到中部小矿房大间柱，再到深部大顶柱均未能很好地解决回采困难，造成大量矿石损失。这是一种不成功采法，因此，深部矿体开采不能使用空场采矿法。

为此，借鉴国外深部矿体开采经验，充填法是唯一可行的回采工艺。然而，充填采矿法多种多样，充填技术五花八门，采用何种回采方法及充填工艺，是今后应根据具体矿床开采条件而开展研究的主要课题。

9.2 全尾砂胶结充填技术

9.2.1 概述

全尾砂胶结充填技术有全尾砂和高浓度两大特点。在浆体管道的输送过程中，充填料浆"高浓度"是指大于临界流态浓度而小于极限可输送浓度。随着料浆浓度的提高，充填料浆的流态特性将逐渐发生变化：当料浆浓度达到临界流态浓度时，料浆的水力坡度随流速的增大而从 $n > 1$ 的指数函数关系逐步变为 $n = 1$ 或 $n < 1$ 的指数函数关系。究其实质，是因为料浆浓度较低时，传统的水力充填是非均质的两相流动，固体颗粒与流体之间将发生相对运动，或沿管壁滑动、滚动、作不连续的跳跃，或呈悬浮状态，增大了管道的输送阻力。而全尾砂高浓度充填料浆呈满管低速流动，为似均质的结构流体；并且，在管道横截面上沿径向由外向里形成三个层次：水膜层、薄浆层和膏状充填料浆芯柱，水膜和薄浆层在管道周壁形成了阻力很小的润滑层，确保芯柱处于"柱塞流"状态，使料浆管道输送阻力明显降低。

当然，随着充填料浆浓度的提高，料浆的黏性系数必然增加，且当高浓度的充填料浆浓度超过某一限值（极限可输送浓度）时，料浆的黏性系数将急剧增加，致使管道输送阻力大幅度增加。因此，全尾砂高浓度充填料浆输送时应低于该浓度极限值。根据我国试验测定，该极限浓度值略高于临界流态浓度 3% ~ 5%。

其次，良好的充填料须能最大限度地占据空间，并具有较小的孔隙率和沉缩率，以便最大限度地发挥充填体的承载作用，这样就要求充填料中必须具有一定的细粒级组成。从充填料粒级级配来看，充填材料按 0.25mm 划分为粗粒级和细粒级，小于 0.25mm 的细粒级与水混合后形成浆体黏附在粗粒级表面，并填充其空隙，尤其 $-25\mu m$ 的微细粒级，在高浓度浆体的输送过程中却发挥着更加重要的作用：一方面微细粒级在浆体管道的输送过程中，极易趋向于管道周壁，形成润滑层，并阻止粗颗粒下沉或堆积，从而确保高浓度浆体形成"柱塞流"，极大地降低管道输送阻力，减小管道磨损；另一方面微细粒级使高浓度充填料浆具有触变性能，即静止时浆体的内聚力和黏性加大，运动时则减小，这样确保高浓度料浆具有良好的保水性能，使充填料浆尤其粗颗粒不至于在输送过程中，特别是停泵时造成大量水泌出，产生沉淀、离析而导致堵管，因而微细粒级促使高浓度充填料浆具有良好的稳定性。因此，从理论上讲，传统的分级尾砂充填由于去掉 $-20\mu m$ 或 $-37\mu m$ 的微细粒级部分，同时削弱了高浓度输送润滑层的形成，恶化了高浓度输送的必要条件；而全尾砂高浓度胶结充填是切实可行的。

不同粒级组成的充填料具有不同的高浓度值，进而得到不同的高浓度充填料浆的输送性能（流动性、可塑性、稳定性）和流变特性。我国多采用可泵性作为衡量全尾砂高浓度充填料浆输送性能的一个综合指标，并借用混凝土输送经验中坍落度和泌水率两个概念来表示。而全尾砂高浓度充填料浆是否具有良好的可泵性和流变特性决定着全尾砂高浓度胶结充填能否顺利进行。根据我国全尾砂高浓度胶结充填试验，适宜泵送的料浆坍落度值：全尾砂膏体为 12 ~ 20cm，全尾砂细石膏体为 10 ~ 20cm；在满足充填料浆稳定性条件下，充填料浆的泌水率一般应小于 3%，压力相对泌水率应小于 30%。为了改善全尾砂高浓度料浆的可泵性及流变特性，并降低胶结充填成本，目前多采用在全尾砂充填料中加入一定的粗骨料和胶结剂代用品。由于粗骨料的加入，充填材料粗细搭配，充填料浆密度和高浓度值明显提高，并且，充填料浆的坍落度值逐渐增加，泌水率逐渐降低。因此，在全尾砂充填料中粗骨料的加入量必然存在一最优值。根据我国金川公司等的试验，全尾砂：细石的质量比 50：50 为最优。

9.2.2 全尾砂胶结充填系统

根据全尾砂高浓度胶结充填特点，全尾砂高浓度胶结充填系统通常包括脱水系统、搅拌系统、检测系统和管路系统；其中脱水系统和搅拌系统是全尾砂高浓度胶结充填成功应用的关键。图 9-2 所示为金川公司全尾砂胶结充填工业试验流程。

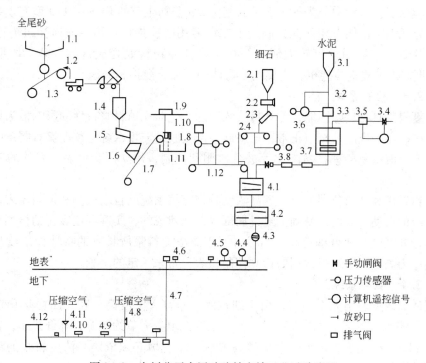

图 9-2 金川公司全尾砂胶结充填工业试验流程

1.1—浓缩机；1.2—圆盘过滤机；1.3—皮带机；1.4，1.8—全尾砂仓；1.5—振动给矿机；1.6—振动筛；
1.7—皮带机；1.9—抓斗起重机；1.10—小砂仓；1.11—圆盘给料机；1.12—计量皮带机；2.1—砂石仓；
2.2—手动平板闸门；2.3—电磁振动给料机；2.4—计量皮带机；3.1—水泥仓；3.2—叶轮给矿机；
3.3—冲板式流量计；3.4—控制阀；3.5，3.8，4.5—流量计；3.6—强力搅拌槽；3.7—浓度计；
4.1—双轴式叶片搅拌机；4.2—双轴螺旋输送机；4.3—PM 双缸活塞泵；4.4—浓度计；
4.6，4.10—充填管；4.7—充填钻孔；4.8—电动液压闸阀；4.9—压气清洗装置；
4.11—压气助吹装置；4.12—手动闸阀

9.2.2.1 脱水系统

为了制备全尾砂高浓度料浆，一般全尾砂采用二段脱水工艺，即先将选矿厂来的 20% 左右浓度的尾矿浓缩到 50% 左右，然后再行过滤，这样不仅可保证过滤时的回水质量，还可提高尾矿过滤效率。

高效浓缩机是近年来发展起来的新设备，广泛用于尾矿的第一段脱水；它借助于高分子聚合物絮凝剂的作用，并采用下部给矿（絮凝层下方）方式，可大大提高浓缩机效率。真空过滤机是常用的尾矿浓缩设备，广泛用于尾矿的第二段脱水。

9.2.2.2 搅拌系统

普通搅拌很难破坏微细颗粒固体和水产生的聚凝集合体，因此，一般的搅拌设备要使微细颗粒的尾砂和水泥混合均匀是非常困难的。为了实现全尾砂高浓度胶结充填搅拌机理，前苏联诺斯克矿采用ДКПЛ-1型活化搅拌机使微细分散材料能较好地混合均匀，从而开创了固体颗粒活化搅拌先例。

全尾砂高浓度胶结充填料浆通常采用二段搅拌流程以提高搅拌质量。长沙矿山研究院等设计制造了多种活化搅拌机，现场试验都取得了良好的搅拌效果。在金川公司全尾砂膏体泵压充填新工艺试验中，为了与引进的德国PM公司生产的KOS-2170型充填泵的膏体物料制备方式和生产能力相匹配，制造了二段专用的搅拌机：第一段搅拌机为ATD-Ⅱ型双轴叶片式，主要用于打碎大泥块并初步将几种物料混合成膏体。第二段搅拌机为ATD-Ⅰ型双螺旋输送搅拌机，主要用于膏体的贮存、搅拌和输送。

9.2.2.3 检测系统

高浓度料浆具有良好性能，并且料浆浓度的变化对充填料浆特性的影响极为敏感，为了确保全尾砂高浓度胶结充填正常，全尾砂高浓度胶结充填系统必须能够对制备的胶结充填料浆浓度、流量及各种物料配比等进行监测和控制，建立一套可靠、完善的充填监控系统。

凡口铅锌矿和金川公司的全尾砂高浓度胶结充填系统的自动检测和控制仪表都是在原有生产系统的自动仪表设计基础上经过局部改造而建成的，实现了仪表自动检测和计算机综合处理，并完全实现自动控制。当然，由于高浓度料浆所具有的特性如浓度高、流速低、管内压力高等，给选择适用的检测控制仪表也带来一定的困难。

9.2.2.4 管路系统

全尾砂高浓度胶结充填料浆，由于细粒级含量高、浓度高，在管路内呈稳定的均质流，而且其流速处于层流区域内；对于膏体泵压充填，为节约能源，降低泵压，输送流速选择0.5~1.0m/s适宜，因此，全尾砂高浓度胶结充填必须依照高浓度料浆的流变特性设计其管路系统。

(1) 根据充填管路的布置原则，井下管路大多采用阶梯形布置，其中任一梯段的管网倍线均不能大于总倍线。值得说明的是，对于高浓度自流输送的充填倍线，除计算正常输送时的充填倍线外，还应该考虑清洗管道时的充填倍线，因为当冲洗管道时，高浓度料浆所形成的垂直段自然压头被水柱取代后，由于高浓度料浆密度通常要比水的大1.8~1.9倍，造成同样输送条件下，充填倍线要降低很多。如凡口铅锌矿生产充填时正常输送的充填倍线为8~6.4，而当清洗管道时，充填倍线降低为4~3.2。

(2) 管路系统的管径主要根据充填能力、流速和充填料的组成确定。在同等流量下，压力损失随管径增大而显著减小，工程中应尽量采用大管径。凡口铅锌矿和金川公司选用管径多在0.1~0.15m之间。对于掺有粗骨料（-25mm）的膏体充填，一般选取管径0.15m；并且为了降低阻力，增大水平输送距离，消除垂直管内的空气，垂直部分的管径可适当加大。

（3）全尾砂高浓度胶结充填料浆管内的压力较大，充填管路系统中开始段和垂直向下段的压力都有可能超过 6 ~ 10MPa，必须采用快速接头，耐压须达到 12MPa，并且接头内壁必须平滑等径，弯头曲率半径应大于 0.7 ~ 1.2m。泵压充填时，还必须考虑泵往复冲程产生的振动，在下向满管泵送段设置排气装置和电动液压阀等，采取减震措施。

9.2.3 国内外全尾砂胶结充填技术应用典型案例

20 世纪 80 年代，全尾砂胶结充填技术首先在德国、南非取得成功，随后在苏联、美国和加拿大等国得到应用。80 年代末期，我国开始在广东凡口铅锌矿和金川有色金属公司进行试验研究，并用于工业生产。

由于各矿山的开拓和采矿工艺的要求不同，故所采用的料浆制备、输送工艺、充填方法及设备等方面各有差异。下面仅对几个有代表性的典型矿山进行介绍。

9.2.3.1 前苏联阿奇赛公司全尾砂胶结充填自流输送工艺

阿奇赛公司使用积存于尾矿库中的全尾砂作充填料。尾砂中 -43μm 粒级占 70%。每立方米充填料浆的成分为：干尾砂 1550 ~ 1600kg，400 号水泥 80 ~ 140kg，水 400 ~ 420kg。充填系统如图 9 - 3 所示。汽车将尾砂卸入受料堑沟，用 2ЛС - 100С 电耙将尾砂耙运到受料漏斗，然后经给料器、胶带运输机和皮带秤给入双轴混合机。25t 筒仓内的水泥利用仓底气泵转移到配料仓，由可调式螺旋给料机和自动皮带秤送入搅拌筒内与水混合制成水泥浆，并自流到双轴混合机。充填料浆在双轴混合机一次搅拌后自流入旋流活化搅拌器进行二次强力搅拌，然后由垂直钻孔和水平管路（φ150mm）自流输送到充填采场。充填站控制室内安装有手动和自动两套控制系统，用圆盘记录仪记录尾砂、水泥和水的用量。

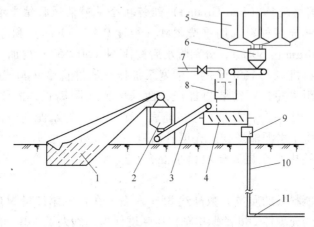

图 9 - 3　阿奇赛公司充填系统图

1—受料堑沟；2—受料漏斗；3—胶带运输机；4—双轴混合器；5—水泥筒仓；6—配料器；
7—电动夹管阀；8—搅拌筒；9—旋流搅拌器；10—充填钻孔；11—充填管道

矿山充填倍线一般为 6 ~ 7，最大达到 9。充填能力为 120m³/h。充填体 28d 龄期的单轴抗压强度为 1 ~ 1.5MPa，沉缩率为 0% ~ 1.5%。

9.2.3.2 凡口铅锌矿高浓度全尾砂胶结充填自流输送工艺

由凡口铅锌矿、长沙矿山研究院和长沙有色冶金设计研究院共同合作，于 1991 年完成了高浓度全尾砂胶结充填新工艺和装备的研究。

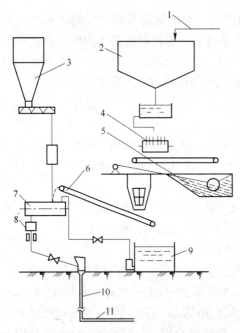

图 9 – 4 　凡口铅锌矿充填系统

1—选矿厂尾砂管道；2—高效浓密机；3—水泥仓；

4—真空过滤机；5—卧式砂仓；6—计量皮带运输机；

7—双轴搅拌机；8—高效搅拌机；9—水池；

10—充填钻孔；11—充填管路

凡口铅锌矿充填系统如图 9 – 4 所示。来自选矿厂的尾矿浆（质量分数 15% ~ 20%），经 ϕ9000mm 高效浓密机一段脱水，沉砂（质量分数约 50%）进入圆盘真空过滤机二段脱水，含水率约 20% 的滤饼由皮带机运至卧式砂仓。湿尾砂由 55kW 电耙间断耙运到中间贮料仓，经带破拱架的振动放料机、计量皮带运输机给入双轴桨叶式搅拌机。水泥经水泥筒仓、双轴螺旋喂料机、冲量流量计进入搅拌机，与尾砂和水混合搅拌。充填料浆再自流入高效强力搅拌机进行二次强力活化搅拌后，经垂直钻孔和充填管路（ϕ125mm）自流到井下充填采场。

由检测仪表、中央控制台和计算机组成的自动检测与综合处理系统检测尾砂的含水率、水泥添加量、加水量及充填料浆的质量分数和灰砂比。

该矿全尾砂中 – 74μm 粒级的含量占 62% ~ 84%。充填料浆质量分数为 70% ~ 76%，水泥耗量 214kg/m^3，充填能力为 48 ~ 54m^3/h。充填体 28d 龄期单轴抗压强度约为 3MPa。

9.2.3.3　德国格隆德（Bad Ground）铅锌矿全尾砂泵送胶结充填工艺

格隆德铅锌矿的充填材料选用重选尾砂（粒度 0.8 ~ 30mm）和浮选全尾砂（粒度 –0.5mm，其中 –60μm 占 50%），分别脱水后按比例（50∶50）再加入少量的水搅拌成高浓度砂浆，用给料机喂入 160kW 的双活塞泵加压，通过管路（ϕ152mm）经竖井送入井下。东采区水平距离短，不需要再加压，西采区输送距离长，需要用中继给料机和 160kW 双活塞泵再加压一次。水泥贮存在地表一个 100m^3 的水泥仓中，充填时，借助压风管中的压缩空气将干水泥输送到距充填管出口约 30m 处，通过一个水泥喷射装置，将干水泥喷入充填管路中与全尾砂充填料浆混合，进入到充填采场。充填系统如图 9 – 5 所示。

该充填工艺充填料浆的质量分数高达 85% 左右，在水泥添加量为 60 ~ 100kg/m^3 时，该矿下向胶结充填的充填体 28d 龄期单轴抗压强度便可达到大于 2MPa 的要求。

20 世纪 80 年代末期，德国 P. M. 公司在某金矿采用了全部不分级尾砂作充填料，经浓缩、过滤成固体质量分数达 76% ~ 78% 滤饼进入螺旋搅拌输送机，与水泥、粉煤灰混合后，经双活塞泵加压，通过管路向坑内输送，进行采场充填。该系统的使用取得了良好的经济效益和社会效益。

9.2.3.4　奥地利布莱堡（Bleiberg）铅锌矿全尾砂、碎石泵送胶结充填工艺

布莱堡铅锌矿借鉴格隆德矿的经验，建成了具有自己特色的全尾砂加碎石的泵送充填系统，如图 9 – 6 所示。

浮选尾砂经浓缩、压滤两段脱水后，形成含水 18.2% 的滤饼，直接进入 BHS700mm

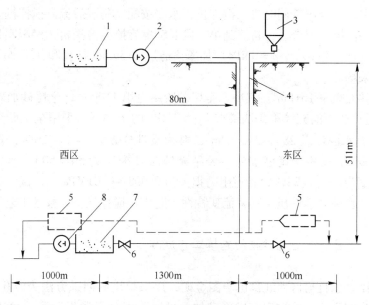

图 9-5　格隆德铅锌矿充填系统

1—给料机；2—双活塞泵；3—水泥仓；4—竖井；5—小水泥仓；
6—遥控闸门；7—中继给料机；8—双活塞泵

×2600mm 双轮螺旋叶片式搅拌机。同时 −30mm 的碎石经皮带运输机进入搅拌机（浮选尾砂与碎石的比例为 6：4），并添加少量减阻细灰以降低输送阻力。搅拌后的料浆进入 $5m^3$ 供料槽，经再次搅拌后送入 KOS −2160 双活塞泵，加压后经充填管路（$\phi140mm$）输送到井下。充填料浆中水泥的添加是采用地表制浆，用独立的水泥浆系统送到井下，在充填料进入采场前，将水泥浆压入充填管路中与充填料混合，进行采场充填。

　　主要技术参数为：充填料体重 1.5 ~ 1.8t/m^3，混合料水灰比 4，水泥耗量 60 ~ 80kg/m^3，流量 4 ~ 7m^3/min，100m 管路压力损失 0.4MPa，充填体强度 1.5 ~2MPa。

9.2.3.5　金川公司全尾砂泵送充填系统

　　金川有色金属公司与北京有色冶金设计研究总院合作，于 1987 ~ 1991 年在金川二矿区进行了全尾砂下向胶结充填技术及设备的研究。

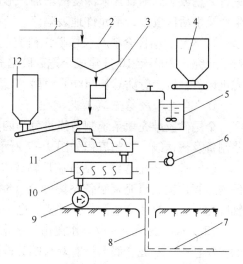

图 9-6　布莱堡铅锌矿充填系统

1—选厂尾砂管；2—浓密机；3—压滤机；
4—水泥仓；5—搅拌筒；6—水泥浆泵；
7—水泥浆管道；8—充填料管道；
9—双活塞泵；10—供料槽；11—搅拌槽；
12—碎石仓

　　试验研究使用的选矿厂全尾砂经 $\phi18m$ 浓缩机和 $20m^3$ 的鼓式折带过滤机过滤后，用汽车运至搅拌站并转载到砂仓内。全尾砂经砂仓下部盘式给料、计量皮带运输机进入第一段双轴叶片式搅拌机。−25mm 碎石经仓下电振给料机、核子秤、皮带机转载至运送全尾砂的主皮带机上，与全尾砂同时进入搅拌机，水泥按配比制浆后流入搅拌机。全尾砂、碎石和水泥经第一段搅拌混合后，自流到第二段双轴螺旋搅拌输送机，经喂料口给入 PM 双缸液压活塞泵（$Q=70\mathrm{m}^3/\mathrm{h}$、$p=6\mathrm{MPa}$）加压，通过 $\phi139\mathrm{mm}$ 钻孔和井下 $\phi123\mathrm{mm}$ 管路将充填料浆送至采场。

工业试验共充填了 $1615\mathrm{m}^3$。其中，全尾砂胶结充填 $1100\mathrm{m}^3$，全尾砂加碎石胶结充填 $515\mathrm{m}^3$。在满足该矿下向充填采矿法要求 $R_{28}\geqslant4\mathrm{MPa}$ 的条件下，采用全尾砂充填时，选用灰砂比为 1:4，水泥耗量 $280\sim310\mathrm{kg/m}^3$，料浆质量分数为 74%～76%，管道阻力损失 $0.01\sim0.12\mathrm{MPa/m}$；采用全尾砂加碎石胶结充填时（配比为 50:50），水泥耗量 $180\sim200\mathrm{kg/m}^3$，浓度为 81%～84%，管道阻力损失为 $0.008\sim0.01\mathrm{MPa/m}$。试验中还对全尾砂胶结充填材料的物理力学性质、料浆流变特性、脱水、搅拌设备、泵送工艺等方面进行了研究。

9.2.3.6　哈图金矿全尾砂胶结充填工艺流程

A　概况

位于新疆维吾尔自治区西北部的哈图金矿，原来采用的回采方法为浅孔留矿采矿法，矿房、矿柱二步回采，先采矿房，后采矿柱。矿房采用分段凿岩阶段矿房法（浅孔留矿法），留矿采矿法回采矿房时，是自下而上分层回采的，每次崩落的矿石依靠自重放出 1/3 左右，保证采下矿石与未采矿石之间有 $1.8\sim2.5\mathrm{m}$ 的作业空间。矿房上采至顶柱后，再进行大量放矿。随着开采深度的增加，形成大量采空区，地压显现明显，该矿距离选矿厂生产及生活区较近，不允许地表陷落。

2008 年，哈图金矿与长沙矿山研究院合作，对哈图金矿全尾砂胶结充填的可行性进行了研究。2011 年 10 月建成全尾砂胶结充填生产线，并投入使用。该系统全部采用国内先进设备，输出管路总长 900m，垂直高差近 400m，充填能力为 $60\mathrm{m}^3/\mathrm{h}$。

B　全尾砂胶结充填工艺流程

全尾砂胶结充填系统制备线可分为四条线：全尾砂输送线、水泥输送线、供水线、砂浆制备及输送线，工艺流程如图 9-7 所示。

（1）全尾砂输送线。从选矿厂输送来的全尾砂浓度约 25%，经渣浆泵加压后通过尾砂输送管道输送至充填制备站尾砂仓（$840\mathrm{m}^3$），通过放砂阀进入尾砂料斗，分别进入双轴叶片式搅拌机和高速活化搅拌机，电子皮带秤计量。

（2）水泥输送线。散装水泥由散装水泥罐车运至充填站，经吹灰管吹卸入容量 $160\mathrm{m}^3$ 的水泥仓中。水泥仓底部设有双管螺旋输送机、单管螺旋输送机（螺旋电子秤）。全尾砂浆及水泥经各自的供料线供料及计量后进入两段搅拌机中进行搅拌。为了对充填料浆制备浓度进行调节，设置有调浓水供水线。供水线上设置有电磁流量计、电动调节阀及手动调节阀。

（3）供水线。用水泵将水送入水管道，水经流量计输送到双轴搅拌机。

（4）砂浆制备及输送线。全尾砂、水泥、水在双轴搅拌机中搅拌后自流到高速搅拌机进行强力搅拌，然后通过 $\phi110\mathrm{mm}$ 钢制复合管道自流到采空区。

根据矿山条件，充填材料选择选矿厂尾砂、散装水泥，全尾砂胶结料浆浓度 60%，灰砂比 1:4 左右，水泥单耗 $200\mathrm{kg/m}^3$。

充填下料点设计原则是靠近采空区顶部中央位置，当长宽比较大时应采用多点同时下

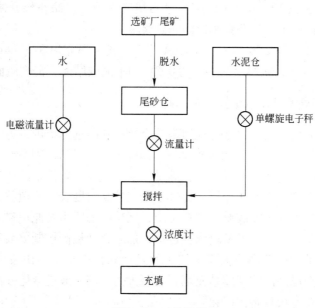

图 9-7 工艺流程

料。根据现场情况灵活布置，选择在间柱上下料，尾砂料浆经充填输送管道输送至采空区。采空区口设封堵墙，靠封堵墙泄水管道和矿岩裂隙脱水。

9.2.3.7 铜绿山矿全尾砂胶结充填工艺流程

A 概况

铜绿山矿位于湖北黄石大冶市铜绿山镇，矿体周围是密集村庄，大冶古铜矿遗址位于采区地表附近，该区内已编号的矿体有 12 个，矿体倾向东南，倾角 60°～80°，矿体节理发育，属中等稳固，矿体顶、底板主要为矽卡岩组，有大理岩、斜长石、矽卡岩等，岩性复杂属不稳定岩体。目前主要回采Ⅲ号与Ⅳ号矿体，矿块垂直走向布置，采用上向水平分层充填采矿法回采矿石。主要发展阶段：

（1）20 世纪 80 年代前，采用上向分层胶结护壁炉渣充填工艺，地表建混凝土搅拌站，人工与矿车的运输方式，干式充填。

（2）20 世纪 80 年代后，与长沙矿冶研究院合作，采用炉渣作为充填料，用管道水力输送到采空区。水砂充填工艺大幅度提高生产效率，但水砂充填体强度不高，严重影响矿石损失和贫化指标。

（3）20 世纪 90 年代，从德国引进膏体充填设备，采用全尾砂胶结充填工艺。矿山扩建后采用全尾砂管道输送充填系统，将全尾砂作为井下采空区的主要充填物料，真正实现了污染零排放。

B 铜绿山矿全尾砂胶结充填工艺流程

采空区充填主要包括采场验收、立钢桶、堵塞、尾砂充填、胶结铺面等工序。

（1）采场验收。根据采空区内实际回采高度来控制充填高度，检查顶板的安全等。

（2）立钢桶。充填采场内包含四种以上天井，即：充填通风井、人行天井、排水井、溜井等。按照实际充填高度来加高钢桶，并用塑料膜将钢桶密闭好，防止跑浆。

（3）堵塞。一般先用铲运机铲装掘进废石堵塞充填口，防止堵塞决口；用草编织袋加高堵塞；在堵塞口铺上一层塑料膜以防止跑浆。

（4）根据铲运机实际高度和岩石的碎胀性，一般选择充填 3.5~4m，留采矿空间约 3.5m，尾砂充填采空区，充填后铺一层约 0.5m 的水泥胶结面，提高底面强度。

9.2.4　全尾砂胶结充填技术改进及发展方向

全尾砂充填一方面提高了尾砂的利用率及充填材料的选择范围，另一方面高浓度充填降低了充填料浆的水灰比，从而大大改善了充填特性：充填强度提高，充填料沉缩率降低。这些对于充分发挥充填体承载作用，满足特定生产技术条件下的采矿要求以及提高矿石的回收率等都具有非常重要的作用，促进了全尾砂高浓度胶结充填技术的迅猛发展。

当然，由于全尾砂高浓度胶结充填系统中，尾矿浓缩脱水及充填料浆的搅拌工艺都采用了先进的专用设备，其关键设备仍依赖进口，加之自动检测控制仪表等，一次性投资费用较大，大大限制了全尾砂高浓度充填技术的发展和在中小型矿山或地方矿山的推广应用。为了全面发展全尾砂高浓度胶结充填，必须大力研制和改进全尾砂高浓度胶结充填系统中专用设备，实行专用设备国产化。

全尾砂高浓度（膏体）浆体管道输送有其固有的特点，必须进一步研究减阻措施，降低矿山能源消耗。根据浆体的滑移特性，广泛开展了在充填料浆中加入一定量减阻剂或在长距离管线中每隔一定距离设置减阻环定量加入清水或减阻剂的研究，促进输送管道环形管壁处低黏度层的形成，上述研究必将有利于充填料特别是粗颗粒骨料的顺利输送，减少管道磨损，无疑对全尾砂高浓度（膏体）胶结充填获得实际应用具有重要的指导意义。

经过不断地探索，全尾砂胶结充填技术的研究和应用，在充填料浆的制备、充填系统、输送工艺及设备和理论研究诸方面都取得了较大的发展。根据该项技术在国内外的应用状况及存在的问题，就其改进和发展方向进行粗浅的探讨。

9.2.4.1　充填材料的选择

提高充填采矿法经济效益的一个重要途径就是降低充填成本。而降低充填成本的关键在于降低充填料浆中水泥的消耗和选用廉价的充填材料。使用全尾砂和水泥作充填材料已经获得了明显的经济效益和社会效益，为进一步降低充填成本，可从以下几方面予以改进：

（1）添加粉煤灰。在全尾砂充填料浆中添加适量的粉煤灰可取代部分水泥。添加粉煤灰后，在保持原有坍落度的情况下，可提高料浆浓度；在不改变浓度的情况下，可改善料浆的和易性、减少泌水性，防止离析；降低干缩率 5% 左右，提高弹性模量约 5%~10%。粉煤灰的添加可提高充填体的强度，如按 1：0.5（水泥：粉煤灰）添加，在相同强度下，可降低水泥用量的 20% 左右。粉煤灰可改善充填料浆的流变特性，更适合泵送充填工艺。粉煤灰适宜的添加量一般为水泥用量的 20%~50%。

（2）添加粗粒级骨料。用全尾砂制备充填料浆时，由于含有大量的细粒级尾砂，则需要更多的水泥浆吸附在颗粒表面，为了满足强度的要求，必然会增加水泥的耗量，使充填成本提高。建议在有条件的矿山，在全尾砂中添加河沙、海沙、棒磨砂等粗粒级骨料配制料浆。当采用泵压输送时，在保证细粒级含量（一般 $-20\mu m$ 占 20% 以上）的条件下，添加一定比例 $-30mm$ 的粗粒级碎石。由于料浆粒度分布均匀，骨料加粗，孔隙率减小，可明显提高料浆密度，从而提高充填体的强度，降低水泥的消耗量。

充填材料选择范围的扩大，也解决了部分矿山充填材料不足和井下废石处理等问题。

（3）其他添加材料。近几年，研制出一些添加于充填料浆中的特种水泥、吸水剂、高水速凝固化剂等新型材料，为进行不脱水全尾砂充填在技术上提供了可能性。在料浆中添加流动剂、减阻剂等会有效地改善全尾砂的泵送性能，从而提高充填料浆的输送浓度。

9.2.4.2　输送工艺

全尾砂胶结充填料浆的输送有自流和泵送两种。高浓度料浆的自流输送在理论上已不同于传统的水砂充填，流体中固体颗粒受惯性力约束影响已很小，而进入似均质非牛顿流范畴，近似于宾汉姆体，可在较低流速下的层流状态运行，甚至短时间在管道内停留也不沉淀。当料浆浓度进一步提高到牙膏状时，其塑性黏度与屈服应力均很大，因此，必须采取泵压输送。

由于自流输送工艺简单，基建投资不大，充填成本适宜，且许多矿山已建有分级尾砂自流充填系统，因此，建议在充填倍线小，选用全尾砂或添加粗骨料粒径在 −5mm 时，优先采用自流输送工艺。

为了提高充填料浆自流输送时的浓度，应增设高速强力活化搅拌环节。充填料浆的活化搅拌是以物理化学和胶体化学的理论为基础，料浆经过高速强力搅拌，颗粒之间的内聚力急剧减小，固相与液相间相互作用形成的聚凝体破坏，而形成胶体，从而可制备出流动性好，浓度高的均质充填料浆。同时，搅拌强化了水泥的水化作用，提高了充填体的强度。

哈萨克斯坦工业大学等单位在试验中处理未脱泥的细粒级尾砂（ −43μm 占 70% ～100% ），使之形成浓度为 80% ～83% 具有触变性的标准分散系浆体，自流输送到井下充填采场。凡口铅锌矿在料浆浓度为 72% ～76% ，充填倍线为 3 时，仍获得了良好的自流输送性能。

在充填倍线较大，充填料浆中含有粗粒级骨料或要求浓度较高时，则应采用泵压输送工艺。

9.2.4.3　水泥的添加方式

往充填料中添加水泥是为了满足对充填体强度的要求。添加方式的不同会影响到水泥的用量、强度的变化及工艺的繁简。

根据水泥添加的地点和添加水泥的特点，大致有以下几种方式：（1）地表添加干水泥；（2）地表添加水泥浆；（3）坑内添加干水泥；（4）坑内添加水泥浆（地表制浆）；（5）坑内添加水泥浆（坑内制浆）。各种方式各有优缺点，在地表添加水泥可省去水泥输送系统和添加装置，但充填结束后需认真清洗管路，而且冲洗水容易流入充填采场；添加干水泥可提高料浆浓度，从而提高充填体的强度，但水泥难以和其他材料充分搅拌和混合；坑内添加水泥浆又降低了充填料浆的浓度。

当采用自流输送工艺时，推荐采用地表添加水泥浆的方式。这种方式制浆简单、不需要水泥输送系统，水泥和其他材料混合充分，但在清洗管路时，应防止冲洗水进入充填采场。

当采用泵压输送工艺时，推荐采用坑内添加干水泥的方式。在充填管道出口前 30 ～50m 处往管道中添加干水泥，可使进入采场的料浆浓度提高 1% ～2% ，又不至于增加管道输送阻力而提高充填体的强度。每次充填后仅需清洗加水泥后的一段短管，而将充填料存留在长距离的输送管路中，下次充填时可继续泵送，而不至于"凝固"。水泥喷射装置是使水泥和其他充填料均匀混合的关键设备。

全尾砂胶结充填，在理论和试验研究方面仍需进一步地探索，朝着改善充填体的质量、降低采矿成本、减少环境污染和生态破坏等方向努力，进一步扩大全尾砂胶结充填技术的应用范围，以便提高企业的经济效益和社会效益。

9.3 高水固结尾砂充填技术

9.3.1 高水固结充填采矿研究现状

高水固结充填采矿工艺是金属矿山胶结充填采矿工艺的一项重大技术革新。其实质是在金属矿山尾砂胶结充填工艺中，不使用水泥而使用"高水速凝固化材料"（以下简称高水材料）作胶凝材料，使用矿山选矿厂全尾砂作充填骨料，按一定配比加水混合后，形成高水固结充填料浆。根据工艺设备条件和现场技术要求，充填料浆浓度为30%～70%。高水固结充填料浆充入采场后不用脱水便可以凝结为固态充填体。

从20世纪70年代末、80年代初开始，国内外采矿界在全尾砂作充填骨料方面的研究，主要集中在提高充填料浆的浓度上，在高浓度全尾砂胶结充填工艺和膏体充填工艺上，取得了一些有价值的成果。尾砂胶结充填工艺的关键环节是井下充填材料脱水、高浓度充填材料的制备与输送。同时，由于技术设备昂贵、工艺流程复杂，运营维修不便，使大量推广应用存在一定的困难。高水固结充填新技术，克服了现有尾砂胶结充填中自产尾砂供应不足、井下环境污染、采场接顶困难、采场作业循环周期长等许多缺点，充填体强度足以支撑顶板压力及围岩应力，保障了井下安全生产，提高了劳动生产率。

9.3.1.1 高水材料

高水材料是由高铝水泥为主料，配以膨润土等多种无机原料和外加剂，像制造水泥那样经磨细、均化等工艺，而制成的甲、乙两种固体粉料，使用时，加水制成甲、乙两种浆液。英国曾采用具有该种性能的材料与水混合用于煤矿支护，目前推广应用的"特九派克"高水材料，由"特克本"和"特克西姆"两种料组成，其充填施工工艺是先将两种按水固比为2.5:1的比例分别加水制成A、B浆液，然后通过两条管路分别将A、B浆液按1:1的比例输送到充填地点混合。但英国所用材料相对来说价格昂贵，配料中某些材料在我国也难找到，且没有在金属矿山应用的先例。我国学者所研制的高水材料的原材料有丰富的储量，分布范围广，所研制的高水材料具有一系列优良特性。

自1990年开始，高水材料已在中国煤炭系统沿空留巷开采中进行了巷旁支护实际工程应用。实践证明，这种材料用于巷旁支护，简化了支护施工工艺，减轻了工人劳动强度，降低了成本，同时加快了施工速度，提高了施工的安全性。而当高水材料用于金属矿山采场充填时，则在料浆制备、充填能力、充填方式、充填体体积及强度等方面均与煤炭中使用时有所不同。

9.3.1.2 高水固结充填

金属矿山采场胶结充填中要用尾砂等作充填骨料，料浆浓度较煤矿使用的高。1989年9月，山东省招远金矿使用高水材料添加全尾砂浆，配制成不脱水的高水固结充填材料进行了评议。随后，在煤炭开采中作为沿空留巷采煤法的巷旁支护材料进行了工业试验并取得了满意的结果。1991 年 6 月至 1992 年 6 月，在招远金矿进行了高水固结充填采矿的工业应用试验研究。通过实验室研究、评议和现场试验，得出如下结论。

A　高水固结充填材料特性

（1）充填料浆的自然沉降性，将甲、乙料分别与全尾砂混合后配制成两种充填料浆，静置同样的时间，沉降层浓度比未加高水材料的全尾砂浆沉降层浓度小得多；沉降层浓度随时间增加的变化不大。这说明加入高水材料后，能减缓尾砂沉降，改善充填料浆的悬浮性和流动性。

（2）充填料浆的凝结时间，要根据采矿生产（满足凝固快、早期强度高、生产能力大）和充填工艺（如果料浆凝结速度过快，就易造成堵管，充填体强度不均，平场效果不好等；过慢则会影响采矿生产）两方面的要求，综合考虑和选择充填料浆的凝结时间。在招远金矿试验时，将初凝时间调整在 30 ~ 60min 范围内。

（3）充填浆的可泵性，充填料浆的视黏度和动切应力比没有添加高水材料的充填料浆的视黏度和切应力要小。从生产实际的角度看，黏度小、动切应力小的浆液更容易输送。因此，添加高水材料有助充填料浆的可泵送工艺。

（4）高水固结充填体的强度特性，强度的大小是充填材料的一个重要技术参数。影响充填体强度的主要因素是灰浆比（或高水材料添加比例），其次是尾砂浆浓度，最后是甲、乙料配比。高水材料的含量越高，充填体的强度越高；在灰浆比一定的条件下，尾砂浆浓度越大，配制出的充填料浆浓度越高，充填体的强度越大；配比中，甲料含量越大，充填体强度越大。

（5）水的酸碱度、尾砂成分对高水充填材料强度的影响，酸性越强，影响程度越大；尾砂成分对高水充填材料也有影响，如尾砂中硫含量大于 10% 时，就会对充填体的后期强度影响较大。

（6）环境温度对充填体强度的影响，高水材料与水的反应是一种放热反应，要求在一定的温度范围内完成。随着环境温度的降低，初凝时间相应延长，早期强度也随之降低。反之初凝时间相应缩短，凝结速度变快，早期强度也随之提高。在正常作业条件下，无论环境温度是降低还是升高，都不会影响充填体的后期强度。

（7）高水固结充填体的强度及其他性能，在湿养护条件下要比干养护条件好。

（8）高水材料的成本，影响充填材料直接成本的主要因素是水灰比，其次是甲、乙料的配比，最后是尾砂浆的浓度。

B　高水固化剂在充填采矿中的优点

（1）用于全尾砂胶结充填。利用矿山尾砂砂浆，加上高水固化材料制成料浆，实现全尾砂充填料浆低浓度、大能力输送，充填料井下不脱水，充填体快速凝固，充填接顶效果好，改善了井下的工作环境。对于尾砂产率高的矿山，使用部分全尾砂，可省去尾砂分级工艺，延长尾砂库服务年限，缓解细粒级尾砂筑坝难的问题。在尾砂产率低的矿山，可以水代砂，节省补充磨砂费用。

（2）用于分层充填法的胶结面，解决采场充填接顶问题。上向分层充填采矿法，要求充填体表层强度要保证凿岩、出矿设备在上面正常作业行走，其厚度一般为 0.3 ~ 0.5m。在现有的水砂或尾砂胶结充填法的矿山，可以在原有的基础上，配一套小型的高水材料充填系统，专门进行表层胶结面的充填工作，利用其低浓度和速凝性能，达到易平场、速凝早强，缩短回采工作面作业周期。与使用水泥胶结面相比，工作面上设备待作业的时间缩短到1d以内，大幅度地提高生产效率。利用该种充填料浆的低浓度易流动特性，可以解决用传统充填工艺遗留的采场充填体难以接顶问题。

（3）细粒级尾砂胶结充填。分级尾砂充填法在许多矿山使用多年，可继续使用粗粒级尾砂进行水砂充填或传统的分级尾砂胶结充填作业，对细粒级部分，可使用高水固化剂制成充填料浆进行充填。既可解决尾砂的环境污染问题及细粒级尾砂筑坝难的问题，又可解决矿山充填用尾砂量不足的问题。

（4）除了工艺易控制、设备简单、工艺简化、尾砂变废为用、安全、环境改善、充填成本低等优点外，更为重要的是二次贫化率可大幅降低，资源的回收率增加。

C 高水固结充填采矿工艺

高水固结充填材料对充填工艺有如下要求：由于高水甲料、乙料加水混合后具有速凝性，这就要求用两套独立的系统分别完成甲、乙两种充填浆液的制备及输送。甲、乙两种充填浆液经独立输送系统输送到充填采场附近，经专用混合器混合后注入采空区。进入采空区的充填浆液不需脱水，而能自流到采空区各个充填部位，形成一个整体的作业面，并能迅速凝固。

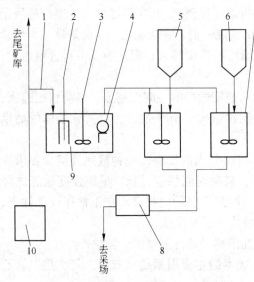

图9-8 招远金矿高水固结充填系统

1—分流管；2—压风；3—搅拌器；4—渣浆泵；
5—甲料；6—乙料；7—搅拌筒；8—混合器；
9—储砂仓；10—尾砂泵站

招远金矿全尾砂全水固化胶结充填采矿新工艺工业性试验，选用了较简单的制浆输送设备，以求投资少、见效快。充填料制备站布置在坑内，将原有老巷道改造为充填搅拌站硐室。充填系统如图9-8所示。该充填制备系统是：从选厂到尾矿库的输砂管引出一个内径30mm的尾砂分流管，将浓度为30%左右的全尾砂浆输送到井下充填料制备站储砂池中。放砂时，测得分流管入端压力为1.8~2.0MPa，分流砂浆流量为5.1~5.6m³/h。浓度为30%左右的尾砂浆采用静止沉淀上层排水方式调整浓度。沿砂池10m长的范围内布置3台功率为7.5kW的搅拌机，每台搅动范围约2.5~3.0m。沿砂池两侧各安装4组压风喷管，每组喷管安装3支喷嘴。通过搅拌机搅拌和压风喷嘴的吹气搅动，保证池内砂浆处于均匀悬浮状态。再用2PNL渣浆泵向制浆系统供砂浆。选用了6个φ1400mm×1400mm单层叶轮式搅拌筒，电动机功率3kW，转速320r/min，6个搅拌筒分3组，每两个为一组，分别制备甲、乙两种充填料浆，3组分别依次进行注砂—加高水材料—搅拌—放浆四道工序，循环往复，以实现连续制浆。搅拌好的甲、乙充填料浆，分别通过2PN渣浆泵输送到井下，再通过混合器将两种料浆混合后充入采场。

20世纪80年代以来，高水固结充填采矿已在山东省焦家金矿、招远金矿灵山分矿，安徽新桥硫铁矿，广西大厂矿务局，甘肃小铁山铅锌矿、金川龙首矿、湖北铜绿山铜矿、鸡冠山金矿、辽宁红旗岭镍矿等矿山进行了工业化应用或工业试验，并取得了可贵的经验。高水固结充填在用于上向分层充填采矿法铺面和接顶，下向分层充填法构筑人工假顶以及全尾砂胶结充填等方面已经有了丰富的实践经验。为了适应资源环境，作业条件对工艺的要求，为了矿业可持续发展，这一技术必将在地下充填采矿领域推广应用。

9.3.2　高水固结充填采矿工艺

高水固结充填采矿工艺是使用高水材料作固化剂，掺加尾砂和水，混合成浆充入采场后不用脱水便可以凝结为固态充填体的一种新的充填采矿工艺。该工艺的主要特点是：（1）可将高比例水凝结为固态结晶体，从而使高水固结尾砂充填料浆在一般浓度条件下不脱水而变成固体。利用新的固结材料的特性，可使全尾砂、分级尾砂，其他充填集料（如江沙、海沙等）产生固结。（2）高水固结充填料浆在30%～70%的浓度范围内输送，甲、乙高水固结充填料浆在采空区混合后快速凝结。充填体早期强度高，采场不用脱水，从而可大幅度地缩短回采作业周期，提高采矿生产率，改善井下作业环境。（3）利用高水材料具有良好的悬浮性能，加入高水材料后，所形成的充填料浆中的尾砂沉降减缓，使充填料浆的悬浮性和流动性得到了改善，因而充填料浆便可以利用国产普通泥浆泵实现长距离输送，并有利于克服管道水力输送中易堵管、磨损快、投资大、能耗高等技术难题。（4）高水固结充填料浆具有良好的流变特性，其充填体具有再生强度特性，因而充填料浆流动性好，利于采场充填接顶，利于采场地压管理，利于矿产资源的充分回收。（5）高水固结充填采矿工艺在充分地利用原有的采准布置、回采方式、回采工艺及采掘设备的基础上，配以高水固结充填材料，高水固结充填工艺及简单易行的充填料浆制备系统，因而可以广泛地用于各种采矿方法及采空区处理。

9.3.2.1　上向进路式高水固结尾砂充填采矿法

A　方法特点

（1）采用下盘脉外采区斜坡道，阶段运输水平穿脉沿脉的采准布置方式。

（2）采用上向进路式回采。回采进路垂直矿体走向布置（矿厚大于10m），回采进路成水平布置。

（3）采用浅孔钻机凿岩，实行控制爆破，顶板采用锚杆紧跟工作面支护。

（4）用高水固结尾砂充填。先用配比5%～6%充填料浆充填进路高度的2/3～4/5，充填体强度为0.5～1.0MPa；进路其余部分再用配比为9%～10%的高水固结充填料浆充填，其充填体强度达到1～2MPa。

（5）阶段高40m，分段高9m，每个分段控制三个分层，分层高3m，进路宽3m。

（6）上向进路式回采适用于矿体厚度大于5～6m，矿石中等稳固到不稳固的倾斜、急倾斜矿体。

B　采准

阶段在垂直高度上划分为三个分段，各分段巷道之间用分段联络道与分段巷道联系起来，各回采分层通过分层联络与分段巷道联系起来，每个分层布置的回采进路与下盘沿脉分层道巷道联通。在下盘脉外分段联络道的一侧掘进溜矿井，随着分层的上采，在矿体内用钢板卷成φ2m的圆筒，顺路向上接高。在分段联络道的另一侧布置人行充填井，井内安装有梯子和充填管道，该井兼作人行安全出口和回风之用。采准布置如图9-9所示。

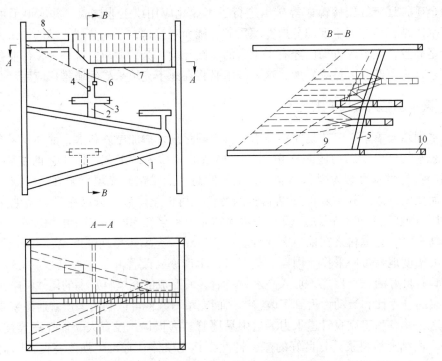

图9-9 上向进路高水固结充填采矿法

1—斜坡道；2—分段联络道；3—分段巷道；4—通风充填井；5—矿石溜井；6—分层巷道；

7—下盘沿脉巷道；8—回采进路；9—穿脉巷道；10—阶段运输巷道

C 回采顺序及方式

各分层间采用自下而上的回采顺序，在同一分层采场之间采用前进式回采；各采场的回采进路从采场的一侧向另一侧回采。整个分层回采进路充填完毕后，便可采用后退式（从里向分段（层）联络道方向）分段充填沿脉分层巷道。

D 回采工作

凿岩用7655钻机，钻杆长2.0m，柱齿形或一字形钎头，钎头直径38mm，进路工作面一般布置15个炮孔。爆破用2号岩石炸药，柱状药包，直径32mm，药包长200mm，人工装药。大块在工作面采用覆岩爆破二次破碎或浅孔爆破二次破碎。铲运机装运矿石，溜矿井放矿，穿脉运输巷装车。进路顶板采用管缝式锚杆支护，网度1根/m^2。局部破碎冒落地段采用加密锚杆，木垛支护等措施。

9.3.2.2 下向进路高水固结充填采矿法

A 方法特点

（1）采用高水固结尾砂充填。高水固结充填料浆浓度为65%~74%，其中高水材料含量为6%~13%，尾砂为56%~61%，水31%~33%。充填体1d的强度为1.0~2.5MPa，7d的终强度达到2.5~4.5MPa。

（2）用下向进路式回采。进路沿矿体走向水平布置（原采用倾角6°~8°的倾斜进路）。

（3）高水固结尾砂充填体的结构见表9-2。

表9-2 高水固结尾砂充填体的结构

顶板条件	人工假顶层				充填层			
	首采层厚/m	各分层厚/m	高水材料掺量/%	设计强度/MPa	首采层厚/m	各分层厚/m	高水材料掺量/%	设计强度/MPa
较稳定	1.0	0.8	10~13	4.0	2.0	2.2	6~8	1~2
破 碎	1.2	1.0	10~13	4.0	1.8	2.0	6~8	1~2

（4）采用浅孔凿岩，实行控制爆破，复式起爆，顶板采用管缝式锚杆或木棚（垛）与锚杆联合支护。

（5）采用脉外人行溜矿井或脉外斜坡道。溜矿井采准，阶段运输水平穿脉沿脉的采准布置方式。

（6）阶段高度40m，采场长50m（采用电耙运搬）或90m（采用铲运机运搬），分层高3~4m，矿体厚大于5~6m，矿体倾角大于40°。

B 采准

采用铲运机采场运搬时，阶段垂高上划分分段，分段高为12~13m，脉外布置采区斜坡道，人员、设备、新鲜风流经斜坡道、分段联络道、分段平巷、分层联络道进入矿房。在采场两翼布置溜矿井和充填井。充填井兼作人行安全出口和回风之用，如图9-10所示。

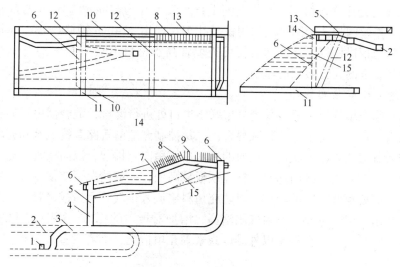

图9-10 焦家金矿下向进路高水固结充填采矿法

1—废石溜井；2—斜坡道；3—分段联络道；4—分层联络道；5—充填井；6—矿石溜井；
7—板墙；8—钢筋网；9—边帮锚杆；10—阶段巷道；11—运输巷道；12—探矿井；
13—顶部锚杆；14—悬吊锚杆；15—夹石

当采场运搬用电耗时，阶段在垂直上划分分层，利用脉外探矿井作人行溜矿井，开采分层以上敷设梯子、水、电、风、充填等管线，作为人行通风之用；开采分层以下部分作溜矿井用。从人行溜矿井向矿体方向开掘分层联络道，用它与沿矿体走向布置的进路相连通。

C 回采顺序及方式

自上而下顺序回采各分层。同一分层从分层联络道开始向采场两翼回采，各回采进路采用向人行溜矿井退采的顺序进行，或采用间隔回采的顺序。当顶板破碎时，先在进路设计断面的一侧先掘 2m×2m 的小断面，然后挑顶刷帮至设计断面规格；当顶板较稳定时，则全断面开挖。

D 回采工作

工序与上向进路高水固结充填法基本相同，不再赘述。

9.3.2.3 高水固结尾砂充填工艺

A 充填前的准备工作

采场充填前的准备工作包括：（1）提交待充进路的实测平面图和纵剖面图、待充进路实测体积等资料；（2）研究制订充填方案，确定配比、充填量、排气管和充填管悬挂位置等工作参数；（3）检查充填管路，放空溜矿井矿石，平整底板，铺平碎矿石垫层，铺人工假顶钢筋网、铁丝网、挂吊筋、架设充填管和排气管、构筑充填板墙等。在上向分层回采时，充填准备工作中所不同的是不留碎矿石垫层，不构筑人工假顶，不挂吊筋等。

B 人工假顶的铺设

与上向进路高水固结尾砂充填法不同的是，下向进路充填法需构筑人工假顶。在进路底板上耙平厚为 0.2～0.3m 的碎矿石垫层。碎矿石垫层上敷设钢筋网，主筋采用 Q235A，ϕ14mm 的钢筋，网度为 1.5m×2.0m，副筋采用 Q235A，ϕ6.5mm 钢筋，网度为 0.5m×0.5m，钢筋相交处用铁丝绑牢。在钢筋网上再铺设网孔为 80mm×80mm 的铁丝网，钢筋网与铁丝网、铁丝网与铁丝网之间均用铁丝扎牢，并用 ϕ14mm 钢筋或 ϕ6.5mm 双股钢筋将其与顶板和两帮锚杆相连接，随后便可充填含高水材料 10%～13% 的充填料浆，直至充填达到设计要求的人工假顶层厚。

C 采场充填管路布置

甲、乙料浆充填管道一般在采场分层联络道口处进行混合，混合器由三通和三通阀组成，其作用有二：一是将甲、乙料浆混合；二是控制充填前管路系统试水和充填后冲洗管路的废水排入分层联络道水沟内。三通的出水口要稍向上抬起，以防堵管。充填管进入待充进路和排气管在进路空区内均要吊挂在顶板最高处，一般情况下要使排气管略高于充填管，且两管之间要离开一定的距离，以防充填料浆流入排气管后造成堵管，使进路空区内的空气无法排出，引起待充进路内气压增高，增加对板墙的压力，影响正常的充填工作。在待充进路顶板超高时，在板墙以外难以观察到充填情况，则需设置报警器。

D 充填板墙构筑

板墙架设在待充进路入口处的适当位置。板墙中间要留出可供一人通过的观察口，并预留出排气管、充填管通过板墙的位置。板墙靠四周岩壁处，要用麻袋片填塞，然后用水泥砂浆密封严实。同时，还要在板墙靠进路空区的一面，将塑料薄膜钉挂上，以防漏水或跑浆。

E 采场充填

开始充填前要先试水，证明管路畅通方可放砂充填；充填完毕后，要及时放水冲洗管路。充填试水及冲洗废水要通过三通将其排至待充进路外，以保证充填质量。

当进路长度大于 20～25m 时，必须实行分段充填，以确保充填体的质量。由于上向进路充填体起支撑围岩及工作底板的作用，并且相邻进路回采时，还要求充填体具有一定的自立性和抗爆破冲击，这就要求充填体必须具有一定的强度，按照《采矿设计手册》的要求，上向分层充填采矿法中，充填体要满足自行设备正常运行，表面强度达到 1.0～2.0MPa，其他部分达到 0.5～1.0MPa。根据上述强度要求，在实验室进行了大量试验。试验中所用的尾砂浆的质量分数为 30%～70%，高水材料的掺量范围是 6%～19%，按不同养护期对试块进行了单轴抗压强度试验，结果表明，高水材料配比的合理范围是 5%～10%，在此范围内可完全满足上向进路高水固结充填采矿法的要求。因此，某矿在尾矿砂浆的质量分数为 65% 时，进路下部 2.0～2.4m 厚的充填体，高水材料配比为 5%～6%，上部 0.6～1.0m 厚的表层，高水材料配比为 9%～10%。

在用下向进路回采时，充填层部分起人工矿柱的作用，同时要求当相邻进路回采时，充填体不致垮落，故其所需强度相对要求不高，充填时为保证料浆不致泌水，又使充填体能充分接顶，设计高水材料配比为 6%～8%；而人工假顶层起“梁”的作用，应具有较高的承载能力和抗爆破冲击力，设计高水材料配比为 10%～13%。

9.3.3　高水固结充填系统实例

高水固结充填系统已有不少金属矿山进行应用。由于各个矿山条件不同，系统各异。这里介绍几个比较典型的系统，用以说明高水固结充填料制备及充填的工艺流程。

9.3.3.1　焦家金矿高水固结充填系统

焦家金矿高水固结充填系统是在原有尾砂水泥胶结充填系统的基础上改扩建而成。原尾砂胶结充填材料制备站，采用地面集中搅拌方式。它由立式砂仓（900m³，1 座、455m³，2 座）、水泥仓（容量 150t，1 座）、搅拌桶（$\phi1.5m \times 1.5m$，2 台）、砂泵及管路、辅助设施等五部分组成。充填能力为 40～70m³/h。由于高水充填材料为甲、乙两种粉料，需要分别与尾砂浆混合搅拌。搅拌好的甲、乙两种高水固结充填料浆输送至靠近充填工作面进行混合后，再充填入采后空区。因此，新增了一套高水材料仓和给料、搅拌、泵送、管路和除尘系统。新增的这套系统与原有的 900m³ 半球形底立式砂仓系统的组合构成为高水固结尾砂充填搅拌站制备系统。充填能力可达 60～100m³/h。图 9-11 所示为水泥胶结充填与高水固结充填两用的充填料制备站示意图。为了实现水泥胶结充填与高水固结充填兼用，新建的高水材料仓断面为方形，外形尺寸是 4m×4m×7m（长×宽×高），其有效容积可装料 150t，钢筋混凝土结构，料仓从中间隔开，分为两相，每格均可装料 75t，分别贮存甲、乙两种粉料。分格后的高水料仓底部受料漏斗，均接刚性叶轮给料机、冲量流量计，由电磁调速电动机控制甲、乙高水材料的给料量。

焦家金矿水泥胶结充填料制备站的水泥仓顶采用手动振打收尘器，用其对 0.5μm 以上的颗粒进行捕捉，其收尘效率可达 95%～99%。因此，新建的高水材料仓仓顶仍选用手动振打收尘器两台。DMC60-Ⅰ型脉冲袋式除尘器用于搅拌站的收尘，经水泥胶结充填多年使用，证明其收尘效率甚高，故高水固结搅拌站收尘选用了改进的 MC60-Ⅱ型脉冲袋式除尘器，该产品质量比 DMC60-Ⅰ型有进一步的提高。

高水固结充填料制备的工艺流程如下：选矿厂浓度为 25%～35% 的全尾砂浆，由 0号砂泵站将其输送到充填搅拌站的吸砂池，经搅拌站 4PNL 型衬胶砂泵将全尾砂分别打入

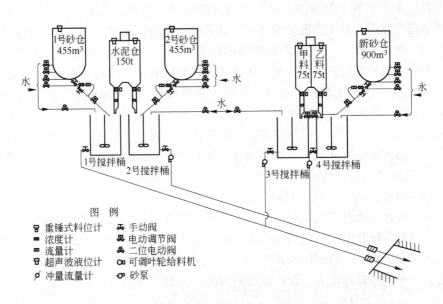

图 9-11 焦家金矿高水固结充填材料制备站示意图

容积为 455m³×2、900m³×1 的三个半球形底立式砂仓仓顶的 φ0.5m 水力放流器。经一段分级脱泥，水力旋流器上部的溢流管将分级后细泥浆溢流到马尔斯泵站，用马尔斯泵站将溢流细泥浆输送至尾矿库；脱泥后的粗粒尾砂贮存于半球形底的立式砂仓中，作为充填骨料。对高水固结充填来说，骨料可以不脱泥，即用全尾砂。但焦家金矿的高水固结充填系统是在原水泥胶结充填的基础上改扩建而成，且高水固结充填与水泥胶结充填兼用，因此供砂系统沿用原有工艺设施。充填时，仓中已分级的粗粒尾砂先要造浆，造浆用水由 2 台（其中 1 台工作，1 台备用）离心式清水泵供给，水泵来水经电动水阀调节流量后进到砂仓底部的两层环形管上的喷嘴喷水进行造浆。两层环形管，下层为主造浆管，上层为辅助造浆管。通过造浆，使砂浆浓度控制在 65% 左右，此尾砂浆由砂仓底部经 φ6m 放砂管再经分叉后流入 2 个 φ1.5m×1.5m 搅拌桶。放砂管上安设的 γ 射线浓度计及电动调节管夹阀，前者用来检测砂浆浓度，据此调节给水量使砂浆浓度保持为定值；后者用来调节搅拌桶液位，液位太高，容易溢流跑浆，液位过低，不仅高水材料扬灰厉害，而且高水材料不容易搅拌均匀，影响充填质量，因此对高度为 1.5m 的搅拌桶来说，使液位保持在 1.3m 左右较好。为此在搅拌桶上方安设有超声波液位计。高水材料有散装和袋装两种，散装料可利用运料罐直接将料由压缩空气吹入料仓。袋装料需拆装后倒入料仓内，料仓进料口安设有筛网，以防止料内杂物及袋装碎片进入料仓，影响输送。焦家金矿因自己生产高水材料，用的是散装。充填加料时，甲、乙两种高水材料通过高水材料仓仓底 0.3m×0.3m 单向螺旋闸门放入 φ0.3m×0.3m 刚性叶轮给料机，通过冲量流量计按配比要求定量分别向对应的搅拌桶投放，控制给料量可通过调节叶轮结料机的电磁调速电动机的转速实现，在搅拌桶内高水材料与尾砂浆混合搅拌成甲、乙两种高水固结尾砂充填料浆后，通过各自的 φ0.07m 输送管路输到待充填采场附近，由混合器将甲、乙高水固结尾砂充填料浆均匀混合后进入采空区进行充填。在搅拌桶出口附近输送料浆管路上，安设有电磁流量计，用以计量料浆流量、累计充填体积和推算添加高水材料的量值。焦家金矿的高水固结充填系统采用了微机自动控制。

9.3.3.2　某硫铁矿高水固结充填系统

某硫铁矿高水固结充填系统是在原有江沙水泥胶结充填系统的基础上改扩建而成，如图 9 - 12 所示。充填采用江沙作骨料。江沙供沙系统建有五个容积为 250m³ 的卧式砂仓，仓底安设有手控放砂门。充填时，从五个砂仓中任选一个放砂，放下来的砂经 1 号胶带机输送至振动筛，经筛除杂质和大块石块后的砂通过 2 号、3 号胶带机卸至安设有隔板的分料漏斗及导料筒，将砂分成大致相等的两份，分别导入甲、乙料浆搅拌桶。在 2 号胶带上安设有电子皮带秤，监测供砂量，人工调节放砂口开度，以控制供砂量。设计充填用砂量为 100 ~ 150t/h，折合松散体积约 60 ~ 100m³/h。充填制浆用水量为 80 ~ 100m³/h，甲、乙料制浆用水各半，在充填站附近山坡上建有一个容积为 2000m³ 的水池，采用自流供水，由水池引一条 ϕ0.1m 的主管路到充填站，再分成两条 ϕ0.08m 的支管路将水输到甲、乙料浆搅拌桶，在支管路上安设有电动调节阀和电磁流量计，以检测和调节供水量，满足充填料装配比要求。系统新建了两座直径为 3m、高为 8.43m 的高水材料仓，可分别贮存甲、乙料 54t。高水材料利用运料罐直接将料由压缩空气吹入料仓。料仓放料口下部安设配有电磁调速电动机的螺旋给料机，其最大给料能力为 20t/h 左右，螺旋给料机的出口安设有冲量流量计，用以检测下料量，通过调节电磁调速电动机的转速来控制给料量符合配比要求。甲、乙料浆制浆使用了 2 个 ϕ2.0m × 2.0m 搅拌桶，其计算容积为 6.3m³，按有效利用系数为 0.65 考虑，有效容积为 4m³，在要求甲、乙料浆制浆能力为 60m³/h 条件下，料浆在搅拌桶内停留搅拌时间为 4 ~ 5min，满足充填料浆搅拌时间 2 ~ 5min 的要求。搅拌桶中的搅拌器为双叶轮结构，以上叶轮左旋压浆，下叶轮右旋提浆，轴承受力均衡，

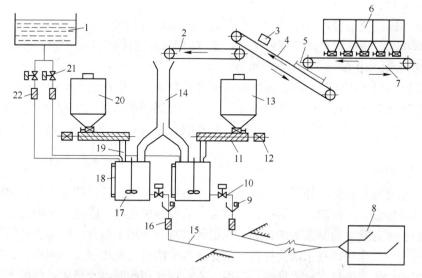

图 9 - 12　某硫铁矿高水固结充填材料制备站

1—水池；2—3 号胶带机；3—电子皮带秤；4—2 号胶带机；5—振动筛；6—卧式砂仓；7—1 号胶带机；
8—充填工作面；9—超声波浓度计；10—电动管夹阀；11—螺旋给料机；12—电磁调速电动机；
13—乙料仓；14—放砂管；15—输浆管；16，22—电磁流量计；17—搅拌桶；18—液位计；
19—冲量流量计；20—甲料仓；21—电动水阀

功率较低。制浆主轴转速为260r/min,在料浆浓度为60%~70%的情况下,采用22kW电动机可满足功率要求。料浆的输送采用φ0.1m内径的无缝钢管,平行铺设两条,当甲、乙料浆流量各为60m³/h情况下,料浆在管道中的流速为2.12m/s,大于临界沉降流速。料浆在距充填采场30m处,甲、乙料浆通过一个混合三通均匀混合后,经一条φ0.14m钢管输入采空区。

9.3.3.3 武山铜矿全尾砂高水固结下向充填采矿法

武山铜矿矿区内包括南北两大矿带,设计生产能力3000t/d,南北带各为1500t/d。北矿带矿体距地表较浅,矿石品位高,矿岩均较破碎、松软、不稳固,随着采矿深度的加深及采矿条件的变化,采矿方法由最初的整体钢筋混凝土假顶分层崩落法逐步过渡为下向进路式水砂充填采矿法。根据原设计,北矿带拟用分级尾矿、碎石和水泥,利用超高压泵进行高浓度泵压充填,受矿山建设速度和发展影响,矿山尾矿分级系统尚未形成,因此北矿带下向过路水砂充填法中一直沿用江沙充填料,由于江沙粒级组成较粗,胶结充填时强度低且水泥离析严重,因此下向进路式水砂充填法中改用纯江沙充填,分层底部必须构筑钢筋混凝土假顶。受矿山目前条件限制,钢筋混凝土主要靠人工铺设,工人劳动强度大,作业时间长,且施工质量很难保证,因此对正常回采造成很大影响。近年来研制的高水固化材料(甲、乙料)具有吸附大量水分子的优异性能,对于解决北矿带下向进路水砂充填采矿法存在问题很有帮助,为此从1994年10月至1996年1月在北矿带进行全尾砂高水固化材料下向充填采矿方法试验研究并获成功,在北矿带推广应用。充填时采用两类全尾砂高水固化材料充填:假底充填采用料浆浓度65%~70%,水灰比2.1:1~2.5:1,充填高度1m,充填体强度可达到4~5MPa;上部采用料浆质量分数65%~70%,水灰比4:1~6:1,充填高度2m,强度可达到1~2MPa。

A 充填材料

全尾高水固结充填材料由全尾砂、水和高水固结材料(分为甲、乙两种材料)组成。充填尾砂直接来自选厂未分级脱泥的尾砂。充填用水为武山铜矿工业用水,取自长江或矿区地表南洋河水,pH值为7,为中性水。

高水固结材料采用江西省萍乡市华强特种水泥有限公司生产的高水固化材料,包括甲料、乙料两种成分。甲料为凝结硬化成分,主要由硫铝酸盐水泥及缓凝剂等外加剂组成;乙料为速凝剂组分,主要由石膏、石灰、速凝剂、解凝剂、平衡剂、悬浮剂等外加剂组成。

B 充填系统

高水固结充填材料是一种新型的胶凝材料,通常包括甲、乙料两种组分,两种料浆单独输运时反应缓慢,不沉淀,不结底,一旦混合后即迅速反应。因此,全尾高水固化充填系统必须包括两套独立的制浆系统,邻近充填区域时,利用三通管将两套管道的甲、乙料浆混合进行充填。全尾砂高水固化材料水灰比及料浆浓度对充填强度影响很大,且甲、乙料配比值对充填体强度也有较大影响。当甲、乙料配比相同时,充填体强度最大,为了控制计量准确,甲、乙料浆制备系统尽量采用同型号的仪表和设备。其充填系统如图9-13所示。

乙料浆制备系统是在原江沙充填系统基础上建成的。由于工业场地的限制,尾砂采用螺旋供料方式,然后由原江沙充填的皮带运输机输送进入搅拌桶。

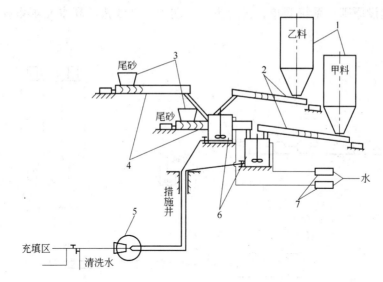

图 9 - 13　武山铜矿全尾砂高水固结充填系统图

1—甲、乙料仓；2—甲、乙料螺旋给料机；3—甲、乙尾砂料斗；4—甲、乙尾砂螺旋给料机；

5—甲、乙料浆混合器；6—甲、乙料搅拌桶；7—靶式水力流量计

甲料浆制备系统是利用矿山现有设备和仪器建成的一套系统。为了与乙料系统平衡供料，甲料浆制备系统同样采用同型号的尾砂螺旋供料方式。

C　充填效果

根据采矿试验研究和现场实践，甲、乙料配比相同时，充填强度最大，甲、乙料配比不等时，充填强度均有所下降，配比不等值相差越大，充填强度降低越多。在水灰比一定条件下，随着料浆浓度的提高，充填体强度明显增强，所以现场充填时在管道输送许可条件下，应尽量提高充填料浆浓度。

参照《采矿设计手册》各种不同采矿方法的充填体强度要求达到 4～5MPa，其他充填体强度 1～2MPa，根据实验室试验结果和现场情况，当料浆浓度达 65%～70%，水灰比 2.1∶1～2.5∶1 时，高水固结充填体强度可达 4～5MPa，能满足充填假底要求；当料浆浓度 65%～70%，水灰比 4∶1～6∶1 时，高水固结充填体强度可达 1～2MPa，满足假顶上部充填要求。

9.3.3.4　灵山金矿高水固结充填采矿方法

A　灵山金矿基本状况

灵山金矿位于胶东半岛西北部，属招掖金矿带。矿区内断裂构造极其发育，矿床属中低温热液蚀变岩型，矿体和围岩破碎，开采十分困难。该矿年产矿石 6 万吨，采区已从浅部转向深部，采深已达到 400m，地压活动日趋严重，原采用水泥胶结河沙充填采矿，90% 为水平分层下向进路式回采，地面建有集中制浆系统。

由于生产条件的变化，原水泥河沙充填采矿中存在许多难以解决的问题。为此，采用该矿散体全尾砂，试验研究了新的高水充填系统及工艺。

B　高水充填制浆系统

在井下主要开采区附近地表新建高水充填制备站，根据矿井生产要求，设计制备能力

50m³/h，其建设原则：系统简单，投资少，工期短，见效快。高水充填系统如图 9－14 所示。

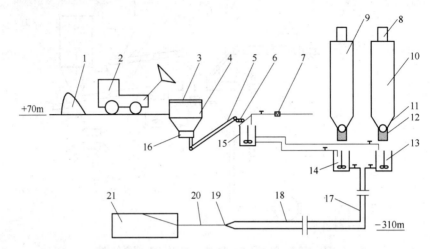

图 9－14 灵山金矿高水固结充填系统

1—尾砂库；2—铲斗车；3—振动筛；4—砂仓；5—皮带机；6—皮带秤；7—电磁流量计；

8—袋式除尘器；9—甲料仓；10—乙料仓；11—叶轮给料机；12—冲板流量计；

13—乙料浆搅拌桶；14—甲料浆搅拌桶；15—砂浆搅拌桶；16—圆盘给料机；

17—充填钻孔；18—水平管路；19—混合器；20—混合塑料管；21—充填进路

（1）供砂系统。供砂需解决尾砂堆放、大块筛分和定量供砂等问题。地面尾砂库有效面积150m²，可存放1000t尾砂，满足3条进路充填用砂。砂仓为混凝土结构，容积16m³，缓冲时间20min，仓上装备重型振动筛筛分大块，网孔20mm×20mm，1.7m³ 铲斗车供砂；仓下用 φ1.6m 圆盘给料机定量供砂给 TD650 转载皮带机，供砂量由机头前皮带秤监测。

（2）供料系统。甲、乙高水材料单独运储、制浆和输送。甲、乙料仓为钢制圆形结构，规格 3000mm×8340mm，每座净容积48m³，可储存110t料，储备富裕时间15d，散装粉料由罐车通过自带气力输送装置直接吹入仓内。粉料流动性：甲料小于水泥、小于乙料，安息角甲料41°、乙料36°，仓下料斗斜角60°，能保证仓内粉料整体下降。仓下安装 YG200mm×300mm 叶轮给料机定量供料。

（3）供水系统。矿井水从2km外排水站经 φ60mm 管路引入制备站，砂浆搅拌桶前设闸阀和电磁流量计控制和监测水流量。为保证水压稳定，专设一台供水泵。

（4）制浆系统。为保证浆体质量，采用二级制浆。圆盘给料机定量供给 φ2.0m 砂浆搅拌桶尾砂，按浓度和流量定量加水搅拌制成 60%～65% 浓度的砂浆，砂浆等量流入 φ1.6m 甲、乙料浆搅拌桶，按井下充填要求由叶轮给料机定量加入甲、乙粉料，混合搅拌制成的料浆放入两个充填钻孔明槽内。

井下采用下向进路式开采，差别充填。进路下部1.0～1.2m厚为承载层，高水材料配比13%，其余为充填层，配比6%～8%，因此，充填中需改变水流量和配比。

（5）监测控制系统。高水充填料浆对浓度、流量和配比要求严格。由于国产控制监测设备工作性能稳定性差，系统采用自动监测人工控制方式，见表9－3。

表 9 - 3　监测控制设备及方式

参　量	监　测	控　制
尾砂流量	皮带秤	圆盘给料机
水流量	电磁流量计	手动闸阀
料流量	冲板流量计	调速电机自控
搅拌桶液位	人　工	手动夹管阀
设　备	人　工	集中控制

实际流量 $30 \sim 35 m^3/h$。具体操作：保持砂流量定值，按浓度和配比要求调节水流量和料流量。

C　浆体输送系统

地表到 $-310m$ 中段高差 $380m$，采用钻孔自流双管道输送，充填倍线 $1.66 \sim 2.32$，变化不大，能保证充填能力和流量的相对稳定。

D　试验效果分析

试验取得了圆满成功，达到了比预期更好的效果，解决了原水泥胶结河沙充填中长期存在的技术难题。主要表现为：（1）实际充填能力提高了 130%，满足了生产需要；（2）充填系统性能稳定，制浆工艺达到了设计要求；（3）井下充填体凝固、强度和完整性超过了设计指标，揭露良好，保证了回采安全；（4）管道输送系统简化了采场布置，充填岩石工程量降低了 95%，并保证了输浆质量；（5）简化了充填回采工艺，大幅度降低了充填成本，综合效益显著。

10 尾矿土地复垦

10.1 概述

土地复垦是指对在生产建设过程中，因挖损、塌陷、压占等造成破坏的土地采取整治措施，使其恢复到可供利用状态的活动。尾矿复垦是指在尾矿库上复垦或利用尾矿在适宜地点充填造地等与尾矿有关的土地复垦工作。

10.1.1 尾矿复垦特点

尾矿是经过一系列加工的矿岩，不同类型的矿山、不同的选矿工艺所产生的，其理化性质有很大差别，有的尾矿还有再利用的价值，需要回收；且尾矿库多处于山地或凹谷，取土与运土困难，对复垦极为不利；另外，尾矿库由于形成大面积干涸湖床，刮风天气易引起尘土飞扬，污染当地环境。基于尾矿的这些特点，一般尾矿复垦利用初期大多以环保景观为目的，后期根据其最终复垦利用目标改为实业性复垦，或作半永久性复垦（这一情况是考虑经过一段时期后，尾矿还需回收利用）。目前我国尾矿复垦现状，大致有以下三种情况：

（1）仍在使用的尾矿库复垦。这类尾矿库的复垦利用主要是在尾矿坝坡面上进行复垦植被，一般是种植草藤和灌木，而不种植乔木，原因是种植乔木对坝体稳定性不利。如攀枝花钢铁公司某尾矿库，坝体坡面上曾人工覆盖山皮土，以种草为主，并辅之以浅根灌木和藤本植物。经过试种，达到了预期效果。

（2）已满或已局部干涸的尾矿库复垦。这类尾矿库是复垦利用的重点。如本钢南芬选矿厂老尾矿库于1969年新库建成后停止使用，由国家投资，覆土造田（约$18hm^2$），复垦后交当地农民耕种。随后将尾矿中各种垃圾筛选发酵后堆放到尾矿库低洼处。种植面积逐年扩大，基本上整个老尾矿库所占用的土地经复垦后都用于耕种。

（3）尾矿直接用于复垦。这种类型主要适合于尾矿中不含有毒有害元素的中小矿山，且在矿山周围有适宜的地形。矿山可根据当地地形条件采用灵活多样的复垦模式。如唐山马兰庄铁矿和包管营铁矿就利用此模式复垦了大量土地。

10.1.2 尾矿复垦利用方式

尾矿复垦工作在我国起步较晚，可以说还处在初级阶段，总结近些年来我国尾矿复垦情况，主要有如下几种复垦利用方向：

（1）复垦为农业用地。这种复垦方式一般应覆盖表土并加施肥料或前期种植豆科植物来改良尾砂，其覆土厚度一般可按下列公式估算：

$$P_c = h_b + h_k + 0.2$$

式中　P_c——覆土厚度，一般取值为 0.2～0.5m；

　　　h_b——毛细管水升高值，随土壤类型不同而不同，m；

　　　h_k——育根层厚度，随植物种类不同而变化。

（2）复垦为林业用地。大多数尾矿库特别是其坝体坡面覆盖一层山皮土后都可用于种植小灌木、草藤等植物，库内可种植乔木、灌木，甚至经济果木林等。复垦造林在创造矿区卫生以及优美的生态环境方面起了很大作用，并对周围地区的生态环境保护起着良好的作用。

（3）复垦为建筑用地。有些尾矿库的复垦利用必须与城市建设规划相协调。根据其地理位置、环境条件、地质条件等修建不同功能的建筑物，以便收到更好的社会效益、经济效益和环境效益。建筑复垦时的地基处理是关键，应根据尾矿特性、地层构造、结构形式等设计相应的基础条件，在结构设计上采取可靠措施，以达到安全、经济、合理之目的。但尾矿库上修筑的建筑物一般以 2～4 层为宜，不宜超过 5 层。

（4）尾砂直接用于种植改良土壤。尾矿砂一般具有良好的透水、透气性能，且有些尾砂由于矿岩性质和选矿工艺不同，还含有一植物生长所必需的营养元素，特别是微量元素，因此，尾砂可直接用于种植或用作客土改良重黏土从而复垦造地。

10.1.3　尾矿土地复垦的一般程式

尾矿复垦作为一个工程，其工作程序离不开工作计划和工程实施两个阶段。由于土地和生态系统的形成往往是经过较长时间的自组织、自协调过程，复垦工程实施后所形成的新土壤和生态环境，往往也需要一个重新组织和各物种、成分之间相互适应与协调的过程才能达到新的平衡。而复垦工程实施后的有效的管理和改良措施可以促使复垦土地的生产能力和新的生态平衡尽早达到目标，所以，复垦工作后的改善与管理工作是必不可少的。因此，根据土地复垦工程的特点，其一般程式可以概括为三大阶段。第一阶段：尾矿复垦规划设计阶段；第二阶段：尾矿复垦工程实施阶段，即工程复垦阶段；第三阶段：尾矿工程复垦后改善与管理阶段，除复垦为建筑或娱乐用地外，即生物复垦阶段。

复垦规划是复垦工作的准备阶段，决定复垦工程的目的和是否技术经济可行，是后两阶段的依据。复垦工程实施是复垦规划付诸实现的工程阶段，其实质为各种土地整治工程，保质、保量、准确、准时是该阶段的关键，但该阶段的完成仅仅只是完成了复垦工作的 60%。美国法律规定，该阶段的完成仅退回 60% 的复垦保证金。余下 40% 的复垦工作是由复垦后改善与管理阶段完成，该阶段主要任务是达到复垦最终目标和提高复垦效益，建立良好的植被和生态环境。

10.2　尾矿复垦规划

复垦规划阶段的目的就是确定复垦土地的利用方向和制订复垦规划，提交土地复垦规划报告和规划图。

10.2.1　尾矿复垦规划的意义

尾矿复垦规划的意义主要有：

（1）保证土地利用结构与矿区生态系统的结构更合理。尾矿复垦规划是土地利用总体规划和矿区生态环境恢复规划的重要内容，又是土地利用和矿区生态恢复的一个专项规划。国内外尾矿复垦实践证明，制订一个科学合理的尾矿复垦规划，是矿区生态环境恢复的关键之一。

（2）避免尾矿复垦工程的盲目性和浪费，提高尾矿复垦工程的效益。不经过系统规划设计的尾矿复垦工程，往往存在以下盲目性和工程浪费：

1）先破坏后治理，大大增加了复垦工程的难度和工程量，降低了尾矿复垦效益。

2）缺乏系统性科学性，复垦工程效益低。

3）尾矿库不及时复垦，容易产生二次污染等。

4）通过对尾矿复垦工程进行系统的规划，可以最大限度地发挥矿区自然和环境资源优势，正确选择尾矿复垦投资方向，达到投资少、见效快、系统整体效益明显之目的。

（3）保证尾矿复垦项目时空分布的系统性和合理性。尾矿复垦规划的实质就是对尾矿复垦工程实施的时间顺序及时空顺序及空间布局作系统的科学安排，即在时间上，使复垦工程与企业生产和发展规划相结合；在空间上，按照尾矿特性，因地制宜进行尾矿复垦。

（4）保证土地部门对尾矿复垦工作的宏观调控。根据我国人多地少的国情，在条件允许的情况下，应优先考虑复垦为耕地，土地管理部门通过审定尾矿复垦规划，对尾矿复垦方向可实现宏观调控。

10.2.2 尾矿复垦规划的任务

尾矿复垦规划的主要任务有以下两个方面：

（1）确定尾矿复垦的利用方向。尾矿复垦土地利用方向的确定是复垦规划的关键。它受到当地的社会、经济、自然条件的制约，一般而言，均应因地制宜选择合适的利用目标，并以获取最大的社会、经济和环境效益为准则。影响复垦土地利用方向的主要因素是当地气候、地形地貌、土壤性质及水文条件、尾矿理化特性和需要状况等五大因素，其中需要状况主要是指当地土地利用总体规划、市场需要和土地使用者的愿望。对尾矿复垦土地利用方向的选择正是要基于深入分析和调查这些影响因素，并从森林用地、牧草地、农田用地、娱乐用地、建筑用地、水利及水产养殖等土地利用类型中通过多方案对比分析而最优的确定。

（2）制订尾矿复垦规划。在上述确定的尾矿复垦利用方向的基础上，制订详细的尾矿复垦规划。应使用多目标规划、线性规划、层次分析法、特尔菲法、投入产出效益分析法等进行多种规划方案的技术经济对比，从而优选规划方案。详细的尾矿复垦规划应形成书面报告，并应经过土地管理部门批准。尾矿复垦规划报告的主要内容是：

1）待复垦区自然条件概述（地理、气候、人口、耕地、社会、经济等）。

2）尾矿理化性质及其变化情况。

3）矿山采选现状、尾矿占地及其发展概况。

4）复垦土地利用方向的确定及其依据。

5）复垦总体设计方案及可行性论证。

6）复垦工程量的确定。

7）复垦工程投资及收益估算。

8）复垦工程实施的方法及设备。

9）复垦工程进度安排。

10）待复垦区总体规划图。

10.2.3 尾矿复垦规划的原则

制订尾矿复垦规划应遵循以下几个基本原则：

（1）现场调查及测试的原则。由于尾矿复垦规划不仅需要知道占用的现状，还要根据当地的各种条件确定土地利用方向和进行复垦工程的技术经济分析，因而应进行大量细致的土地、气候、水文、市场等情况调查是必需的，越详尽越好，并对尾矿理化性质进行测试。

（2）因地制宜原则。尾矿复垦土地利用受到周围环境多种条件的制约。因地制宜对尾矿复垦的土地再利用可以起到投资少、见效快的效果。反之，如果不遵循这一原则，如对不适宜复垦为农业用地的地方硬性复垦为农业用地，其结果只能是适得其反。

（3）综合治理的原则。综合治理有利于优化组合，产生高效益。如对尾矿库积水区和干区的不同，工程上有综合的作用，收益上也有综合的效果，值得认真研究与遵循。

（4）服从土地利用总体规划的原则，即"全盘考虑，统一规划"。土地利用总体规划的原则是对一定地域全部土地利用开发、保护、整治进行综合平衡和统筹协调的宏观指导性规划。尾矿复垦规划的实质是土地再利用规划，所以它应是土地利用总体规划的有机组成部分。只有服从于土地利用总体规划才能保证农、林、牧、渔、交通、建设等方面的协调，从而才能恢复或建立一个新的有利于生产、方便生活的生态环境。

（5）最佳效益原则。效益是决定一个工程是否上马的主要依据，也是衡量工程优劣的标准。目前，我国经济实力还不雄厚，复垦工程又需要较大的投资，更应注重经济效益，力争以少的投入达到较多的产出。尾矿复垦不仅仅是恢复土地的利用价值，还要恢复生态环境，所以社会效益和生态效益也是十分重要的。因此，尾矿复垦所期望达到的最佳效益乃是经济、社会和生态效益的统一。

（6）将尾矿复垦纳入矿山开发和采选计划的原则。尾矿土地占用与矿山选矿生产紧密相关。尾矿常可用来充填低洼的劣质土地，与采选计划的结合可以在基本不增加排尾费用的情况下稍加改变排尾系统来完成，特别是中小矿山效益可观。所以，尾矿复垦规划应与矿山开发和采选计划一致。

（7）动态规划原则。采选生产是一个动态的过程，尾矿的产生也是动态的，采选生产的变动情况又直接影响到尾矿复垦工作，所以尾矿复垦规划应与矿山生产的动态发展相适应。此外，尾矿复垦工程又会因工程过程中新发现的地质、水文、土壤、施工等情况需要调整原复垦规划，因此，动态的规划是必要的。

10.3 尾矿工程复垦

工程复垦阶段的目的是完成规划的复垦工程量，达到复垦土地的可利用状态。

10.3.1 尾矿工程复垦基本要求

尾矿工程复垦的实施主要应遵循以下原则：

（1）保质、保量原则。质量是工程成功的关键，复垦工程必须保质、保量按复垦规划进行才可有效地达到复垦目标。

（2）按时完成的原则。时间就是效益，由于复垦农田的季节性强，因而复垦工程的时间性就显得更重要。只有按时按复垦规划时间完成复垦任务，才能有效实现复垦目标。

（3）符合土地利用方向具体要求的原则。每一种土地利用方向都有相应的特点要求。对于恢复为农田的土地，应尽量避免压实，这就要求减少机械设备在复垦土地上的时间和往返次数。并注意在土壤较干时进行平整和修整措施。而对于复垦土地用作建房时，则应采取压实措施，使土地达到承载设计楼房强度的要求。挖掘鱼塘则应满足鱼塘边坡和深度等要求。

10.3.2　尾矿工程复垦技术

尾矿工程复垦的任务是建立有利于植物生长的表层和生根层，或为今后有关部门利用尾矿复垦的土地（包括水面）做好前期准备工作。主要工艺措施有堆置和处理表土和耕层、充填低洼地、建造人工水体、修建排水工程、地基处理与建设用地的前期准备工作等。适合我国的具体尾矿工程复垦技术主要有尾矿库分期分段复垦模式、尾矿充填低洼地或冲沟复垦模式、围池尾矿复垦模式、尾矿改良土壤模式等。

10.3.2.1　尾矿库分期分段复垦模式

这种模式适用于尾矿量大、服务年限长的尾矿库，要根据尾矿库干坡段进展情况分期分段采用覆土或不覆土复垦方式，然后进行种植。这种复垦模式在迁安首钢矿山公司，大石河矿区尾矿库已分段在尾矿库干坡段植树（紫穗槐、沙棘），起到了固沙固氮、绿化环境、加速熟化、减少污染的作用，经过种植也增加尾矿砂的有机质含量。

10.3.2.2　尾矿充填低洼地或冲沟复垦模式

这种复垦模式适用于选矿厂附近有冲沟、山谷或低洼地。这种尾矿库坝短，工程量小，基建费用低。工程要求：用废石在适宜的山谷或冲沟处分段筑坝，坝高一般小于 4～5m，岩石砌坝有孔隙可将尾矿水渗出，或在坝内埋设溢流管，排出的清水由回水系统回收供选矿厂重复使用。尾矿充填顺序是先充填山谷的地势高处，再充填低处，便于分区复垦，尾矿充满干涸后经推土机平整，在上部覆土或不覆土即可种植农作物。

10.3.2.3　围池尾矿复垦模式

这种复垦模式适用于在矿山附近有大面积滩涂或荒地的选矿厂。

复垦工程程序主要包括：

（1）将选择的滩涂地坝区划分成方形池，便于顺序排尾、顺序复垦。

（2）围埝，埝高 3m 左右，埝顶宽 1～1.5m 左右，边坡 1∶1，坝内底平面形成向溢流管倾斜的 3%～5% 左右坡度。

（3）埝内一侧设溢流口，溢流管顶口低于埝顶 0.1～0.2m 左右。

（4）尾矿向池内流入充填，清水溢流池外排入田间或河流，溢流管每隔 0.3～0.5m 左右开一排孔以减少溢水积存深度。溢流管每隔 20m 左右设一排尾矿管，一池排尾矿，排满后，干燥，再平整，在上部覆土或不覆土，即可种植农作物，然后尾矿管转排相邻另一池，重复上述作业。

10.3.2.4　尾矿改良土壤模式

这种模式适合于无毒无害的尾矿，并且在选矿厂附近有大量的重黏土土壤的土地。

这种模式的主要工艺是：在选矿厂附近建双尾矿池，周围墙高 3m 左右，墙厚上部 1~1.5m，坡度 1:1，坝内底部平面坡度 3%~5%，一端设渗水墙（可以用废石堆砌）或设溢流管，以滤出清水，供选矿厂回水使用或排入河流。一个尾矿池排满后排另一个尾矿池，前者排满的尾矿经滤水晒干后供农民用车拉走，沤肥垫地，改良板结土壤。以上工序依次交替进行。河北遵化兴旺寨乡利用该方法改良土地 140hm^2，改良后土壤砾石、砂粒含量增加，粗粉粒、细粉粒、粗黏粒和黏粒含量减少，使土壤沙性增强；改良后土壤有机质含量增加 0.54%；农作物产量明显增加，谷类增产 10%，地瓜增产 20%；社会效益显著，减少了尾矿占地，消除了尾矿排放对环境的污染。

10.4　尾矿生物复垦

10.4.1　生物复垦的概念及任务

生物复垦是采取生物等技术措施恢复土壤肥力和生物生产能力，建立稳定植被层的活动，它是农林用地复垦的第三阶段工作。

尾矿复垦，除作为房屋建筑、娱乐场所、工业设施等建设用地外，对用于农、林、牧、渔、绿化等复垦土地，在工程复垦工作结束后，还必须进行生物复垦，以建立生产力高、稳定性好、具有较好经济和生态效益的植被。狭义的生物复垦是利用生物方法恢复用于农、林、牧、绿化复垦土地的土壤肥力并建立植被。广义的生物复垦包括恢复复垦土地生产力、对复垦土地进行高效利用的一切生物和工程措施。生物复垦主要内容包括土壤改良与培肥方法等。

工程复垦后用于农林用地的复垦土壤一般具有以下特点：

（1）尾矿复垦的土地一般土壤有机质、氮、磷、钾等主要营养成分含量均较低，属贫瘠地土壤。

（2）复垦土壤的热量主要来自太阳辐射及矿物化学反应和微生物分解有机物放出的热量，其土壤热容量较小，温度变化快、幅度大，不利于作物出苗和生长，当复垦土地含硫较多时，可被空气氧化提高地温。

（3）尾矿复垦土壤内动植物残体、土壤生物、微生物含量几乎没有，土壤自然熟化能力较差，有时还含有害物质。

由上述复垦土壤特性可知，工程复垦后的土地，可供植物吸收的营养物质含量较少，复垦土壤的孔性、结构性、可耕性及保肥保水性均较差，土壤的三大肥力因素水、气、热条件也较差。因此，生物复垦的主要任务与核心工作是改良和培肥土壤，提高复垦土地土壤肥力。

土壤肥力是指土壤为植物生长供应及协调营养条件和环境条件的能力，包括水分、养分、空气和温度四大肥力因素。植物健康生长不仅要求这四大肥力因素同时具备，而且诸因素之间必须处于高度的协调状态。肥沃的土壤应具备下列特征：土壤熟土层厚、地面平整、温暖潮湿、通气性好、保水蓄水性能高、抗御旱涝能力强、养分供应充足，适种作物范围广、适当管理可以获得高产。

土壤改良和培肥，不是简单地增加土壤中有机质和营养物质含量，而是针对复垦土壤对植物的所有限制因素，全面改善水、肥、气、热条件及相互间关系。主要生物复垦技术措施有：（1）种植绿肥增加土壤有机质和氮、磷、钾含量，并疏松土壤；（2）对地温过高和不易种植的复垦土壤覆盖表土；（3）初期多施有机肥和农家肥，加速土壤有机质积累，针对复垦土壤缺乏的养分实行均衡施肥；（4）利用菌肥或微生物活化药剂加速土壤微生物繁殖、发育，快速熟化土壤；（5）加强耕作、倒茬管理，加速土壤熟化和增加土壤肥力。如初期种植能增加土壤肥力的豆科植物及可以忍受严酷环境的先锋植物等。

10.4.2 尾矿生物复垦技术

10.4.2.1 绿肥改良技术

以植物的绿色部分当作肥料的称为绿肥，作为肥料利用而栽培的作物称为绿肥作物。种植绿肥是改良复垦土壤、增加土壤有机质和氮、磷、钾等多种营养成分的最有效方法之一。

（1）增加土壤养分。绿肥作物生长力旺，在自然条件差、较贫瘠的土地上都能很好生长。在复垦区种植绿肥作物，成熟后将其翻入土壤，增加土壤养分。绿肥作物多为豆科植物，含有丰富的有机质和氮、磷、钾等营养元素，其中有机质约占 15%，氮（N）0.3% ~0.6%，磷（P_2O_5）0.1% ~0.2%，钾（K_2O）0.3% ~0.5%。适宜于北方地区种植的主要绿肥作物详见表 10 - 1。

表 10 - 1　可采用的绿肥作物及其养分含量

绿肥种类	鲜草成分（占绿色体的质量分数）/%				干草成分（占干物重的质量分数）/%		
	水分	N	P_2O_5	K_2O	N	P_2O_5	K_2O
草木樨	80	0.48	0.13	0.4	2.82	0.92	2.4
紫穗槐（嫩茎）	60.9	1.32	0.3	0.79	3.36	0.76	2.01
紫花苜蓿	—	0.56	0.18	0.31	2.15	0.53	1.49
红三叶	73	0.36	0.06	0.24	2.1	0.34	1.4
沙打旺	—	—	—	—	1.8	0.22	2.53
毛叶苕子	—	0.47	0.09	0.45	2.35	0.48	2.25

（2）改善土壤理化性状。种植绿肥作物可以提供土壤有机质和有效养分数量。绿肥在土壤微生物作用下，除释放大量养分外，还可以合成一定数量的腐殖质，改良土壤性状有明显作用。

豆科绿肥作物的根系发达，主根入土较深，一般根长 2 ~3m，能吸收深层土壤中的养分，待绿肥作物翻压后，可使耕层的土壤养分丰富起来，为后茬作物所吸收。绿肥作物的根系还有较强的穿透能力，绿肥腐烂后，有胶结和团聚土粒的作用，从而改善土壤理化性状。绿肥还对改良红黄壤、盐碱土具有显著的效果。不少绿肥作物耐酸耐盐、抗逆性强，随着栽培和生长，土壤得到了改良。

（3）覆盖地面，固土护坡，防止水土流失。绿肥作物有茂盛的茎叶，覆盖地面可减少水、土、肥的流失，尤其在复垦土地边坡种植绿肥作物，由于茎叶的覆盖和强大的根系作用，减少了雨水对地表的侵蚀和冲刷，增强了固土护坡作用，减弱或防止水土流失。种植绿肥作物，还有抑制杂草生长的作用，避免水分、有效养分的消耗。

尾矿库种植绿肥的方式有单种、混种、间种等三种。

（1）单种。在复垦土地边坡地带种植多年生绿肥作物，可增加土壤肥力、防止水土流失。

（2）混种。将不同的绿肥种类按一定的比例混合或相间播种在边坡，生长旺盛后作绿肥用，一般比单播能大幅度增产。混播多采用豆科与非豆科混合、直生与匍匐生混合、高秆与矮秆混合、宽叶与窄叶混合、深根与浅根混合等，采取这样的植株搭配，可更充分利用光、热、水、肥、气等自然条件，故能增产。

（3）间种。在边坡灌木株行间，播种一定数量的绿肥作物，以后都作为灌木的肥料。通过间种，能充分利用光能，发挥种间互助作用，有效提高边坡绿化效果、预防水土流失。

在尾矿库和排土场边坡可采取灌木行间混播绿肥作物的方式，既可提高绿化效果，又可减少水土流失，促进灌木生长。

10.4.2.2 微生物法

微生物是利用菌肥或微生物活化药剂改善土壤和作物的生长营养条件，它能迅速熟化土壤、固定空气中的氮素、参与养分的转化、促进作物对养分的吸收、分泌激素刺激作物根系发育、抑制有害微生物的活动等。

A 菌肥改良土壤

菌肥是人们利用土壤中有益微生物制成的生物性肥料，包括细菌肥料和抗生菌肥料。菌肥是一种辅助性肥料，它本身并不含有植物所需要的营养元素，而是通过菌肥中的微生物的生命活动；改善作物的营养条件，如固定空气中的氮素；参与养分的转化，促进作物对养分的吸收；分泌激素刺激作物根系发育；抑制有害微生物的活动等。因此，菌肥不能单施，要与化肥、有机肥配合施用，这样才能充分发挥其增产效能。

B 微生物快速改良方法（微生物复垦）

微生物快速改良方法（微生物复垦）是利用微生物活化药剂将排土场、煤矸石、露天矿剥离物等固体废物快速形成耕质土壤的新的生物改良方法。

匈牙利在20世纪70年代后期研制成功微生物快速改良方法，取得了BRP（生物复田工艺）专利之后，成功地应用于匈牙利马特劳山露天矿及美国、巴西等地，在复垦土地上栽培了约50多类100种农作物，长势良好。

采用微生物快速改良方法，可应用于贫瘠土壤及煤矸石、露天矿剥离物等固体废物复垦场地上，经一个植物生长周期，就能建立稳定的活性土壤微生物群落，形成植物生长、发育所必需的条件，并维持数年不衰减。对种植品种没有任何限制，而且只需要普通材料和机具。在复垦过程中，土壤的形成是在自然条件下进行的，因未采用化学土壤改良剂及催化剂，所以对地表、地下水均没有危害。在复垦的土地耕种期间，由于微生物的作用，无需大量使用化肥，也减少了对土壤、水体的污染。生物土壤结皮能够有效提高矿业废弃地有机质和氮的积累，促进植被的恢复。

10.4.2.3 施肥法

施肥法改良土壤主要以增施有机肥料来提高土壤的有机质与肥分含量，改良土壤结构和理化性状，提高土壤肥力，它既可改良沙土，也可改良黏土，这是改良土壤质地最有效最简便的方法。因为有机质的黏结力和黏着力比砂粒强、比黏粒弱，可以克服沙土过沙，黏土过黏的缺点。有机质还可以使土壤形成结构，使主体疏松，增加砂土的保肥性。各地农民群众历来有沙土地施土粪和炕土肥，黏土地施炉灰渣和沙土粪等经验。中国科学院南京土壤研究所在江苏铜山县孟庄大队的沙土上，采用秸秆还田（主要是稻草还田），翻压绿肥，施用麦糠或麦粮和绿肥混施，都能改善板结，使其迅速发酵变软。其中稻草、大麦草等禾本科植物含难分解的纤维素较多，在土壤中可遗留下较多的有机质，而豆科绿肥含氮素较多，而且植株较嫩，易于分解，残留给土壤的有机质较少，因此，从改良质地的角度来看，禾本科植物比豆科的效果好。

另外，精耕细作结合增施有机肥料，是我国目前大多数地区创造良好土壤结构的主要方法。在耕作方面，我国农民有秋耕、冬耕冻、伏耕晒以及根据季节和土壤水分状况进行适时耙锄地，以改善土壤的结构状况。在耕层浅的土壤上采用深耕，加深耕层，结合施用有机肥料，加速土壤熟化，充分发挥腐殖质的胶结作用。我国各地的高产肥沃土壤也都是通过这种措施来创造优良结构的。

10.4.2.4　合理使用保水剂

边坡苗木栽植采取使用保水剂的方法提高成活率。保水剂用量 1∶1000，将保水剂与坑中挖出的土按 1∶1000 混合均匀作为混合土。植树前，先用混合土回填，树木植入坑中后，再用混合土覆盖根部，至一半时，用力踏实或夯实一次，再用混合土覆盖，最后用原始土壤覆盖 10~15cm 厚，并在坑的边缘做好灌水用的土圈。浇足、浇好前三遍水，使保水剂充分吸水，便于干旱时释水，充分发挥其保水、释水性能。其他时间依靠天然雨水供给水分即可。此法主要目的是平衡土壤水分。

10.4.3　复垦植物配置模式

河北联合大学矿区生态恢复与重建课题组等研究人员采用特尔菲法，对在燕山地区应用广泛且适合尾矿库生长的 27 种适生植物进行综合评价，将各种复杂因素量化，使评价结果更明确、直观。通过首轮专家咨询，专家结合燕山采矿迹地的土壤质地现状，认为应该更加注重生态适应性，植物只有适应环境，才能发挥更大的生态效益；从植物自身的适应性来看，耐寒性、耐瘠薄等则更为重要，由于尾矿库土壤极端贫瘠、养分不平衡，不适合植物生长，边坡可采用客土覆盖的方法，使其达到植物的生长条件，覆土厚度约 10cm。土壤干旱、瘠薄也成为植物生存的限制因素。因此根据燕山采矿迹地地形特点等限制因素，专家组确定与上述内容相关的 14 个评价指标，分别是耐旱性、耐寒性、耐瘠薄、耐荫性、耐盐碱、速生、观花、观果、观叶、观冠、观干、生态效益、抗病虫能力、抗污染能力。其中生态效益、抗病虫能力、抗污染能力是对树种的综合判定；而抗污染能力，则是考虑到部分采矿迹地地处重工业区内，空气污染较重，应选择抗污染能力较强的植物。

10.4.3.1　综合评价指标权重的确定方法

在描述植物综合适应性和功能的 14 个指标权重中，其重要性是不一致的，权重确定了各指标的重要程度。通过专家第二轮咨询，采取加权平均法，确定了 14 个指标的权重。在指标中，耐旱性 X_1（0.11）、耐寒性 X_2（0.08）、耐瘠薄 X_3（0.12）、耐荫性 X_4（0.02）、速生 X_5（0.22）、浅根 X_6（0.04）、观花 X_7（0.02）、观果 X_8（0.02）、观叶 X_9（0.01）、观冠

$X_{10}(0.01)$、观干 $X_{11}(0.02)$、生态效益 $X_{12}(0.13)$、抗病虫能力 $X_{13}(0.08)$、抗污染能力 $X_{14}(0.14)$。权重值的分布反映了专家对适生植物评价指标重要性的取向。

从指标权重看，耐旱性、耐寒性、耐瘠薄、速生、抗病虫能力、抗污染能力、生态效益最受重视。这与迁安马兰庄铁矿的土壤基质、地形特点和当前对植物改善生态环境的要求，是相吻合的。

10.4.3.2　评价指标标准化

根据上述指标体系及得分标准，对27种本地区常见植物进行综合评判。先按照下式对原始得分数据标准化：

$$X'_{ij} = X_{ij}/A$$

式中　X'_{ij}——标准化指标值；

X_{ij}——指标值；

A——参考值（27种适生植物的平均得分）。

各因子权重向量 $Z_j = (X_1, X_2, X_3, X_4, X_5, X_6, X_7, X_8, X_9, X_{10}, X_{11}, X_{12}, X_{13}, X_{14})$。综合指数（$Y$），按公式 $Y = X'_{ij} \cdot Z_j$ 求得。最后根据综合评价的结果，对植物进行评价分级，按其综合指数的高低，划分为三个等级，Ⅰ级：$I \geqslant 1.1$、Ⅱ级：$1.0 \leqslant I < 1.1$、Ⅲ级：$0.9 \leqslant I < 1.0$。

各种植物的综合评价排序见表10-2。

表10-2　植物综合评价排序

序　号	植物品种	综合指数	分级	序　号	植物品种	综合指数	分级
1	火　炬	1.237179	Ⅰ	15	紫花苜蓿	1.093438	Ⅱ
2	刺　槐	1.236504	Ⅰ	16	榆　树	1.093178	Ⅱ
3	油　松	1.218305	Ⅰ	17	侧　柏	1.092451	Ⅱ
4	沙　棘	1.204158	Ⅰ	18	无芒雀麦草	1.091932	Ⅱ
5	紫穗槐	1.195092	Ⅰ	19	酸　枣	1.089238	Ⅱ
6	景　天	1.174559	Ⅰ	20	直立黄芪	1.082038	Ⅱ
7	荆　条	1.163178	Ⅰ	21	山　杏	1.076212	Ⅱ
8	五叶地锦	1.162778	Ⅰ	22	牵牛花	1.072659	Ⅱ
9	狗尾草	1.158732	Ⅰ	23	马　唐	1.058132	Ⅱ
10	柽　柳	1.147372	Ⅰ	24	波斯菊	1.058086	Ⅱ
11	胡枝子	1.129632	Ⅰ	25	千头椿	0.994565	Ⅲ
12	高羊茅	1.129005	Ⅰ	26	臭　椿	0.990018	Ⅲ
13	连　翘	1.121478	Ⅰ	27	金银木	0.961052	Ⅲ
14	苍　耳	1.104112	Ⅰ				

从表10-2可以看出：不同植物在同一土壤中，综合指数不同，综合指数值越大，综合性能越强。

从表10-2可以看出燕山地区常用植物在采矿迹地中被评为一级植物为14种，占总数的48.15%；二级的数量为10种，占总数的37.04%，三级园林植物为3种，占总数的11.11%。

通过上述综合评价分级的结果可看出，评价为一级的植物品种综合指数最高均为乡土植物，该类树种不仅适应性强，而且生态功能非常高，是燕山采矿迹地最适宜的绿化树种；评价为二级的植物品种，综合指数也较高，均为乡土植物，该类植物构成了绿化树种的一般品种，可在绿化上尽可能地选择和应用；评价为三级的植物品种，其综合指数较低，作为采矿迹地尾矿库不宜选用，建议根据需要，小范围做引种驯化研究。

权重排序为种间适应性＞空间结构＞物种组成＞观赏性＞成本，即种间适应性的权重值要远大于植物组合的观赏性和成本的权重值。对园林植物进行评价分级，按其权值大小，划分为 3 个等级，一级：$I \geq 0.12$、二级：$0.1 \leq I < 0.12$、三级：$I < 0.1$。不同植物组合综合评价分级见表 10-3。

表 10-3　不同植物组合综合评价分级表

序　号	组 合 名 称	综合评价指数	评 价 等 级
1	火炬＋刺槐＋油松—柽柳—八宝景天＋狗尾草	0.1441	I
2	刺槐＋火炬—柽柳—八宝景天—狗尾草	0.1224	I
3	刺槐—狗尾草	0.1149	II
4	火炬—狗尾草	0.1122	II
5	刺槐＋火炬—紫穗槐＋连翘—狗尾草	0.1101	II
6	油松—荆条＋胡枝子—无芒雀麦草	0.1084	II
7	油松＋刺槐—紫穗槐—狗尾草	0.0992	III
8	刺槐＋火炬—柽柳—高羊毛	0.0954	III
9	油松＋刺槐—沙棘—紫花苜蓿	0.0932	III

根据表 10-3，我们可以得出，这 9 个植物组合的综合评价结果从高到低依次为：$C5 > C9 > C7 > C8 > C4 > C6 > C2 > C3 > C1$。I 级植物组合构建模式 2 个，占所有评价群落总数的 22%。从这些 I 级的植物组合中可以看出，它们不但植物种类丰富，同时景观效果明显，层次感强，它们自身从景观与生态方面都发挥出较高的效能，形成一个整体后，可以更大地发挥绿地的生态功能，使尾矿库的生态环境得到有效改善。II 级植物组合构建模式 4 个，占评价群落景观总数的 44%。评价等级最低的 III 级植物组合构建模式 3 个，占评价群落景观总数的 34%。

10.4.4　唐山首钢马兰庄铁矿公司尾矿库复垦实践

河北联合大学矿区生态恢复与重建课题组依托河北省科技计划项目"燕山采矿迹地绿色产业生态重建技术研究"，进行了尾矿适生植物筛选，并在唐山首钢马兰庄铁矿公司建立了铁尾矿库生态重建示范区。

唐山首钢马兰庄铁矿位于河北省迁安市马兰庄镇境内，马兰庄镇地处迁安市区西北 20km 处，辖 17 个行政村，占地面积 48km²，镇内总人口 15471 人。镇区三面环山，铁矿资源丰富，已探明贮量 10 多亿吨，属该镇开采的贮量达 4 亿吨，是名副其实的矿业重镇，但因矿业开发对当地的生态破坏也十分严重。矿区属暖温带、半湿润季风性气候。全年平均气温 11.5℃。全年降水量 711.9mm。全年日照 2292.5h，无霜期 198 天。

马兰庄铁矿露天采场占地为 1700 亩，排土场占地为 1750 亩，尾矿库占地为 370 亩。

首先对尾矿生物复垦的环境限制因子进行了分析。铁尾矿的粒级分析见表 10-4。铁尾矿中颗粒直径小于 0.5mm 的颗粒占 72.99%，其中小于 0.25mm 的颗粒占 43.04%，属于沙质土壤，此类土壤保水保肥性能差，团粒结构差，不利于植物根系的生长；其含水量更低仅为 0.24%。pH 值（水）为 8.3。

表 10-4 铁尾矿颗粒分级

粒径/mm	$x>2$	$1<x<2$	$0.5<x<1$	$0.25<x<0.5$	$0.053<x<0.25$	$x<0.053$
百分比1	2.68%	8.06%	16.52%	29.46%	41.46%	1.82%
百分比2	2.82%	7.37%	18.13%	28.70%	41.24%	1.74%
百分比3	2.44%	7.01%	16.01%	31.69%	41.33%	1.52%
平均值	2.64%	7.48%	16.89%	29.95%	41.34%	1.69%

注：x 为铁尾矿颗粒直径（mm）。

铁尾矿的主要化学组成见表 10-5。由表 10-5 可知，铁尾矿的主要化学成分为 SiO_2，并且主要以无定型 SiO_2 形式存在。

表 10-5 尾矿砂主要化学成分

名称	SiO_2	CaO	Fe_2O_3	Al_2O_3	MnO	MgO	TFe	S	P	MFe
质量分数/%	72.77	4.87	6.24	6.04	0.085	3.12	4.52	0.12	0.13	0.94

其次，铁尾矿中植物所必需的大量养分含量低，全量养分含量为：全氮 0.07g/kg，全磷 0.18g/kg，全钾 1.06g/kg。速效养分含量为：碱解氮 36.00mg/kg，速效磷（P_2O_5）8.37mg/kg，速效钾（K_2O）151.02mg/kg。

再次，铁尾矿的微生物环境较差。铁尾矿中可培养微生物数量很少，其中每克干尾矿含细菌、真菌、放线菌数量分别为 1.48×10^5CFU、3.9×10^2CFU、6.0×10^3CFU，不利于铁尾矿中养分的释放。

在春季气温上升后，应尽快播种或栽植苗木，以利于种子萌发和苗木成活。同时，及时浇水，每天至少一次，以克服尾矿本身不保水的性能，或者可以使用保水材料，利于水分的存留。针对大风天气，可以采取抗风措施或者采用抗倒伏植物。

综上所述，铁尾矿的物理和化学及生态环境均不利于植物在其上定植，因此必须选择一种既可以促进植物对养分吸收又可以改善铁尾矿微生物环境的方法，来加速植物在铁尾矿上的定植。

10.4.4.1 室内适应性植物的筛选试验

植物的室内筛选主要以草本植物为主，试验中将铁尾矿与蚯蚓粪过 2mm 筛子，然后每盆装入铁尾矿 1kg。主要供试植物包括：紫花苜蓿、白三叶草、黑麦草、野燕麦、沙打旺、墨西哥玉米、狗尾草、花生、大豆。

基质改良方法如下：向铁尾矿中添加蚯蚓粪、粉煤灰、发酵污泥、保水剂等进行基质改良，研究植物的生长效果。室内条件下不同草本植物在铁尾矿上的适应性筛选结果见表 10-6。

采取适当处理可以明显提高绝大多数草本植物的出苗率（狗尾草例外），而蚯蚓粪对于成活率的影响，除了黑麦草和野燕麦外其他植物成活率均明显提高。可见，施用蚯蚓粪可保证植物的出苗率和成活率，这是植物在铁尾矿定植的重要一步。

表 10-6 各种草本植物在铁尾矿中的出苗率和成活率

植物种类	出苗率/%		成活率/%	
	对　照	20%鲜蚯蚓粪	对　照	20%鲜蚯蚓粪
紫花苜蓿（50）	84.4	94.4	74.3	93.5
白三叶草（50）	84.4	97.8	80.2	98.3
黑麦草（30）	72.1	73.6	73.2	72.1
野燕麦（30）	80.5	83.2	84.2	83.7
墨西哥玉米（30）	96.7	98.9	98.3	100.0
沙打旺（40）	78.5	85.2	75.3	80.6
狗尾草（20）	91.7	86.7	80.4	82.0

10.4.4.2 现场适应性植物试验

尾矿库库面生态重建以不覆土的方式直接栽植的乔木树种有板栗、构树、刺槐、沙棘、核桃等；直接栽植的灌木树种有醉鱼草、金叶莸、多枝柽柳、长穗柽柳、紫穗槐等；直接种植的灌木树种有胡枝子（胡枝子1）、阴山胡枝子、多花胡枝子（胡枝子2）、达乌里胡枝子（胡枝子3）；直接种植的牧草品种有沙打旺、紫花苜蓿、红三叶草、白三叶草、一年生黑麦草、多年生黑麦草、狗尾草、狼尾草。

A　乔木的种植

（1）构树。构树采用1年生实生苗于尾矿库，株行距为2m×4m，共栽植265株，栽植后浇足水。

（2）板栗。采用2年生实生苗于尾矿库，株行距为2m×4m，共栽植48株，栽植时每株施蚯蚓粪和山皮土的混合物5kg（山皮土和蚯蚓粪的比例为1∶1），栽植后浇足水，以利于苗木的成活。

栽植时采用穴状整地，穴的规格为40cm×40cm×30cm，穴外高内低，稍向内倾斜，栽植后浇足水分，以利于苗木的成活。

B　灌木的栽植

（1）醉鱼草。采用实生容器苗带土球栽植，栽植时剪除地上部分的茎叶，株行距为0.5m×1m，栽植时每株施蚯蚓粪3kg。栽植后浇足水，以保证苗木的成活率。

（2）金叶莸。采用实生容器苗带土球栽植，株行距为0.5m×1m，栽植时每株施蚯蚓粪3kg。栽植后浇足水，以保证苗木的成活率。

（3）多枝柽柳。采用扦插容器苗带土球栽植，株行距为0.5m×1m，栽植时每株施蚯蚓粪3kg。栽植后浇足水，以保证苗木的成活率。

（4）长穗柽柳。采用扦插容器苗带土球栽植，株行距为0.5m×1m，栽植时每株施蚯蚓粪3kg。栽植后浇足水，以保证苗木的成活率。

（5）胡枝子、多花胡枝子、阴山胡枝子、达乌里胡枝子。四种胡枝子均采用种子直播，播种方式为条播，播种的行间距为30cm。播种前种子去壳，擦破种皮，并将种子放入70℃的水中进行催芽处理，每个品种每个处理的种植面积为10m²，种子用量为10g/m²。

C 牧草的种植

将选择的牧草种子采用条播的方式直接在尾矿库上播种，播种的行间距为 30cm，播种后及时浇水，并在其上覆盖草帘子，以便使种子保持在湿润的环境中能充分吸水，每个品种每个处理的种植面积为 10m²，种子用量为 10g/m²。播种后要镇压，以利于种子与土壤充分接触。

尾矿库坝面采用鱼鳞坑整地栽植沙棘、紫穗槐，其株行距为 0.5m×0.5m，呈品字形布置，栽植后及时灌水，以保证苗木的成活。供试植物包括：刺槐、沙棘、核桃、板栗等本地种，杨柴、沙枣、白柠条、文冠果、五角枫、赤峰杨、八宝景天、多枝柽柳、胡枝子等外来植物种。

苗木移栽 1 个月后不同处理区域成活率见表 10 - 7。由表 10 - 7 可知，采取适宜方法移栽可有效提高苗木成活率。

表 10 - 7 苗木移栽 1 个月后不同处理区域成活率 （%）

植物	杨柴	沙枣	白柠条	八宝景天	多枝柽柳
处理 1	96.0	86.0	91.3	100.0	91.6
处理 2	75.3	80.7	80.0	98.1	90.5
处理 3	72.0	79.3	83.3	97.6	92.6
处理 4	72.0	92.7	93.3	95.4	93.5
处理 5	86.7	90.7	89.3	96.2	89.5
处理 6	91.3	90.7	70.0	97.2	91.2

在试验期内对长穗柽柳和多枝柽柳的生长状况进行定期观测，观测结果见表 10 - 8。结果表明，其成活率为 100%，这说明柽柳的适应性强，容易成活，据资料记载，柽柳在含盐碱 0.5% 的地上插条能成活，在含盐量 0.8%～1.2% 的重盐碱地上能植苗造林并且长势仍很旺盛。柽柳在 5 月以前生长较慢，到雨季的时候生长较快，对于长穗柽柳，栽植当年株高最高的为 125cm，最低的为 52cm，平均株高为 88cm，株高增幅为284%；地径增长 0.35cm，增幅为 146%；新梢生长量增长 57cm；冠幅、根幅、主根长度的增长量分别为 39cm、58cm、68cm。对于多枝柽柳，栽植当年株高最高的为171cm，最低的为 74cm，平均株高为 102cm，株高的增幅为 364；地径增长 0.56cm，增幅为 233%；新梢生长量增长 74cm；冠幅、根幅、主根长度的增长量分别为 55cm、73cm、80cm。柽柳是最能适应干旱沙漠生活的树种之一，同时也是防风固沙的优良树种之一，从其生长状况来看，两种柽柳均能适应尾矿库的立地条件，在尾矿库上直接栽植柽柳，表现出良好的生态效益。

表 10 - 8 长穗柽柳、多枝柽柳生长状况观测结果

时间/d	植物品种	株高/cm	地径/cm	新梢生长量/cm	冠幅/cm	根幅/cm	主根长度/cm
0	长穗柽柳	31	0.24	—	9	12	16
	多枝柽柳	28	0.22	—	8	10	16
30	长穗柽柳	40	0.28	9	14	22	30
	多枝柽柳	39	0.30	8	16	24	33

时间/d	植物品种	株高/cm	地径/cm	新梢生长量/cm	冠幅/cm	根幅/cm	主根长度/cm
60	长穗柽柳	53	0.36	22	24	38	46
	多枝柽柳	54	0.42	23	28	42	47
90	长穗柽柳	67	0.45	46	35	51	62
	多枝柽柳	70	0.59	39	44	59	69
120	长穗柽柳	83	0.56	52	46	68	81
	多枝柽柳	97	0.76	69	62	82	92
150	长穗柽柳	88	0.59	57	48	70	84
	多枝柽柳	102	0.80	74	64	85	96

尾矿库生态重建具有十分可观的生态效应和社会效益，生态重建改变了尾矿库原来一片荒芜的状况，给矿山增添了绿色，给当地的动植物带来了生机，同时也有效治理尾矿扬尘给矿山企业及当地居民带来的环境污染。根据适宜植物品种初选的原则，植物的生长状况进行观测比较，并结合根系分析，所选的八种植物中五角枫和文冠果生长状况不理想，不能适应尾矿库的立地条件。杨柴、沙枣、白柠条、八宝景天、赤峰杨、多枝柽柳等 6 种植物生长状况良好。研究表明，尽管铁尾矿库生长环境恶劣，但是还是有些植物可以适应这样的环境。

唐山首钢马兰庄铁矿 2010 年尾矿库绿化面积 200 亩，新移栽沙棘 100 余万株，引进异地耐旱树种 1 万余株，总体成活率达 90% 以上。继续引进多种抗逆性植物，主要品种有耐寒冷、耐贫瘠及具有固沙功能的乔木、灌木及草本植物：包括杨柴、白柠条、沙枣、文冠果、五角枫、八宝景天、赤峰杨等乔灌木，共计 7000 株。栽植两个月后，同一种苗木不同处理的平均成活率在 70% ~ 100% 之间，其中成活率最高的为八宝景天、柽柳，达到 100% 成活；成活率最低的属五角枫和文冠果，分别为 74% 和 77%；其他树种的苗木成活率均在 80% 以上，杨柴、赤峰杨、沙枣、白柠条分别为 83%、84%、86%、87%。

在该矿主要继续完善尾矿库不覆土直接种植模式，绿化面积 200 亩。示范区共完成种植树木 600 余万株，总体成活率达 90% 以上。

10.5 生态农业复垦技术

10.5.1 生态农业复垦概念

生态农业复垦是根据生态学和生态经济学原理，应用土地复垦技术和生态工程技术，对尾矿复垦土地进行整治和利用。

生态农业复垦不是单一用途的复垦，而是农、林、牧、副、渔、加工等多业联合复垦，并且是相互协调、相互促进、全面发展；它是对现有复垦技术，按照生态学原理进行的组合与装配；它是利用生物共生关系，通过合理配置农业植物、动物、微生物、进行立体种植、养殖业复垦；依据能量多级利用与物质循环再生原理，循环利用生产中的农业废物，使农业有机物废物资源化，增加产品输出；充分利用现代科学技术，注重合理规划，以实现经济、社会和生态效益的统一。

10.5.2 生态农业复垦基本原理

对尾矿土地复垦进行生态农业复垦后，就会形成生态农业系统，它是具有生命的复杂系统，包括人类在内，系统中的生物成员与环境具有内在的和谐性。人既是系统中的消费者，又是生态系统的精心管理者。人类的经济活动直接制约着资源利用、环境保护和社会经济的发展。因此，人类经营的生态农业着眼于系统各组成成分的相互协调和系统内部的最适化，着眼于系统具有最大的稳定性和以最少的人工投入取得最大的生态、经济、社会综合效益。而这一目标和指导思想是以生态学、生态经济学原理为其理论基础建立起来的。主要理论依据包括以下几个方面：

（1）生态位原理。生态位是指生物种群所要求的全部生活条件，包括生物和非生物两部分，由空间生态位、时间生态位、营养生态位等组成。生态位和种群一一对应。在达到演替顶级的自然生态系统中，全部的生态位都被各个种群所占据。时间、空间、物质、能量均被充分利用。因此，生态农业复垦可以根据生态位原理，充分利用空间、时间及一切资源，不仅提高了农业生产的经济效益，也减少了生产对环境的污染。

（2）生物与环境的协同进化原理。生态系统中的生物不是孤立存在的，而是与其环境紧密联系，相互作用，共存于统一体中。生物与环境之间存在着复杂的物质、能量交换关系。一方面，生物为了生存与繁衍，必须经常从环境中摄取物质与能量，如空气、水、光、热及营养物质等。另一方面，在生物生存、繁育和活动过程中，也不断地通过释放、排泄及残体归还给环境，使环境得到补充。环境影响生物，生物也影响环境，而受生物影响得到改变的环境反过来又影响生物，使两者处于不断地相互作用、协同进行的过程。就这种关系而言，生物既是环境的占有者，同时又是自身所在环境的组成部分。作为占有者，生物不断地利用环境资源，改造环境；而另一方面作为环境成员，则又经常对环境资源进行补偿，能够保持一定范围的物质贮备，以保证生物再生。生态农业复垦遵循这一原理，因地、因时制宜，合理布局与规划，合理轮作倒茬，种养结合。违背这一原理，就会导致环境质量的下降，甚至使资源枯竭。

（3）生物之间链索式的相互制约原理。生态系统中同时存在着许多种生物，它们之间通过食物营养关系相互依存、相互制约。例如绿色植物是草食性动物的食物，草食性动物又是肉食性动物的食物，通过捕食与被捕食关系构成食物链，多条食物链相互连接构成复杂的食物网，由于它们相互连接，其中任何一个链节的变化，都会影响到相邻链节的改变，甚至使整体食物网改变。

在生物之间的这种食物链索关系中包含着严格的量比关系，处于相邻两个链节的生物，无论个体数目、生物量或能量均有一定比例。通常是前一营养级生物能量转换成后一营养级的生物能量，大约为 $10:1$。生态农业复垦遵循这一原理巧接食物链，合理规划和选择复垦途径，以挖掘资源潜力。任意打乱它们的关系，将会使生态平衡遭到破坏。

（4）能量多级利用与物质循环再生原理。生态系统中的食物链，既是一条能量转换链，也是一条物质传递链。从经济上看还是一条价值增值链。根据能量物质在逐级转换传递过程中存在的 $10:1$ 的关系，则食物链越短，结构越简单，它的净生产量就越高。但在受人类调节控制的农业生态系统中，由于人类对生物和环境的调控及对产品的期望不同，必然有着不同的表面，并产生不同的效果。例如对秸秆的利用，不经过处理直接返回土壤，须经过长时间的发酵分解，方能发挥肥效，参与再循环。但如果经过精化或氨化过程使之成为家畜喜食的饲料，饲养家畜增加畜产品产出，利用家畜排泄培养食用菌，生产食用菌后的残菌床又用于繁殖蚯蚓，最后将蚯蚓利用后的残余物返回农田作肥料，使食物链中未能参与有效转化的部分，能得到利用、转化，从而使能量转化效率大大提高。因此，人类根据生态学原理合理设计食物链，多层分级利用，可以使有机废物资源化，使光合产物实现再生增殖，发挥减污补肥的作用。

（5）结构稳定性与功能协调性原理。在自然生态系统中，生物与环境经过长期的相互作用，在生物与生物、生物与环境之间，建立了相对稳定的结构，具有相应的功能。农业生态系统的生物组分是人类按照生产目的而精心安排的，受到人类的调节与控制。生态农业要提供优质高产的农产品，同时创造一个良好的再生产条件与生活环境，必须建立一个稳定的生态系统结构，才能保证功能的正常运行。为此，要遵循以下三条原则：第一，发挥生物共生优势原则，如立体种植、立体养殖等，都可在生产上和经济上起到互补作用；第二，利用生物相克趋利避害的原则，如白僵菌防治措施等；第三，生物相生相养原则，如利用豆科植物的根瘤菌固氮，养地和改良土壤结构等。许多种生物由于对某一两个环境条件的相近要求，使它们生活在一起。例如森林中不同层次的植物（乔木、灌木、草本）以及依靠这些植物为生的草食性动物，它们虽没有直接相生相克的关系，但对于共同形成的小气候或化学环境则有相互依存的联系。

这种生物与生物、生物与环境之间相互协调组合并保持一定比例关系而建成的稳定性结构，有利于系统整体功能的充分发挥。

（6）生态效益与经济效益统一的原理。生态农业是人类的一种经济活动，生态农业复垦也不例外，其目的是为了增加产出和增加经济收入。

在生态经济系统中，经济效益与生态效益的关系是多重的。既有同步关系，又有背离关系，也有同步与背离相互结合的复杂关系。在生态农业复垦中，为了在获取高生态效益的同时，求得高经济效益，必须遵循如下原则：一是资源合理配置原则，应充分和合理地利用土地，这是生态农业复垦的一项重要任务；二是劳动资源充分利用原则，在农业生产劳动力大量过剩的情况下，一部分农民同土地分离，从事农产品加工及农村服务业；三是经济结构合理化原则，既要符合生态要求，又要适合经济发展与消费的需要；四是专业化、社会化原则，生态农业复垦只有突破了自然经济的束缚，才有可能向专业化、商品化过渡。在遵守生态原则的同时，积极引导农业生产接受市场机制的调节。

10.5.3 尾矿生态农业复垦实例

10.5.3.1 矿区自然环境与社会环境概况

A 自然环境概况

包官营铁矿地处冀东铁矿基地迁安市夏官营镇，为暖湿带半湿润季风型大陆性气候，四季分明，气候温和，冬季多为西北风，寒冷干燥，夏季多为东南风，炎热潮湿。年平均气温 $10.1\,^\circ\!C$，年极端气温最低 $-28.2\,^\circ\!C$，最高为 $38.9\,^\circ\!C$。全年平均降水量为 735.15mm，集中于夏季。平均风速 2.5m/s。年太阳总辐射量为 $0.52MJ/cm^2$，常年积温不能满足一年两茬作物种植需要，只能采取套种、复种轮制方法，以延长农时，提高热量利用率。年平均无霜期 172d，生长期 270d。

该区土壤类型以褐土性土、中层淋溶褐土为主。褐土性土是低山丘陵的残坡积风化物上发育的土壤，表层有不同程度的侵蚀现象，伴有中强淘蚀。中层淋溶褐土土层较厚，一般为 30~80cm，为洪积堆积物。

该区植被有人工落叶阔叶林，如杨、柳、榆、槐等；经济林有苹果、梨等；灌木有酸枣、荆条等；农作物有玉米、高粱、甘薯、花生、水稻等，草本植被和农田杂草有白草等。

B 社会经济概况

包官营村共 521 户，1927 口人，总占地 269.33hm²，其中耕地 180hm²，荒山 88.33hm²。包官营铁矿是村办矿，始建于 1985 年，铁选矿厂年处理矿石 5 万吨，1994 年扩建规模 20 万吨/年（精粉 7 万吨/年），铁矿工业储量达 500 万吨，设计圈定矿量 430 万吨。

全村矿业年产值 6000 万元，利税 500 多万元，利用矿山排出的剥岩废石和尾矿填沟造田 30hm²，利用办矿积累的资金改良荒山 66.6hm²，并大力发展运输、加工和种植、养殖业。村民人均年收入已达到了 4000 元，60 岁以上的老年人每月享受 100 元的养老金。

10.5.3.2 生态复垦模式分析

自 1998 年开始由河北理工学院与矿山合作对其生态复垦模式进行了研究。截至 2000 年年底，该矿利用废石及尾矿分别复垦土地 16.67hm² 和 13.33hm²；利用矿山利润修建了 66.67hm² 果园、养鸡场和养猪场，利用尾矿库修建了鱼塘。

A 生态复垦模式设计

根据适宜性分析，该区域土地资源利用方式为宜农、宜林或宜渔，适于开发农、林、渔相结合的综合农业。为将养殖场建成物质、能量多级、多层次循环利用、生态效率高的人工生态系统，在进行生态设计时就注意到使其结构完善，该系统包括以下部分：

（1）种植业子系统（初级生产者子系统）。包括包官营铁矿排土场复垦土地 16.67hm²（地块Ⅰ），种植大豆（6.07hm²）、花生（9.37hm²）、高粱（0.37hm²）、白薯（0.86hm²）；包官营铁矿尾矿库复垦土地（地块Ⅱ），全部种植水稻（13.3hm²）；千亩果园树下种植花生（10hm²）、大豆（16.8hm²）、白薯（6.5hm²）。

（2）饲养业子系统（初级消费者子系统）。包括一个大型肉鸡养殖场，有鸡棚 7 座，一批可养鸡 30000 只，约 45~50 天长成，年产肉鸡 15 万只左右；一个养猪场，一次存栏 300 头，年产生猪 750 头左右。

（3）渔业子系统（初级和次级消费者子系统）。水面面积 1.8hm²，水深 3m，实行立体养殖，上层放养以浮游生物为主要食物的白鲢、花鲢；中下层放养以植物为主要食物的草鱼；在水域底层放养鲫鱼和鲤鱼。不同层的鱼有各自的生态位，取食各有分工，达到了生态系统的高效能。一次放鱼苗 100000 多尾，年产鲜鱼 54000kg 左右。

生态复垦模式（综合养殖场）生态系统结构如图 10-1 所示。

B 生态复垦模式能流分析

种植业子系统有机能投比为 66%，低于全国 77% 的平均水平。这种投能结构反映了无机能投偏高，原因在于化肥能投高（占无机能的 84%），说明种植业子系统产量在一定程度上依赖于化肥。这在同时进行猪、鸡饲养的养殖场内，有机肥来源丰富的情况下是不正常的，其原因是养殖场处于运行初期，尚未进入常规轨道。种植业子系统的光能利用率

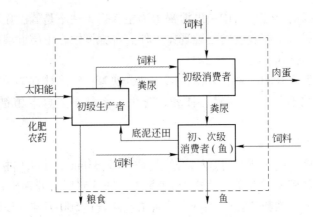

图 10 - 1　生态复垦模式（综合养殖场）生态系统结构示意图

为 0.28%，虽然低于当地 0.5% 的平均水平，但在复垦农田土壤肥力远低于当地条件的情况下，效率已属不低。

饲养业子系统中人工辅助能产投比为 0.44，无机能产投比为 7.07，有机能产投比为 0.47，饲料转化率为 0.48，生态效率较理想，但子系统由于系统外输入的精饲料数量较大，系统内能量循环水平较低，其产量的提高主要依赖于精饲料能投，因此系统抗干扰能力弱。如遇市场饲料价格上涨，将要大大影响系统的经济效益。

渔业子系统中人工辅助能产投比为 0.35，无机能产投比为 10.49，有机能产投比为 0.36。饲料转化率为 0.35，高于 0.15 ~ 0.20 的一般水平。生态效率理想，系统运转效果良好，已初步进入良性循环。其原因主要是实行猪粪尿喂鱼，输入鱼池的肥水中含大量的营养物质，不仅配合精料满足了鱼的生长需求，还提高了精饲料的转化率，从而提高了渔业子系统的生态效率。

全系统人工辅助能产投比为 0.69，高于石油农业（美国为 0.1、英国为 0.17、日本为 0.25），显示了生态农业的优越性。但与我国典型生态农业模式相比（北京留民营农场为 1），尚有较大差距。综合养殖模式的产业结构基本合理，但农牧渔业比例不够协调，且投能结构还存在问题，从而影响了系统的生态效率，如能加大系统内饲料的投入，生态效率会得到很大提高。种植业子系统在全系统中比重偏小，土地生产力不高，可加大农业种植面积。

C　生态复垦模式物流分析

种植业子系统有机氮/无机氮为 0.28，该值偏低。化肥氮投入的绝对值也稍高，达 202.3kg/hm²，高于全国平均水平 191.6kg/hm²。种植业子系统的系统外输入氮占总投氮的 81%。其原因是种植业水平尚低，秸秆还田氮量少；且农场处于初建阶段，鱼池底泥尚未还田。种植业子系统稳定度为 15.2%，该值偏低，说明系统自我维持能力较弱。

饲养业、渔业子系统的投氮量几乎全部经饲料形式输入。其中系统外输入占投氮量的 95%、20%。饲养业子系统的投氮量几乎完全依赖于系统外，渔业子系统的投氮量中猪粪尿提供的氮素占 80%，由饲养业子系统提供，系统内部的自给率较高。饲养业子系统稳定度为 4.6%，该值较低，表明该子系统自我维持能力差。渔业子系统稳定度则较高，为 82.5%，系统的自维持能力强。

就全系统而言无机氮占36%；有机氮占64%。有机氮比例偏高。这种结构不够合理，从另一侧面反映了综合养殖场的产业结构比例不够协调，种植业比重偏低，若能提高种植业比重，将会提高全系统的有机氮自给量，改变从系统外大量输入精饲料的现状。因此，协调种植业、饲养业子系统的稳定性与外部投入的关系，改善综合养殖场物质投入结构与比例，是综合养殖场初期建设的当务之急。

D　生态复垦模式经济效益分析

综合养殖场的内部收益率为20.93%，这一值是比较高的。在12%折现率下，每万元的投资（现值）可带来1.516万元的纯收益，是相当可观的。虽然投资较高（430.722万元），但投资在6.44年即可收回。以上各项指标均显示出生态复垦模式具有良好的经济效益。

E　生态复垦模式综合分析

包官营铁矿的生态复垦模式设计在生态上基本合理，对环境无明显不良影响，其实施还可以极大地缓解包官营的农、副、渔产品的供应，并为剩余劳动力提供就业机会，具有积极社会影响。从该复垦模式的财务经济结构看，饲料占该养殖场常规财务成本的44.06%，很容易造成该养殖场对饲料市场的过度依赖，因此要保证养殖场的正常运转，必须要解决饲料问题，这与前述能流、物流分析的结果是一样的。

参 考 文 献

[1] 张锦瑞，王伟之，李富平．金属矿山尾矿综合利用与资源化 [M]．北京：冶金工业出版社，2002.

[2] 印万忠，李丽匣．尾矿的综合利用与尾矿库的管理 [M]．北京：冶金工业出版社，2009.

[3] 李牟，李萍军，唐小萍，等．我国矿山尾矿（砂）综合利用研究现状 [J]．山东工业技术，2013 (14)：140~142.

[4] 朱一民，陈文胜，张晓峰，等．白钨浮选尾矿回收萤石低温浮选试验研究 [J]．矿产综合利用，2014 (1)：25~27.

[5] 李小健．选钼尾矿回收低品位白钨矿的实践 [J]．中国矿山工程，2012，41 (2)：20~23.

[6] 王苹，董风芝．某铜矿尾矿的综合利用 [J]．金属矿山，2010 (3)：171~173.

[7] 简胜，杨玉珠，等．缅甸包德温铅锌矿旧尾矿开发利用 [J]．矿冶工程，2012，32 (2)：51~61.

[8] 张保丰．蒙古某铜锌尾矿硫铁的回收利用研究 [J]．矿产保护与利用，2012 (5)：52~54.

[9] 叶力佳，陈宁清，等．马坑铁矿铁尾矿资源综合利用技术研究 [C]//中国环境科学学会学术年会论文集，2010：3572~3575.

[10] 王世标．马钢尾矿综合利用现状与发展思路 [J]．金属矿山，2011 (2)：164~167.

[11] 张景绘，章晓林，等．丽江某难处理铜尾矿硫化浮选铜的试验研究 [J]．矿山综合利用，2012 (4)：26~28.

[12] 李龙，曾晓建．江西某铌钽矿床尾矿综合利用研究 [J]．应用科技，2010 (12)：245~246.

[13] 王吉青，王苹，赵晓娟，等．黄金生产尾矿综合利用的研究与应用 [J]．黄金科学技术，2010 (10)：87~89.

[14] 袁玲，孟扬，等．黄金矿山尾矿资源回收和综合利用 [J]．环保与分析，2010，31 (2)：53~56.

[15] 董晓舟．河南省某金矿浮选尾矿和氰化尾浆二次利用研究 [J]．理论研究，2011 (16)：45.

[16] 杨桂城．广东某铜矿尾矿有价金属回收工艺流程 [J]．南方金属，2011 (6)：33~35.

[17] 钱士湖．姑山铁尾矿资源的综合利用 [J]．现代矿业，2011 (7)：122~123.

[18] 徐世权，雷主生．丰山铜矿尾矿再选工艺流程优化 [J]．现代矿业，2012 (1)：99~100.

[19] 陈永彬，黄春源．大冶铁矿尾矿回收试验与实践 [J]．现代矿业，2012 (6)：88~89.

[20] 严荣，张海平，黄根，等．从云浮硫铁矿尾矿中回收硫精矿的研究 [J]．湖南有色金属，2012，28 (2)：13~14.

[21] 杨明广，黎君欢．从尾矿中回收微细粒锡石的研究与实践 [J]．大众科技，2012，14 (4)：112~119.

[22] 崔长征，綦明亮，孙阳，等．从铅锌尾矿中回收重晶石的应用研究 [J]．矿产综合利用，2011 (3)：47~49.

[23] 刘占华，孙体昌，孙昊，等．从内蒙古某高硫铁尾矿中回收铁的研究 [J]．矿冶工程，2012，32 (1)：46~48.

[24] 马洁珍，龙翼，谢锦辉，等．阿舍勒铜矿锌硫分离尾矿再选铜试验研究与工业实践 [J]．有色金属，2011 (6)：17~21.

[25] 林楠，何金桂，李勇，等．含稀土铁尾矿回收与利用的研究进展 [J]．有色矿冶，2012，28 (3)：18~20.

[26] 夏荣华，朱申红，李秋义，等．矿业尾矿在建材中的应用前景 [J]．青岛理工大学学报，2007，28 (3)：76~80.

[27] 陈瑞文，林星泵，池至铣，等．利用黄金尾矿生产窑变色釉陶瓷 [J]．陶瓷科学与艺术，2007 (4)：1~4.

［28］赵凤清，倪文，王会君．利用铜尾矿制蒸养标准砖［J］．矿业快报，2006（4）：34～36.

［29］郭春丽．利用铁尾矿制造建筑用砖［J］．砖瓦，2006（2）：42～44.

［30］苏蓉晖，章庆和．利用尾矿生产新型建材的研究［J］．矿物岩石地球化学通报，1997，16（9）：131～132.

［31］侯艳艳，李酽．利用尾矿制备人造云英石试验研究矿产综合利用［J］．矿产综合利用，2011（5）：37～40.

［32］衣德强，尤六亿，范庆霞．梅山铁矿尾矿综合利用研究［J］．矿冶工程，2006，26（2）：45～47.

［33］余春刚，李心继，赵仁应．梅山铁尾矿代替铁粉研制优质水泥熟料［J］．水泥工程，2008（5）：19～23.

［34］潘一舟，周访贤．钼铁矿尾矿在水泥生产中的应用［J］．金属矿山，1992（2）：49～51.

［35］蔡霞．铁尾矿用作建筑材料的进展［J］．金属矿山，2000（10）：45～48.

［36］刘露，郑卫，祝聪玲．铁尾矿在建材中的应用现状［J］．资源与产业，2008，10（3）：60～62.

［37］刘露，郑卫，李潘，等．铁尾矿制砖研究与利用现状［J］．矿业快报，2008（10）：14～16.

［38］许发松．尾矿砂石在混凝土中的研究与应用［J］．商品混凝土，2006（3）：21～26.

［39］邱媛媛，赵由才．尾矿在建材工业中的应用［J］．有色冶金设计与研究，2008，29（1）：35～37.

［40］邹蔚蔚．尾矿在建材中的综合利用［C］//中国硅酸盐学会非金属矿分会非金属矿产资源高效利用学术研讨会论文专辑．

［41］蒋冬青，张敏，等．尾矿资源在建材中的应用［J］．云南建材，1998（4）：39～42.

［42］张金青．我国矿山尾矿二次资源的开发利用［J］．新材料产业，2007（5）：18～23.

［43］张金青．我国矿山尾矿二次资源的开发利用与生产新型建材系列产品［C］//中国硅酸盐学会房建材料分会2006年学术年会论文集，2006：56～64.

［44］王金忠．我国利用铁矿尾矿研制生产建筑材料的现状及展望［J］．房材与应用，1998（4）：16～21.

［45］郭秀岩，吕晓舟，贾承建．张马屯铁矿尾矿制砖开发应用研究［J］．山东国土资源，2010，26（7）：21～24.

［46］李颖，张锦瑞，赵礼兵，等．我国有色金属尾矿的资源化利用研究现状［J］．河北联合大学学报（自然科学版），2014，36（1）：5～8.

［47］贾清梅，张锦瑞，李凤久．高硅铁尾矿制取蒸压尾矿砖的研究［J］．中国矿业，2006（4）：39～41.

［48］韩雪冬，张哲，田昕．利用尾矿制作混凝土多孔砖的生产技术及块型设计［J］．砖瓦，2014（1）：41～44.

［49］张学董，朱晓丽，么琳，等．高掺量铁尾矿陶粒滤料的制备［J］．科技创新与应用，2014（15）：26～27.

［50］赵通林，陈中航，陈广振．小岭子磁选尾矿回收处理工艺研究［J］．中国矿业，2014，23（4）：115～117.

［51］彭康，伦惠林，李阿鹏，等．钨尾矿综合利用的研究进展［J］．中国资源综合利用，2013，31（2）：35～38.

［52］傅联海．从钨重选尾矿中浮选回收钼铋的实践［J］．中国钨业，2006，21（3）：18～20.

［53］张金青，孙小卫．利用铁尾矿生产混凝土承重小型空心砌块［J］．矿山环保，2003（2）：14～16.

［54］温欣子，李富平，王建胜．铁尾矿砂制备加气混凝土砌块的试验研究［J］．绿色科技，2013

（11）：251~252.

[55] 胡宏泰，朱祖培，陆纯煊．水泥的制造和应用［M］．济南：山东科学技术出版社，1994：321~322.

[56] 张献伟．铅锌尾矿渣代替硫酸渣、烧石英尾矿代替黏土生产水泥熟料［J］．河南建材，2004（2）：18~30.

[57] 赵学远．尾矿砂在公路路基、基层中的应用［J］．交通世界，2012（15）：181~183.

[58] 李荣海．铁尾矿在公路工程中的应用［J］．矿业工程，2009，10（5）：52~54.

[59] 杨青，潘宝峰，何云民．铁矿尾矿砂在公路基层中的应用研究［J］．交通科技，2009（1）：28.

[60] 张金青，孙小卫，牛艳宁．我国矿山尾矿生产新型建材系列产品［J］．矿产保护与利用，2012（4）：56~58.

[61] 张锦瑞，王伟之，郭春丽．利用铁尾矿制造建筑用砖［J］．金属矿山（增刊），2000（9）：308~309.

[62] 张锦瑞，王伟之，秦煜民．尾矿库土地复垦的研究现状及方向［J］．有色金属（选矿部分），2000（3）：42~45.

[63] 张锦瑞．河北矽卡岩型铁矿石的综合利用及应用［J］．矿产综合利用，1997（5）：22~24.

[64] 张锦瑞，倪文，王亚利．利用铁尾矿制取微晶玻璃的研究［J］．金属矿山，2005（11）：72~74.

[65] 张锦瑞，倪文，贾清梅．唐山地区铁尾矿制取蒸压尾矿砖的研究［J］．金属矿山，2007（3）：85~87.

[66] 王儒，张锦瑞，代淑娟．我国有色金属尾矿的利用现状与发展方向［J］．现代矿业，2007（3）：85~87.

[67] 张锦瑞．循环经济与金属矿山尾矿的资源化研究［J］．矿产综合利用，2010（6）：6~9.

[68] 张锦瑞，宁丽平．绿色矿山建设与唐山经济发展［J］．现代矿业，2009（6）：12~13.

[69] 张锦瑞，胡力可，梁银英．我国难选铁矿石的研究现状及利用途径［J］．金属矿山，2007（11）：6~9.

[70] 贾清梅，张锦瑞，李凤久．铁尾矿的资源化利用研究及现状［J］．矿业工程，2006，4（3）：7~9.

[71] 王伟之，张锦瑞，邹汾生．黄金矿山尾矿的综合利用［J］．黄金，2004，25（7）：43~45.

[72] 王伟之，杨春光，周立辉，等．综合回收某低品位钒钛磁铁矿中伴生磷的浮选试验研究［J］．非金属矿，2012，35（5）：22~24.

[73] 周爱民．中国充填技术概述［J］．矿业研究与开发，2004（24）．

[74] 夏长念，孙学森．充填采矿法及充填技术的应用现状及发展趋势［J］．中国矿山工程，2014，43（1）．

[75] 吕彦伸．全尾砂胶结充填在哈图金矿试验及应用［J］．新疆有色金属，2012增刊．

[76] 王耀，任高峰，刘涓，等．全尾砂胶结充填工艺在铜绿山矿生产中的应用［J］．现代矿业，2010（2）．

[77] 张云国．尾矿综合利用研究［J］．有色金属（矿山部分），2010（5）．

[78] 邓飞，李永辉．全尾砂高水固化胶结充填工艺前景展望［J］．中国矿业，2007（8）．

[79] 林国洪．全尾砂高水固化材料下向充填采矿法的应用［J］．有色矿山，2000（7）．

[80] 王喜兵，庞计来，李红桥．新型全尾砂胶结充填采矿工艺技术研究与应用［J］．采矿技术，2010（3）．

[81] 王方汉，姚中亮，曹维勤．全尾砂膏体充填技术及工艺流程的试验研究［J］．矿业研究与开发，2004（24）．

[82] 王凤波．全尾砂胶结充填工艺在马庄铁矿的应用［J］．中国矿山工程，2008（5）．

［83］杨耀亮，邓代强，惠林，等．深部高大采场全尾砂胶结充填理论分析［J］．矿业研究与开发，2007（4）．

［84］安俊珍，蔡崇法，雷中仁．基于小白菜盆栽试验的尾矿土壤复垦适农性研究［J］．中国水土保持，2014（5）：56～59.

［85］董霁红．矿区充填复垦土壤重金属分布规律及主要农作物污染评价［D］．徐州：中国矿业大学，2008.

［86］段海侠，鲁中良，何莉莉．沙棘在阜新矿区废弃地治理与复垦中的应用［J］．辽宁林业科技，2007，6：45～47.

［87］何书金，苏光全．矿区废弃土地复垦潜力评价方法与应用实例［J］．地理研究，2000，19（2）：165～171.

［88］刘惠欣，张俊英，李富平．丛植菌根在尾矿废弃地生态恢复中的试验研究［J］．中国农学通报，2012，28（14）：285～289.

［89］尚文勤，朱利平，孙庆业．自然生态恢复过程中尾矿废弃地土壤微生物变化［J］．生态环境，2008，17（2）：713～717.

［90］许永利，李富平，张俊英．铁尾矿直接植被恢复中丛枝菌根真菌的应用［J］．金属矿山，2010，411（9）：126～129.

［91］许中旗，袁玉欣，李玉灵，等．造林对铁尾矿地养分含量及物种多样性的影响［J］．林业科学，2008，44（12）：135～138.

［92］闫德民，赵方莹，孙建新．铁矿采矿迹地不同恢复年限的植被特征［J］．生态学杂志，2013，32（1）：1～6.

［93］詹婧，阳贵德，孙庆业．铜尾矿废弃地生物土壤结皮固氮微生物多样性［J］．应用生态学报，2014，25（6）：1765～1772.

［94］周连碧．我国矿区土地复垦与生态重建的研究与实践［J］．有色金属，2007，59（2）：90～94.

冶金工业出版社部分图书推荐

书　　名	定价(元)
采矿手册（第 1 卷～第 7 卷）	927.00
采矿工程师手册（上、下）	395.00
现代采矿手册（上册）	290.00
现代采矿手册（中册）	450.00
现代采矿手册（下册）	260.00
工程爆破导爆管起爆网路图谱集	198.00
现场混装炸药车	78.00
海底大型金属矿床安全高效开采技术	78.00
实用地质、矿业英汉双向查询、翻译与写作宝典	68.00
地下装载机	99.00
矿业权与矿业权评估	50.00
选矿手册（第 1 卷～第 8 卷共 14 分册）	637.50
浮选机理论与技术	66.00
现代选矿技术丛书　铁矿石选矿技术	45.00
现代选矿技术丛书　提金技术	48.00
硅酸盐矿物精细化加工基础与技术	39.00
矿物加工实验理论与方法	45.00
采矿知识 500 问	49.00
选矿知识 600 问	38.00
金属矿山安全生产 400 问	46.00
煤矿安全生产 400 问	43.00
金属矿山清洁生产技术	46.00
地质遗迹资源保护与利用	45.00
隧道现场超前地质预报及工程应用	39.00
低品位厚大矿体开采理论与技术	33.00
矿山及矿山安全专业英语	38.00
地质学（第 4 版）（本科教材）	40.00
矿山地质技术（培训教材）	48.00
采矿学（第 2 版）（本科教材）	58.00
现代矿业管理经济学（本科教材）	36.00
矿山企业设计原理与技术（本科教材）	28.00
爆破工程（本科教材）	27.00
井巷工程（高职高专教材）	36.00
半焦的利用	88.00